I0047884

PHILOSOPHIE

ANATOMIQUE.

BIBLIOTHÈQUE ROYALE

PIÈCES OSSEUSES

DES

ORGANES RESPIRATOIRES.

5118

8 Ta 12
57

Cet Ouvrage se trouve aussi, à Paris :

Chez F. PLÉE fils, Libraire, place du Panthéon, n°. 4;

Au Jardin du Roi, chez le SUISSE de la porte de la rue de Seine;

Et à Strasbourg, à la Librairie de F. G. LEVRAULT.

De l'Imprimerie de DOUBLET, rue Gît-le-Cœur, n°. 7.

PHILOSOPHIE ANATOMIQUE.

DES

ORGANES RESPIRATOIRES

SOUS LE RAPPORT

DE LA DÉTERMINATION ET DE L'IDENDITÉ

DE LEURS PIÈCES OSSEUSES.

Avec Figures de 116 nouvelles préparations d'Anatomie.

Par M. le Chᵉʳ. GEOFFROY-SAINT-HILAIRE,

Membre de l'Institut (Académie Royale des Sciences); Professeur-Administrateur du Muséum d'Histoire naturelle, *au Jardin du Roi*; Professeur de Zoologie et de Physiologie à l'École Normale. De l'Institut d'Égypte. Des Académies de Madrid; de Munich; de Gœttingue; de Moscou; de Harleim; de Wettéravie à Hanau; de Mayence; de Marseille; de Bordeaux; de Boulogne, etc. — Et Maire de Chailly, près Coulommiers.

Cujusvis est hominis errare.

Cic. 5. Verr.

PARIS,

MÉQUIGNON-MARVIS, Libraire, rue de l'École de Médecine, n°. 3.

1818.

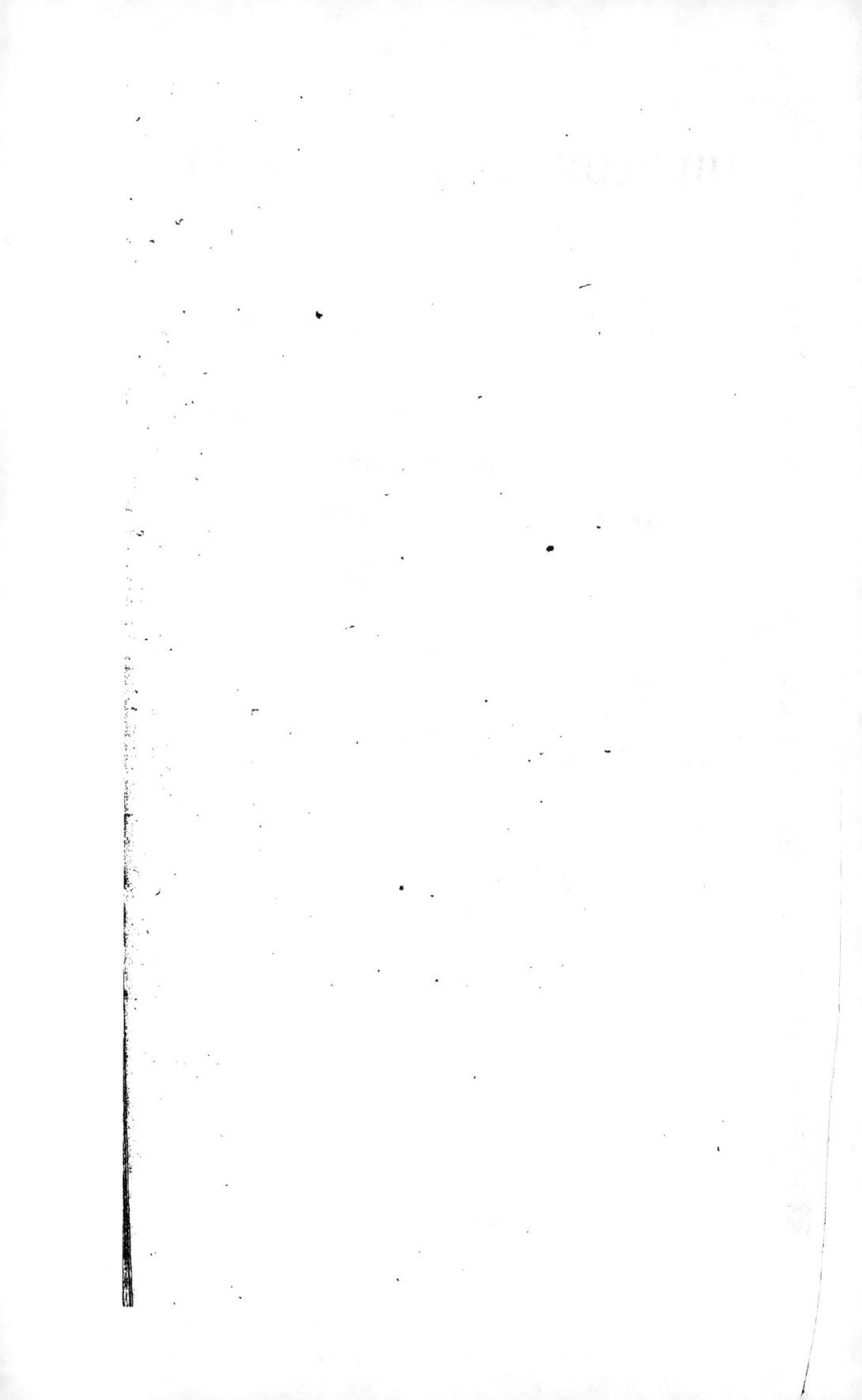

A

LA

MEMOIRE

DE MON PÈRE

JEAN GÉRARD GEOFFROY

HABILE JURISCONSULTE

INTÈGRE ET COURAGEUX MAGISTRAT

ET

DU COLONEL DU GÉNIE

MARC ANTOINE GEOFFROY

MON FRÈRE

MORT

A

AUSTERLITZ

PRÉFACE.

Plus on remarquera en parcourant ce livre que son objet, son plan, les vues qu'il renferme, sont tout-à-fait nouveaux, plus l'on concevra combien, au moment de le publier, moment toujours critique pour un auteur, j'éprouve d'anxiété. Etait-ce bien à moi en effet qu'il appartenait d'annoncer quelques points de doctrine, quelques vues nouvelles sur l'organisation? D'où me serait venu cette confiance?

Je ne me suis pas à ce point abusé. Si j'eusse au contraire pressenti comme aujourd'hui les résultats probables de mon entreprise, leur importance m'eût effrayé, et, par un juste retour sur moi-même, m'eût détourné d'un travail qui devait excéder mes forces. Une sorte d'entraînement m'a donc fait arriver où, certes, ne m'eussent jamais conduit les conseils de l'amour-propre.

Me proposant uniquement de donner à la marche de mon enseignement une direction plus étendue et plus philosophique, je comparai un même organe dans les animaux du premier *embranchement* de l'arbre zoologique. Arrivé assez heureusement à une détermination qui n'avait pas encore été donnée, j'essayai, pour imprimer à ce premier résultat un plus grand degré de certitude, de présenter de même la détermination de quelques parties contigues. Du second organe je fus conduit au troisième, puis à un quatrième; et, de proche en proche, j'en vins à examiner tout l'animal vertébré sous les rapports de ses matériaux constitutifs.

Ces travaux, que j'avais rédigés pour être soumis à l'académie des sciences, composent le recueil que je publie aujourd'hui.

On voit que j'ai marché par degrés, et que, si à la fin de mes recherches je suis arrivé à un système assez complet sur l'ensemble de l'organisation, jamais je ne l'ai poursuivi comme le développement d'idées imaginées *a priori*, mais qu'il s'est offert à moi comme découlant des faits que j'avais observés.

Ces faits sont faciles à vérifier : car on se tromperait beaucoup, si l'on supposait qu'il fallût pour cela recourir à nos grandes collections. Dans le plan que j'ai suivi, le choix des exemples était sans importance. Aussi, me suis-je procuré les principaux objets de mes études dans une campagne, à 16 lieues de Paris, où je ne pouvais disposer que de choses qui se trouvent absolument partout. Je n'ai mis à profit mon heureuse position au centre de notre riche Muséum, que pour y venir de temps à autre, et par manière d'excursion, revoir mon travail sur des pièces anatomiques qui pouvaient s'y rapporter. Mais d'ailleurs, j'avais toujours trouvé d'avance la loi de composition de chaque organe, et rédigé les observations qui en établissaient le principe.

L'époque actuelle est celle des études philosophiques. Serai-je dans le cas, par la suite, de me féliciter d'y avoir aussi ramené l'attention publique?... Je me suis à peine arrêté sur cette pensée, que je l'écarte pour rester livré à un tout autre pressentiment. Ai-je assez réfléchi en effet sur le danger de dépasser le but? fournirai-je un pernicieux exemple? ce malheur me serait-il réservé?

Je puis du moins ne pas redouter les inconvéniens inséparables de toute innovation. Je me rassure à cet égard, en m'appliquant cette réflexion de la préface d'Emile. « Un homme qui de sa retraite jette ses feuilles dans le public, sans proneurs, sans parti qui les défende, sans savoir ce qu'on en pense ou ce qu'on en dit, ne doit pas craindre que, s'il se trompe, on admette ses erreurs sans examen. »

Cet examen pourra être poussé jusqu'à la rigueur. Quel homme est à l'abri de critiques injustes? Que de personnes s'effarouchent de la seule annonce d'idées nouvelles? Si j'ai la conviction qu'on m'ait attaqué sans m'avoir compris, je me dispenserai de répondre. Car à quoi bon se tourmenter pour prouver qu'on a eu raison? Le temps met chaque chose à sa place.

Je ne traite dans cette première partie de l'ouvrage que d'une des questions dont se composera ma PHILOSOPHIE ANATOMIQUE; *des pièces osseuses des appareils respiratoires*. J'espère, dans une suite, m'occuper des pièces servant d'enveloppes ou de soutien aux organes des sens et du mouvement; puis des muscles, etc.

Une suite, ai-je dit?... Quoique j'en aie déjà réuni tous les élémens, il pourra se faire qu'elle ne paraisse jamais. L'arrêt du public sur la première partie réglera le sort des suivantes.

Cependant je donne cet ouvrage avec la confiance qu'il est relativement à moi tout ce qu'il pouvait être : il ne m'était pas donné de mieux faire. Je me suis de même occupé avec le plus grand soin de sa composition matérielle.

Les planches ont été conçues et exécutées de manière à faciliter autant que possible l'intelligence du texte. On y a, je crois pour la première fois, appliqué à l'anatomie une pratique des géomètres dans le tracé de leurs polygones. Certaines parties sont représentées par des lignes ponctuées, dans l'intention de laisser à d'autres tout le relief de la taille-douce; et si j'ai réuni autant de préparations sur un même cuivre, c'est pour que l'ouvrage fût à la portée du plus grand nombre des étudians. Ayant été puissamment secondé par un de nos plus habiles dessinateurs, M. Huet, et par un graveur très-au fait des travaux d'histoire naturelle, M. Plée père, je me flatte que ces planches seront favorablement accueillies.

Au nombre de mes collaborateurs se place en première ligne M. le docteur Serres, chef des travaux anatomiques des hôpitaux de Paris. Ce célèbre professeur a bien voulu m'aider de ses lumières, surtout pour les recherches qui ont servi de base à ma nouvelle Théorie de la voix.

Que ne dois-je pas aussi à M. Delalande fils, que le Gouvernement vient d'envoyer à l'Ile de Bourbon et à Madagascar, en qualité de voyageur-naturaliste ! M. Delalande a consenti à me suivre dans ma retraite où sa sagacité et sa dextérité comme prosecteur d'anatomie, m'ont été très-utiles.

A Chailly, près Coulommiers, le 31 juillet 1818.

DISCOURS PRÉLIMINAIRE.

L'organisation des animaux vertébrés peut-elle être ramenée à un type uniforme? Telle est la question que je me propose d'approfondir dans cet ouvrage.

Mais, dira-t-on, d'où peut naître un doute à cet égard? n'est-ce pas une proposition généralement consentie, et qu'aurait révélée une inspiration naturelle? Y revenir de nouveau, ce serait donner à croire qu'elle n'aurait encore été admise qu'à titre de préjugé, sans examen.

Je ne vais pas jusques-là, et je conviens au contraire qu'un principe d'une application aussi universelle a dû se manifester fort souvent, et même à des hommes tout-à-fait étrangers aux études d'histoire naturelle. J'en puis citer un exemple qui m'est fourni par un ouvrage que recommandent son importance et le nom de son auteur.

Newton, méditant un jour sur la simplicité et l'harmonie des lois qui régissent l'univers, frappé surtout des rapports et de l'uniformité des masses du système planétaire, abandonnait son ame aux sentimens d'une vive admiration : lorsque, ramenant tout-à-coup ses pensées sur les animaux ; sur ces êtres, dont la merveilleuse organisation n'atteste pas moins dans un autre genre la grandeur et la suprême sagesse de la puissance créatrice, il s'écrie : *je n'en puis douter ; les animaux sont soumis au même mode d'uniformité.* (1).

Telle fut pour l'histoire des analogies

(1) Idemque dici possit de uniformitate illa, quæ est in corporibus animalium. Habent videlicet animalia pleraque omnia bina latera, dextrum et sinistrum, forma consimili ; et in lateribus illis, a posteriore quidem corporis sui parte, pedes binos ; ab anteriori autem parte, binos armos, vel pedes, vel alas, humeris affixos ; interque humeros collum, in spinam excurrens, cui affixum est caput ; in eoque capite binas aures, binos oculos, nasum, os et linguam ; similiter posita omnia, in omnibus fere animalibus. NEWTON, OPTICES, *questio 31 ; p. 327, in edit. Samuel Clarke.*

une première époque : l'instinct a servi de guide dans les premières généralisations; et ce qui montre qu'on était alors dans la bonne voie, c'est que les naturalistes ont fait faire à la science d'autant plus de progrès, qu'ils ont été plus profondément pénétrés de la justesse de ces aperçus.

En effet, c'est sur l'idée que les êtres d'un même groupe s'enchaînent par les rapports les plus intimes, et sont composés par des organes tout-à-fait analogues, que repose l'échafaudage des méthodes en histoire naturelle; art ingénieux qui permet d'admettre comme presque complète la ressemblance d'un grand nombre d'espèces pour n'avoir plus ensuite à les différencier que par de légers traits caractéristiques.

Ainsi l'impulsion était donnée, des cadres étaient préparés et le but se trouvait marqué. Mais, il faut le dire, les applications ne furent pas toujours heureuses; le désordre vint d'un côté d'où on ne devait pas l'attendre. Les naturalistes furent les premiers, sans s'en douter, à rompre la chaîne dont ils auraient dû continuer de faire usage, pour ramener à l'unité de composition les diversités les plus choquantes. Le fil d'Ariad ne leur échappa des mains, parce qu'ils ne suivirent les analogies qu'autant que du premier abord elles étaient nettemeut discernées. Bientôt des transformations firent naître des doutes et à compter de ce moment, on cessa d'être dans la même voie. Un autre but entraîna les esprits : il ne s'agissait alors que de décrire et de classer.

Cependant les choses avaient suivi une marche progressive, et sans qu'il y eût trop de la faute des naturalistes. Les formes sont d'abord ce qui tombe sous nos sens; elles sont variées à l'infini; elles s'emparent de nos premières impressions; elles nous occupent uniquement.

Rendons cette proposition sensible par des exemples.

L'Anatomiste vétérinaire considère les

membres antérieurs des ruminans. Il aperçoit là un dessein achevé, une œuvre où toutes les parties sont dans une convenance admirable. Penserait-il au bras de l'homme? Quel fruit pourrait-il retirer de cette comparaison? Tout entier au contraire à ses premières sensations, des formes aussi nouvelles l'occupent exclusivement; il voit leurs fins. Peut-être même, saisissant les rapports de ces formes avec celles de toute autre partie organique, ou même avec la disposition des lieux dans lesquels les ruminans se plaisent et se répandent, ira-t-il jusqu'à s'élever à des idées d'harmonie. Mais d'ailleurs rien ne le détournera de ses premières impressions. Il croit à l'existence d'organes nouveaux; et il le faut bien, puisqu'il se crée à lui-même un nouveau langage pour peindre ce qu'il ressent. S'il dénombre et s'il décrit quelques parties de cette jambe, c'est d'os du canon, d'ergots, de sabots, etc., qu'il entretient ses auditeurs, tandis que dans le langage usuel, on applique aux mêmes parties les noms de métacarpe, de doigts rudimentaires, d'ongles, etc.

Qui ne voit où conduisent ces conséquences? On a observé par soi-même : on a cru remarquer que les analogies admises sur un sentiment vague, n'avaient pas un caractère assez déterminé d'évidence. Préférera-t-on un principe même philosophique à une réalité donnée par l'observation? Du moment que la question est posée de la sorte, elle est aussitôt résolue : les anciennes traces sont abandonnées; toutes vues d'analogie écartées. Une nouvelle époque commence : on se dispose à fonder l'édifice de la science; et comme on croit qu'il n'y a possibilité de bâtir sur un fonds solide qu'en s'abstenant de toute proposition abstraite, on ne s'occupe plus que de travaux d'observations.

Cependant si les circonstances firent un devoir de cette conduite, le résultat n'en fut pas moins qu'on en vint à méconnaître un des principes fondamentaux de la philosophie naturelle, et qu'on sacrifia l'instruction, l'intérêt des rapports à une sorte d'engouement pour les détails.

Voyez encore ce qui arriva aux premiers naturalistes monographes. En voulant se borner à ne donner que les caractères des espèces, ils se rangèrent dans cette seconde époque; ils en adoptèrent les vues, j'allais presque dire qu'ils firent les mêmes fautes. S'occupèrent-ils en effet de l'organe que nous avons donné pour exemple? ce pied des ruminans devint pour eux une griffe dans leur histoire du lion; une main dans celle du singe, une aile dans la description des chauve-souris; une nageoire à l'égard de la baleine; etc. Plus de nom commun; l'analogie de ces parties avait cessé d'être aperçue.

Mais le remède était à côté du mal. La multiplicité de ces observations isolées porta à les rassembler, et premièrement à en rechercher les rapports. Ces travaux furent entrepris par des naturalistes occupés de classifications. Ceux-ci, se proposant de grouper les êtres, pour en mesurer les degrés de ressemblance, furent conduits à faire deux parts des considérations fournies pour chaque organe; employant l'une aux généralités caractéristiques de la famille, et l'autre aux spécialités distinctives des êtres en particulier. Ainsi les Méthodistes prirent le contre-pied des Monographes; ils attachèrent d'abord une idée générale à la chose, pour n'en examiner la forme qu'en second lieu; et ils se trouvèrent par-là en mesure de suivre le même organe dans toutes ses différentes modifications.

Dès ce moment nous comptons une troisième époque : les naturalistes sont revenus à la doctrine des analogies; ils commencent à entrevoir ce fait d'une haute importance pour la théorie, qu'un organe, variant dans sa conformation, passe souvent d'une fonction à une autre. Car ils peuvent suivre le pied de devant aussi bien dans ses divers usages que dans ses nombreuses métamorphoses, et le voir successivement appliqué au vol, à la natation, au saut, à la course, etc.; être ici un outil à fouiller, là des crochets pour grimper, ailleurs des armes offensives ou défensives; ou même devenir, comme dans notre espèce, le principal organe du toucher, et, par suite, un des moyens les plus efficaces de nos facultés intellectuelles.

Mais comment ce retour à des idées plus saines s'est-il opéré? il se fit avec la plus grande lenteur, et le plus souvent à l'insçu de ceux-mêmes qui le déterminèrent. Grouper les êtres et les comprendre dans un système, pour y recourir comme à un répertoire, fut long-temps le principal objet des travaux en histoire naturelle.

Cependant on en vint à désirer de connaître quelque chose de plus que la bordure du tableau : on donna plus d'attention aux animaux eux-mêmes; on les compara entr'eux et avec l'homme. Ces efforts et des aperçus nouveaux donnèrent insensiblement une autre direction aux esprits : de proche en proche le champ de l'histoire naturelle fut fécondé par les études philosophiques, et nous entrâmes enfin dans l'époque actuelle, remarquable par la préférence donnée partout à l'étude des rapports.

Mais, comme on le voit, on changea de but, sans faire une révolution complète: attaché par habitude aux principes de l'ancien système, on ne s'en éloigna que tout juste en ce qui convenait aux circonstances du moment. Ne s'étant point inquiété de l'avenir, on ne sut pas jusqu'à quel point on avait rendu sa position équivoque.

En effet, était-il bien certain que les naturalistes eussent réussi à attacher une idée générale à un organe, sans y rien faire entrer des notions de sa forme et de ses usages. Demandez-leur de vous définir le pied, sans recourir à ces mêmes notions. Etonnés de la demande, ils vous répondront: *ce pied, nous le concevons; c'est assez dire.* Ils vous répondront en invoquant des autorités, en s'appuyant sur des exemples. Les anciens avaient déjà dit : *pedes solidi*, *pedes fissi*, *pedes bisulci*, quand ils imaginèrent les dénominations de solipèdes, de fissipèdes et de pieds-fourchus; ce qui fut depuis imité par Linnéus et appliqué par lui comme caractères à d'autres familles : *pedes ambulatorii*, *pedes gressorii*, — *scansorii*, — *cursorii*, *etc.*

Ces autorités sont sans doute d'un grand poids; mais plus elles sont imposantes et plus elles m'obligent de ne point m'écarter de la ligne qu'elles ont tracée, plus aussi elles me font désirer de connaître sur quoi reposent des déterminations aussi positivement arrêtées. Je ne puis me contenter d'un sentiment vague et confus; et je me persuade au contraire qu'une pratique, justifiée par des succès aussi constans, est basée sur quelque chose de certain, qu'il doit être possible d'ériger en proposition générale.

Or il est évident que la seule généralité à appliquer dans l'espèce est donnée par la position, les relations et les dépendances des parties, c'est-à-dire, par ce que j'embrasse et ce que je désigne sous le nom de *con-*

nexions. Ainsi la portion de jambe, appelée la main dans l'homme (ce qui est généralement entendu par le mot de pied), est la quatrième partie du rameau dont se compose le membre antérieur; la portion terminale de cette tige, la plus éloignée du centre de l'individu et la plus susceptible de variations ; la partie la plus spécialement affectée aux communications de l'être avec tout ce qui l'entoure ; le tronçon enfin, qui vient à la suite de l'avant-bras.

C'est alors qu'appuyé sur une notion précise concernant cet organe, vous le voyez de haut et dans sa signification générale ; et que de là vous pouvez descendre, ou pour en suivre les diverses métamorphoses, ou pour en examiner les usages variés ; c'est alors, dis-je, qu'usant de tous les avantages que vous procure une pareille position, vous pouvez recourir aux phrases caractéristiques des familles, et vous énoncer à peu près en ces termes :

« Le pied dans l'ours emploie toute sa

plante ou la totalité de ses parties osseuses, pour former la base de la colonne servant de support au tronc : il n'y emploie que les métacarpes et les doigts dans les martes, les doigts seulement dans les chiens ; deux sur trois des phalanges digitales dans les lions et dans les chats ; la dernière de ces phalanges dans les sangliers ; enfin, il ne touche le sol que par un point dans les ruminans et les solipèdes, n'y consacrant pas même une partie de cette dernière phalange, mais seulement l'ongle qui en emboîte l'extrémité. »

C'est alors, ajouterons-nous encore, qu'on en vient à retrouver, reportées à la jambe (sous d'autres formes et avec des fonctions différentes), celles des parties de la plante du pied, qui sont sans contact avec le sol, pendant la marche, chez un grand nombre de quadrupèdes.

A ce point de notre revue, nous voici parvenus à considérer, comme à vol d'oiseau, notre sujet, à l'embrasser dans ce qu'il offre de plus général, et à nous placer dans la situation la plus avantageuse pour l'étude comparative des détails. A quoi sommes-nous redevables de cette heureuse position? C'est évidemment au principe que nous venons de signaler, à ce principe qui nous dispense de parcourir de degré en degré toutes les transformations des organes, et qui, lorsque ces moyens de recherches nous abandonnent, nous sert encore, et nous peut toujours servir de guide; au *principe des connexions.*

Des services aussi essentiels nous révèlent l'importance de ce principe; mais il est en outre très-facile de démontrer qu'il n'y a rien d'arbitraire dans son essence, et qu'on peut y apercevoir tout autre chose qu'une proposition abstraite.

Suivez l'idée qu'en peut donner la souche même des organes. Les principaux vaisseaux, qui sont les filières, d'où (comme dans l'exemple que nous nous sommes proposé), le fluide nourricier se porte à l'épaule, au bras et à l'avant-bras, ne s'arrêtent pas où se termine ce dernier. Ces arbres qui charient des semences organiques, étendent encore plus loin leurs rameaux : ils doivent donner naissance à la dernière portion du membre et fournir à son entretien. Voilà leur destination ; la voilà indépendamment de tout résultat ultérieur. Car peu importe en effet que la distribution des molécules du sang ait lieu dans un espace circonscrit, ou qu'elle se fasse sur une ligne très-prolongée ; qu'elle produise un dépôt dont la patte courte et ramassée de l'ours soit un effet, ou bien qu'elle favorise la conformation allongée du pied des cerfs. Le point essentiel est que chaque subdivision du rameau principal dépose une partie du fluide qu'elle contient et donne exactement ses divers produits, dans un ordre de superposition, qui est celui de leur attache au rameau principal. Qu'il y ait ou non entassement de tous ces matériaux, la chose, je le répète, est indifférente en soi, dès que ce qui ne pourrait trouver place à la base de la colonne peut être reporté à son fût.

Tels sont les résultats organiques, telles sont les vues physiologiques qui peuvent nous donner une idée de la loi des connexions, et nous rassurer contre la crainte d'en voir les fondemens sapés par des exceptions : un organe est plutôt altéré, atrophié, anéanti, que transposé.

Ce fut d'abord par inspiration, et depuis, à la suite d'expériences réitérées et toujours suivies de succès, que je fis usage, il y a dix ans, de ce principe (*Ann. du Mus. d'hist. nat.*; *t.* 10, *p.* 344). J'ai dû aujourd'hui faire davantage, chercher, en analysant son essence, à savoir ce qu'il conservait encore de mystérieux, et faire connaître comment il arriva que je ne me sois pas abusé en accordant à cette considération une aussi grande confiance.

Ce qui distingue la quatrième époque, les travaux de notre âge, c'est une tendance bien marquée vers les propositions générales, et en même temps une réserve, une circonspection extrême dans l'emploi des moyens. Le but qu'il fallait atteindre fut dès-lors aperçu, bien que dans un lointain encore reculé. Cependant on ne fut d'abord préoccupé que de la crainte d'agir avec trop de précipitation, et l'on préféra ralentir sa marche pour la rendre plus fructueusement progressive. Sans doute qu'on devait arriver de cette manière, et on arriva en effet aux plus grandes découvertes, du moins à toutes celles qui étaient possibles par les méthodes qu'on avait suivies jusqu'alors.

Une nouvelle époque, dont la publication de ce livre fixe la date, commence sous d'autres auspices. Si ce n'est pas une route nouvelle qui est ouverte, du moins le champ de l'organisation est-il éclairé par un nouveau principe, celui des *connexions*; principe d'un haut intérêt philosophique, puisqu'il nous admet enfin à la jouissance pleine et entière, sans la moindre exception dans la pratique, de cet autre principe fondamental de la philosophie naturelle, que tous les animaux ayant la moëlle épinière logée dans un étui osseux, sont faits sur le même modèle. La prévision à laquelle nous porte cette vérité, c'est-à-dire le pressentiment que nous trouverons toujours, dans chaque famille, tous les matériaux organiques que nous aurons aperçus dans une autre, est ce que j'ai embrassé dans le cours de mon ouvrage sous la désignation de *Théorie des analogues*.

Essayons de faire voir que, sans l'emploi exclusif du principe des connexions, il arrive un moment où tous les travaux de détermination cessent d'être possibles. La zoologie, par exemple, entrevoit les rapports de toutes les parties des membres antérieurs : elle ne peut davantage et s'en repose sur l'anatomie comparée pour mettre cette proposition hors de doute. Mais l'anatomie des animaux, à laquelle on est redevable des travaux les plus importans, qui a déjà rectifié tant de faux jugemens et par laquelle nous nous élevons aux considérations les plus éminemment philosophiques, fournit-elle vraiment les moyens d'embrasser ce problême dans toute sa généralité et d'en donner une entière solution?

En examinant ce qui a été entrepris à cet égard, nous sommes forcés de reconnaître que les méthodes usuelles de cette science ne lui ont encore permis que de saisir et de traiter une partie de la question. Suivons d'abord sa marche, là où ses procédés ont donné des résultats positifs.

S'agit-il de démontrer qu'une portion de la jambe du cheval correspond à la main de l'homme? on se garde d'une comparaison directe. Mais s'il existe une si grande différence sous le rapport de la conformation entre les deux organes à ramener à un même type, on se flatte qu'après en avoir montré tous les degrés intermédiaires, on ne répugnera plus à admettre la concordance de ces parties; de sorte qu'en dernière analyse, c'est recourir à des idées de ressemblance comme conformation, pour en venir à prouver l'identité de choses, qui en effet se rapportent les unes aux autres à bien des égards, mais non dans le point examiné.

En supposant qu'il n'y ait là rien qui implique contradiction, il reste, pour nous faire croire du moins à l'insuffisance d'une pareille méthode, il reste, dis-je, la crainte qu'on puisse être privé de quelques anneaux intermédiaires; crainte qui n'est nullement exagérée, puisque nous en pouvons faire une application à l'exemple même que nous avons pris à tâche de considérer exclusivement.

En effet, les analogies de la main ont été poursuivies avec succès dans les animaux à respiration aérienne; mais quand on en fut venu aux poissons, on s'arrêta tout court. En vain dans les tems les plus reculés, dès le siècle d'Aristote, la zoologie avait été inspirée par le plus heureux pressentiment, et avait déjà rapporté les nageoires pectorales des poissons aux mains de l'homme. Il n'y eut cependant aucune détermination des os du bras et de l'épaule, parce qu'on ne trouva point à s'appuyer sur des formes intermédiaires qui pussent conduire d'un groupe à l'autre.

Où le principe des connexions révèle toute son importance, c'est surtout dans la considération des appareils respiratoires. La plupart des animaux ont un larynx, une trachée-artère et des bronches; rien de tout cela n'est dans les poissons : ainsi nous l'apprend une étude comparative des formes.

Mais appliquez nos principes à cette observation, et vous en prendrez une autre idée. La théorie des analogues vous portera à soupçonner qu'il n'y a point de création particulière et exclusive à l'égard des organes respiratoires des poissons, puisque ceux-ci ressemblent d'ailleurs aux autres animaux vertébrés; et le principe des connexions, venant à votre secours, fortifiera ce pressentiment, fécondera vos recherches et fixera enfin votre attention sur tous les points d'une réelle identité.

Ayant introduit dans les études anatomiques deux nouveaux moyens de recherches, je me suis trouvé entraîné dans une direction différente à quelques égards de celle que l'on avait suivie jusqu'à ce jour. Ainsi lorsque l'anatomie comparée fait de l'homme son point de départ, et lorsque, s'appuyant sur ce principe que les organes de cette espèce privilégiée sont plus parfaits, mieux connus et mieux définis, elle examine en quoi et comment ces organes se diversifient, se déforment et s'altèrent dans tous les autres animaux, mes nouvelles vues me portent à ne donner de préférence à aucune anatomie en particulier, mais à considérer les organes là d'abord où ils sont dans le *maximum* de leur développement, pour les suivre ensuite de degré en degré jusqu'à zéro d'existence. Dans le premier cas, celui de l'homme placé au centre d'un cercle, on se rend par un grand nombre de routes ou de rayons divergens à tous les points de la circonférence; de cette circonférence au contraire, je me porte vers le centre : j'aborde directement les anomalies les plus choquantes, pour les embrasser dans une même pensée, et pour faire voir que toutes ces organisations si diverses aboutissent à un tronc commun, et n'en sont que des rameaux plus ou moins différens.

Je ne m'arrêterai point aux conséquences physiologiques de cette proposition ; c'est à l'ouvrage lui-même à les donner : mais il en est d'autres d'une application usuelle, sur lesquelles j'ai à cœur d'insister.

En effet, s'il est facile de ramener à l'unité de composition les organisations si diverses des animaux vertébrés, rien n'empêche que les jeunes gens ne s'en tiennent, dans leurs études, à un très-petit nombre de considérations. Avec le principe des connexions, vous n'avez plus à craindre que des anneaux intermédiaires viennent à manquer ; vous êtes au contraire dans une position de faveur, dans une position réellement à rechercher, puisque vous ne pouvez restreindre le champ de l'observation qu'en bornant le nombre de vos exemples, et que vous ne tirerez de profit de ceux-ci qu'en les choisissant à de grands intervalles les uns des autres.

A la rigueur, il vous suffira de considérer l'homme, un ruminant, un oiseau et un poisson osseux. Osez les comparer directement, et vous arriverez de plein saut à tout ce que l'anatomie peut vous fournir de plus général et de plus philosophique.

Autrement, si vous continuez à parcourir tous les chaînons intermédiaires, vous vous embarquez pour un voyage long et pénible. Combien de personnes, auxquelles il eût été aussi utile qu'agréable de l'entreprendre, ont été obligées d'y renoncer, faute d'y pouvoir consacrer le temps nécessaire? Ainsi les voyages d'outremer ont été à la portée d'un très-petit nombre d'hommes, tant qu'on a été privé de la boussole et forcé de suivre la côte.

Le principe des connexions, comme une autre boussole, rapproche donc les différens points du théâtre de nos explorations. En simplifiant les recherches, il met les considérations de l'anatomie philosophique à la portée du plus grand nombre.

Je me flatte que ce nouveau moyen de

recherche aura un jour quelque influence sur les études médicales; il délivrera probablement les jeunes étudians des incertitudes pénibles qu'ils éprouvent; car s'ils désirent vivement de ne s'en pas tenir à l'anatomie d'une seule espèce, à une anatomie purement chirurgicale, ils craignent bien davantage de s'engager dans une entreprise qu'ils croient au-dessus de leurs forces.

En terminant ici mon ouvrage, qu'il me soit permis d'ajouter que je me regarderais comme bien complètement récompensé de mes travaux, si mes recherches exerçaient un jour cette influence. Oui, que ne puis-je apprendre qu'elles ont été utiles à la jeunesse de nos écoles! Quelle classe de notre belle France est plus digne d'intérêt? Que de dévouement, que d'application, que d'ardeur pour l'étude! Jeunesse aimable, toute occupée des nobles productions de l'esprit, vous semblez absorbée dans une seule pensée; dans cette pensée qui a fait dire à Virgile:

Felix qui potuit rerum cognoscere causas!

INTRODUCTION.

Je me propose de démontrer ici qu'il n'est aucune partie de la charpente osseuse des poissons, qui ne retrouve ses analogues dans les autres animaux vertébrés.

Toute simple, toute conforme à l'ordre naturel et à la marche philosophique des sciences, que paraisse cette proposition, je ne puis me flatter qu'elle soit également et universellement accueillie. J'attends, au contraire, les plus grands dissentimens d'opinions de la disposition actuelle des esprits sur des matières de cet ordre.

Les uns ne verront pas même dans cette considération un véritable sujet de recherches, ne pouvant concevoir qu'après tant de travaux en anatomie et en physiologie, il soit encore possible de méconnaître le principe de l'unité de type dans les animaux vertébrés : accoutumés à voir de haut le vaste ensemble de l'organisation, à en saisir rapidement les faits généraux et à préjuger les rapports de ceux de ces faits qu'ils n'ont pas encore aperçus, ces maîtres de l'art ne manqueront pas de m'opposer que je suis, un des premiers, entré dans ces mêmes vues, et qu'il m'appartient peut-être moins qu'à tout autre de réexaminer une proposition ainsi devenue une vérité pratique, une vérité de sentiment. D'autres, au contraire, s'effaroucheront des transformations qu'il faudra admettre, et préféreront se retrancher dans les règles conservatrices des bonnes doctrines : ceux-ci n'ont d'assentiment à donner qu'à des résultats éprouvés par le creuset du tems, dans la persuasion où ils sont qu'on ne saurait être trop en garde contre la tendance du siècle à tout généraliser, et que, dans la crainte de voir édifier sur des opinions purement hypothétiques, il convient d'exiger que les preuves se multiplient et soient même en quantité surabondante, dès qu'en histoire naturelle ce ne sont pas les théories qui font arriver, mais des observations exactes et des faits incontestables.

Cependant, entre ces deux extrêmes : *se déterminer seulement d'après l'analogie*, ou *se rendre trop difficile sur les faits*, il me semble qu'il est un milieu à tenir : c'est la ligne dont je chercherai à ne point m'écarter dans tout ce qui va suivre.

Les naturalistes qui ont fait de l'unité de plan pour tous les vertébrés une sorte de loi zoologique, ne me paraissent pas avoir assez réfléchi sur le parti qu'on pourrait tirer contre leur système de l'état actuel de nos connaissances sur l'organisation des poissons. En effet l'emploi de plusieurs noms nouveaux appliqués à quelques pièces du squelette de ces animaux, n'équivaut-il pas à la déclaration qu'on a sous les yeux des objets nouveaux eux-mêmes? Non-seulement alors les poissons ne seraient pas simplement des vertébrés chez qui de certaines modifications survenues aux grands organes, auraient seulement fait naître les changemens de rapports et de connexions qui dans les mammifères, les oiseaux et les reptiles, constituent l'essence de ces trois sous-types; mais ils apparaîtraient à l'observateur comme des êtres affranchis dans certains cas, des lois qui dans ces derniers règlent les conditions de leur existence comme grand groupe ou *classe*, si en effet pour être produits les poissons appelaient nécessairement l'intervention d'organes nouveaux, et ne sauraient être complétés dans leur formation qu'au moyen de matériaux imaginés pour eux seuls, d'os, enfin, créés uniquement à leur profit.

Et nous devons le faire remarquer: ce n'est pas une seule pièce qui est méconnue, mais plusieurs qui sont dans ce cas. Tels sont les grands *os de la membrane des ouïes*, les *rayons branchiostèges*, les *pièces de l'opercule*, les *arcs branchiaux*, les *os en ceinture*; et toute cette quantité de pièces qui servent de support aux rayons des nageoires, *pectorales*, *ventrales*, *anales* et *dorsales*.

Quand dans mes précédentes recherches, j'essayai déjà de ramener quelques-unes de ces pièces à leurs analogues, j'étais à chaque pas arrêté par une sorte de merveilleux, sur lequel je n'osais cependant beaucoup insister. Quelle scène, en effet, que celle où je voyais réunis, entassés et comme amoncelés les uns sur les autres (sans confusion toutefois), tous les os qui servent d'étui ou de base aux organes de la sensibilité, de la circulation, de la respiration, de la déglutition, des sens et du mouvement!

Cependant si le groupement de tant et de si importans organes et leur entassement sous le crâne me parurent à cette époque un sujet si profond de méditation, c'est (je le reconnais aujourd'hui) qu'alors j'observais le poisson, l'esprit préoccupé des études de l'anatomie humaine: accoutumé ailleurs à une sorte d'état naturel, je trouvais bien le même fonds dans les poissons, mais si étrangement défiguré, que j'étais parfois disposé à ne voir en une si grande complication que bizarrerie et confusion; je passais ainsi de la surprise au découragement, bien que mes premières recherches eussent déjà rendu ma marche plus assurée, parce qu'embrassant successivement chaque organe, je ne pouvais encore me rendre compte que de quelques fragmens de l'être.

Depuis, de nouveaux efforts m'ont fait connaître de nouveaux rapports, et me permettent de voir les poissons de plus haut, et, si je ne m'abuse, de comprendre comment une simple différence dans les attaches de quelques viscères, fait tomber le type uniforme des vertébrés dans les conditions d'un quatrième sous-type.

Faisons connaître en quoi consiste cette transformation, et prévenons d'abord que nous ne serons pas pour cela obligés de perdre de vue notre principal sujet. Pour donner cette démonstration, il nous suffit de comparer les squelettes des quatre sous-types ou des quatre *classes*, parce que (ce dont nous nous réservons dans un écrit *ad hoc*, de donner un jour la preuve) il est de l'essence de chaque pièce, d'appartenir à un certain ensemble de parties molles, muscles, nerfs et vaisseaux; que les os soient percés en étui ou qu'ils soient disposés en une sorte de quille.

Les choses étant ainsi, les résultats trouvés pour le squelette ont cette importance, qu'ils conduisent à la connaissance des parties qui le revêtent, et mieux, qu'ils donnent *à priori* cette connaissance.

On définit les vertébrés, ou on comprend sous ce nom les animaux qui ont un long cordon médullaire, ou, comme on l'appelle plus usuellement, une moelle-épinière, aux côtés de laquelle les nerfs viennent se rendre et dont l'extrémité antérieure se développe et s'épaissit pour former l'encéphale. La moelle-épinière est logée dans un étui osseux, dit la colonne vertébrale, et l'encéphale dans le crâne. Tout l'essentiel de l'être est là : le surplus se compose d'appareils qui établissent ses relations avec son monde extérieur, ou qui l'aident à emprunter aux corps ambians de quoi entretenir son existence.

Or chacun sait que, de même que le cordon médullaire et l'encéphale ont des os propres, ces appareils ont les leurs.

S'il en est ainsi, il nous suffit de considérer ces os et de rechercher dans quelle circonstance ils trouvent un appui sur le crâne ou sur la colonne vertébrale, en quel endroit et comment ils s'y attachent, s'ils conservent toujours un point fixe d'articulation, ou si leur mode d'union est variable d'une classe à l'autre.

C'est en effet ce qu'il nous importe de savoir, mais comment y parvenir ? Comment..? Y a-t-il dans les sciences naturelles d'autres moyens de recherche que l'observation ? Non. Voyons donc ce qui est ; mais attendez, n'oubliez pas de voir, l'esprit dégagé de tout préjugé. N'allez pas examiner les squelettes des quatre classes, en déterminant à l'avance que tout corps animal se subdivise en tête, tronc et extrémités, et n'exigez pas, comme si cela appartenait à l'essence de l'organisation, que ce que vous avez vu ailleurs vous soit invariablement reproduit partout.

Présentement, vous pouvez recourir directement à l'observation, et vous retirerez de cette disposition ce premier avantage, c'est que vous verrez disparaître le merveilleux dont j'ai parlé plus haut, lequel avait moins pour cause le fond des choses que la manière de les envisager.

Et d'abord, veuillez porter votre attention sur ce qu'on est dans l'usage de désigner sous le nom de tronc.

On appelle ainsi le coffre qui contient les viscères de la poitrine et de l'abdomen. Or, dans les quadrupèdes, le tronc (et pour l'explication de ce qui va suivre, je suis obligé de restreindre l'acception de ce mot et de ne l'appliquer qu'au thorax et à l'abdomen, sans y comprendre l'épine du dos et les côtes vertébrales), le tronc, dis-je, est visiblement suspendu dessous, et attaché au *milieu* de la colonne épinière. Un nombre quelconque de vertèbres existent au-delà, les cervicales en avant, les coccygiennes en arrière.

Dans les oiseaux, le tronc est tout reporté à l'extrémité postérieure : aussi les vertèbres du cou sont-elles chez eux en plus grand nombre, variant de 9 à 23, quand ce nombre, sauf une ou deux exceptions, est restreint à 7 dans les mammifères. De ces observations je crois devoir conclure que le tronc n'est pas immuablement attaché aux mêmes points de la colonne épinière. Ce déplacement n'avait pas frappé, parce que, d'abord, des oiseaux aux mammifères il est peu considérable, et qu'ensuite, on n'avait pas encore éprouvé le besoin d'en tenir compte.

A l'égard des poissons, j'hésite si je me servirai du même nom; mais que l'on puisse, ou non, appeler *tronc* les cavités où sont situés les viscères de la poitrine et de l'abdomen, le point essentiel est que ces viscères existent, et que nous puissions savoir ce qui en est. Je ne puis sur cela que rappeler ce que chacun sait; la poitrine et le cœur sont sous *la tête*, et les organes de la digestion et de la génération venant après, sont sous les premières pièces de la colonne vertébrale; mais si, dans un Mémoire spécial (*Annales du* M., H. N., *tome* 10, *page* 87), j'ai déjà démontré que les organes de la respiration n'existent pas sous la tête sans y être accompagnés et servis par leurs os propres, il faut donc admettre que les mêmes parties qui dans les premières classes composent le tronc, sont ici toutes situées en avant de la colonne vertébrale, une portion même du tronc étant parvenue à se loger sous le crâne.

Ce qui revient et se réduit à ceci : le *trono* existe dans les Quadrupèdes sous le *milieu* de la colonne vertébrale, dans les Oiseaux sous l'*extrémité de la colonne et sous le coccyx*, et dans les Poissons sous *les premières vertèbres et sous la tête*.

Il n'y a là aucune idée de théorie; c'est un résultat qu'il faut bien accorder au témoignage de ses sens, et c'est ce qu'on aurait vu dès l'origine, si, moins prévenu par ce qui est enseigné dans les écoles d'anatomie, on ne se fût pas obstiné à vouloir trouver les poissons, sous certains rapports, tout-à-fait semblables aux mammifères et aux reptiles.

Pour adopter, sans réserve, le principe de l'unité de composition organique pour tous les animaux vertébrés, vous faut-il une ressemblance plus réelle? je puis et vais vous satisfaire, en vous montrant que tous les matériaux qui composent les poissons, sont exactement et entièrement les mêmes que ceux qui entrent dans la formation de l'homme, des mammifères, des oiseaux et des reptiles. Mais vous ne trouverez pas possible, pour tous les cas, cette subdivision, tête, tronc et extrémités, que vous aviez admise et presque érigée en principe : vous ne trouverez pas le poisson avec les formes dégagées et gracieuses des autres séries ; vous ne trouverez pas toujours le même groupement des organes dorsaux et des organes ventraux ; vous ne trouverez pas enfin, qu'aux mêmes points de la première couche, ou de celle des os vertébraux, correspondront constamment les os de la seconde couche ou ceux de la région ventrale. Il y a à cet égard variation d'une classe à l'autre ; mais vous verrez que toute grande et toute importante que soit cette métastase, elle n'influe en rien sur les fonctions des pièces et leurs connexions, qui restent invariablement les mêmes.

Quand, arrivé aux dernières pages de ce livre, j'aurai développé toute ma pensée à cet égard, je pourrai peut-être même donner la loi et l'explication de cette variation : ce n'est une énigme aujourd'hui qu'en raison de l'état actuel de nos connaissances, puisque la seule manière qu'il y ait présentement de s'en rendre compte, serait d'adopter pour elle la locution si ordinaire et si abusive, que c'est une de ces exceptions dont on rencontre, dit-on, tant d'exemples dans les ouvrages de la nature.

Ainsi, si vous m'accordez que le tronc, selon les classes (je ne dis pas glisse ou coule le long de la colonne épinière), mais qu'il se voit tantôt *en avant* de la colonne, tantôt *en arrière*, et tantôt *au milieu* d'elle, ce qui est un point maintenant bien établi par l'observation, j'aurai déjà, sous certains rapports, ramené le poisson aux formes des autres animaux vertébrés. Car je ne le dissimule pas, ma direction m'est donnée par un principe *à priori* : or ce principe m'a tant de fois si heureusement inspiré, qu'actuellement je ne doute pas qu'il ne soit tout-à-fait possible d'arriver à ne plus dire à l'avance et sur simples pressentimens, que les animaux vertébrés se ressemblent, comme étant visiblement faits sur le même plan ; mais que nous touchons au contraire au moment d'asseoir cette proposition sur une suite d'observations, et conséquemment sur des bases inébranlables.

Je vais plus loin : c'est au développement de cette haute pensée de la nature, à l'examen des détails susceptibles de la révéler, et en général à la recherche de toutes les correspondances d'organes non encore ramenés les uns aux autres que je me propose de consacrer désormais mes veilles et mes travaux.

Je ne donne dans cet ouvrage d'application de ces vues qu'à l'égard d'une partie de l'organisation, mais du moins c'est la partie la plus étendue et la plus féconde en résultats que j'ai choisie. En me bornant dans cette circonstance à la seule considération des os de la poitrine, j'ai évidemment embrassé et toutefois à dessein, le sujet le moins propre à me conduire vers le but de ces recherches.

En effet, les organes de la respiration deviennent un tout harmonieux en vertu de deux causes, ou du moins sont modifiés par deux influences qu'on pourrait croire opposées dans leur action: car d'abord ils dépendent, comme tous les autres organes, de l'influence, fruit du concours de toutes les parties organiques; et de plus, sous peine d'être stériles, atrophiés, nuls enfin, c'est-à-dire, de renoncer à ce qui en forme l'essence, il faut qu'ils soient combinés et mis en harmonie avec les enveloppes gazeuzes ou liquides du globe.

Or chacun sait que l'élément respirable est disséminé dans deux milieux très-différens, l'air et l'eau : ce qu'il était assez naturel de préjuger dans ce cas, c'est que cette action extérieure forme une ordonnée qui a pu placer l'appareil respiratoire hors de la condition des autres organes. Des deux modes impérieusement exigés pour la respiration, on a dû et pu conclure à deux systèmes organiques différens et se laisser guider par l'apparence pour arriver aux idées particulières embrassées par les dénominations de poumons et de branchies.

Dans cette situation des choses, la respiration formait la question la plus importante à traiter selon nos vues, et l'on sent, que, résolue affirmativement, elle fait, *à fortiori*, préjuger la même solution pour tous les autres cas.

Je n'annonce qu'un traité sur les os de la poitrine, parce que je dois d'abord m'occuper de la détermination et de la correspondance de toute cette charpente dans tous les animaux vertébrés; mais on se tromperait si l'on venait à croire que je ne vais donner qu'une ostéologie partielle, et écrite dans le goût et la manière de quelques ouvrages *ex professo* sur cette matière : j'arrive au contraire à des résultats d'un ordre élevé et philosophique.

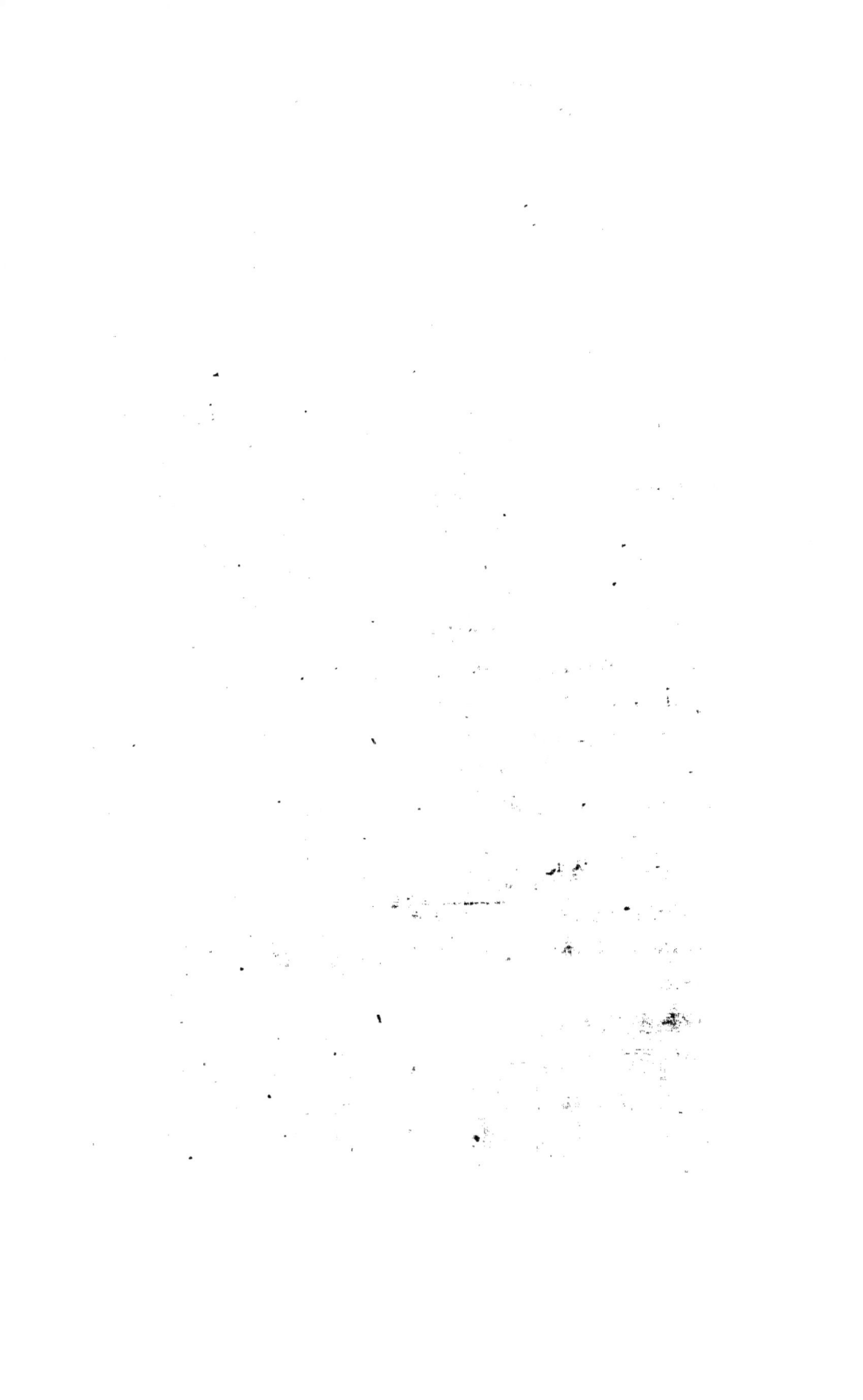

PREMIER MÉMOIRE.

Du couvercle des branchies dans les poissons, employé jusqu'ici sous les noms d'opercule, d'inter-opercule, de pré-opercule et de sub-opercule;

Et des quatre os correspondans du conduit auditif, dans les animaux à respiration aérienne, nommés étrier, enclume, lenticulaire et marteau.

Il peut paraître étrange que je commence ce Traité de la Respiration par un article sur des pièces que d'ordinaire on attribue au crâne: mais outre que j'en ai des motifs, qui tiennent au fond de la question, j'y suis conduit par l'ordre progressif de mes idées. Ce que je cherche aujourd'hui et parce que je le cherche en ce moment, il me semble que le public a intérêt alors de le savoir.

Quand, il y a douze ans, je m'occupai de donner la détermination des os du crâne, il me parut, avant d'avoir apprécié les difficultés de cette entreprise, que je n'en éprouverais de réelles qu'à l'égard des pièces de l'opercule (1). Des os qui font partie du crâne et qui n'ont de fonctions apparentes qu'à l'égard de la respiration, paraissaient en effet dans des conditions toutes particulières et entièrement icthyologiques.

Ainsi je me proposai d'abord la recherche des os operculaires, et n'examinai ce qui était au-delà et en deçà que dans la pensée d'arriver pas à pas à ce qui me paraissait en ce lieu la principale et presque la seule anomalie.

Je commençai par donner un premier mémoire sur les os de la nageoire pectorale, *ANN.*, *tome* 9, *p.* 357; un second, sur les métamorphoses et les usages multipliés d'une des pièces de cet appareil, *ibid. p.* 413, et puis un troisième, sur le sternum des poissons, *t.* 10, *p.* 87 : j'en vins, par là, à connaî-

(1) Quelques-unes de ces pièces (de la tête) *disais-je alors*, d'une forme et d'un usage uniquement propres aux poissons, telles que les opercules, ont surtout contribué à faire croire que, si du moins dans la formation de ces êtres singuliers, la nature n'a pas abandonné le plan qu'elle a suivi à l'égard des autres animaux vertébrés, elle a dû, pour les mettre en état d'exister au sein des eaux, modifier tellement leurs principaux organes, qu'il n'est resté de ce plan primitif que quelques traits épars et difficiles à saisir. (*Annales du Muséum d'Histoire naturelle*, *tome* 10, *page* 342.)

tre un assez grand nombre de pièces, toutes jusqu'alors restées indéterminées.

M'étant ainsi approché de l'opercule, mais par une marche en quelque sorte rétrograde, je cherchai à y arriver plus directement. Persuadé que les os qui cloisonnent les organes des sens, c'est-à-dire, que les os de la bouche, du nez, des yeux, etc. m'offriraient une analogie constante; j'eus le désir, dans la vue de les suivre jusqu'à l'opercule, d'en connaître la correspondance dans les diverses classes d'animaux.

Mais bientôt je m'aperçus que j'ouvrais une mine d'une fécondité extrême, riche surtout en conséquences physiologiques; je m'arrêtai, par rapport à mon premier dessein. Entré dans un monde tout nouveau, ce n'était ni divaguer, ni même manquer au but principal de mes recherches, que de m'occuper à recueillir tant et de si piquans aperçus.

Je donnai donc un traité sur le crâne : j'en voulais venir aux poissons; mais je ne m'occupai d'abord que du crâne des crocodiles dans un premier écrit, Ann., *t.* 10, *p.* 249, et que du crâne des oiseaux dans un second, *ibid.*, *p.* 342. Dans cette circonstance je m'étais particulièrement attaché aux oiseaux, comme compris dans les degrés moyens de l'échelle des êtres.

On a besoin d'être encouragé dans ses recherches, et on ne l'est jamais mieux que lorsqu'on se laisse prévenir par un pressentiment qui vous entraîne. Or je voyais, dans tous les animaux ovipares, à commencer par les oiseaux, les plus considérables d'entre eux, le cerveau se désassembler, diminuer quant à son volume, et se trouver réduit dans les poissons à quelques mammelons écartés : je crus qu'il en était de même, ou pensai du moins qu'il en serait de même des parties osseuses qui coiffent le cerveau, et que j'en viendrais dans cette direction, à retrouver là les élémens des opercules : des pièces, inutiles dans le cas d'une boîte cérébrale aussi petite, pouvaient bien, plutôt que d'être entièrement détruites, n'être que rejetées sur les côtés du crâne et y acquérir des fonctions relatives au mécanisme de la respiration.

Telles sont les vues théoriques dont je me servis comme d'une sorte de principe *à priori* pour chercher et découvrir : j'en étais pénétré dès 1807; le lecteur s'en convaincra par le passage suivant, que je plaçai en tête de mon ouvrage sur le crâne des oiseaux.

« La nature emploie constamment les mêmes matériaux et n'est ingénieuse qu'à en varier les formes. Comme si en effet elle était soumise à de premières données, on la voit tendre toujours à faire reparaître les mêmes élémens, en même nombre, dans les mêmes circonstances et avec les mêmes connexions. S'il arrive qu'un organe prenne un accroissement extraordinaire, l'influence en devient sensible sur les parties voisines, qui dès-lors ne parviennent plus à leur développement habituel; mais toutes n'en sont pas moins conservées quoique dans un degré de petitesse, qui les laisse souvent sans utilité : elles deviennent comme autant de rudimens qui témoignent en quelque sorte de la permanence du plan général.

« Vivement frappé de ces aperçus, continuai-je, je me suis livré à l'espoir de découvrir, dans le crâne des poissons, les mêmes parties que dans celui des autres animaux vertébrés; et je l'entrepris avec d'autant plus de confiance que les recherches qu'un pareil travail exigeait, m'étaient devenues plus faciles, depuis que j'avais trouvé les os du bras et ceux de la poitrine.

« Etant ainsi parvenu à l'avance à séparer toutes les pièces du crâne des poissons, il me restait à faire la même opération à l'égard de celles qui soutiennent la langue et qui composent les arcs branchiaux; et alors, soustraction faite de ces os, je devais m'attendre à n'avoir plus sous les yeux que des pièces qui appartinssent essentiellement à la tête. Par ce moyen, l'objet de mes recherches devait se trouver plus circonscrit.

« Toutefois je crus un moment que nonobstant ces réductions, le crâne des poissons renfermait encore plus de pièces que n'en montre celui des animaux vertébrés; mais j'en pris une autre opinion, dès que j'eus songé à considérer les os du crâne de l'homme dans un âge plus rapproché de celui de leur formation : ayant imaginé de compter autant d'os qu'il y a de centres d'ossification distincts, j'eus lieu d'apprécier la justesse de cet aperçu : les poissons dans leur premier âge correspondant, eu égard à leur développement, aux mammifères dans leur état de fœtus, il y avait parité : la théorie n'offrait rien de contraire à la supposition admise.

« Comme tout le succès de ces recherches devait dépendre de mon point de départ, je me traçai d'abord le plan que j'avais à suivre. La nature, ai-je dit plus haut, tend à faire reparaître les mêmes organes en même nombre et dans les mêmes relations, et elle en varie seulement la forme à l'infini. D'après ce principe, je n'aurai jamais à me décider, dans la détermination des os de la tête des poissons, d'après la considération de leur forme, mais d'après *celle de leurs connexions*.

« Si j'ai eu d'abord sujet de m'applaudir de l'heureuse application de ce principe, j'en aperçus bientôt l'insuffisance ; il n'y a pas de pièces dans le crâne des mammifères, qui ne soient entourées de plusieurs autres. Celles de l'opercule au contraire ont un de leurs bords flottant : ce sont des os en quelque sorte réjetés en dehors du crâne et surtout remarquables, en ce qu'ils ont des rapports d'usage, non pas seulement avec la tête, mais avec les bras et la poitrine. Le fil dont je m'étais servi pour marcher dans ce labyrinthe m'était donc échappé des mains : car ces pièces de l'opercule étant sans connexion dans une grande partie de leur pourtour, j'étais privé des moyens d'en retrouver les analogues ; et je sentais que, si je renonçais à en faire mention, je ne pourrais jamais être assuré d'avoir procédé rigoureusement à l'égard des autres parties de la tête des poissons. *V*. Ann., *t*. 10, *p*. 343 ».

On voit par ce qui précède comment je m'acheminai vers la détermination des quatre osselets de l'opercule; apercevant ces os au centre d'un nombre considérable d'autres pièces et avec des fonctions qu'il fallait désespérer de trouver ailleurs, je ne pouvais user de trop de précautions à leur sujet : j'en avais fait le but de tous mes écrits relatifs à d'autres parties de l'être icthyologique, étant de plus en plus persuadé que ce serait là que je rencontrerais les plus grandes difficultés.

Comme je n'en avais pas tout-à-fait cette idée en commençant, j'avançai, n'écrivant pas encore *ex-professo* sur les poissons, ou du moins je donnai comme vraisemblable que l'opercule provenait d'un démembrement des parties latérales du crâne. Il me parut que le frontal s'articulait directement avec l'occipital, en laissant en liberté à l'extérieur les pariétaux et les temporaux; ce qui à un examen plus attentif ne s'est pas trouvé vrai au sujet des pariétaux, et ce qui demandait à être mieux établi à l'égard des temporaux eux-mêmes.

Quand enfin je m'occupai spécialement des poissons, je vis combien le but était escarpé : je n'avais saisi que quelques indications; je m'en servis toutefois pour jalonner la route : mais en publiant, *article* TÉTRODON *dans le grand ouvrage sur l'Egypte*, d'une manière vague ces résultats, je crus devoir en rester là, et attendre qu'il y eût en Europe une opinion formée sur les déterminations que j'avais présentées : de nouvelles vues pouvaient m'être communiquées et je devais tout gagner à cet échange d'idées.

Ce ne fut qu'en France qu'il y eut révision de mon travail.

L'Académie des sciences n'a pas oublié tout le plaisir que lui fit il y a trois ans la communication des nouvelles vues de M. Cuvier (1) sur la composition de la tête osseuse dans les animaux

(1) Notre confrère, M. Geoffroy, disait M. Cuvier dans une lecture qu'il fit en 1812, à l'Académie des sciences, a présenté à la classe, il y a quelques années, un travail général sur la composition de la tête osseuse des animaux vertébrés, dont il n'a encore publié que quelques parties, et qui offre des recherches très-ingénieuses et des résultats très-heureux. Pour expliquer cette multiplicité d'ossemens que l'on trouve dans la tête des reptiles, dans celle des poissons et même dans celle des jeunes oiseaux, M. Geoffroy a imaginé de prendre pour objet de comparaison la tête des fœtus de Quadrupèdes, où l'on sait que bien des os qui doivent se réunir dans l'adulte, se montrent encore séparés, et il est parvenu ainsi à ramener à une loi commune, des conformations que la première apparence pouvait faire juger extrêmement diverses. Il a prouvé entr'autres choses, aussi singulières que vraies, que toutes les parties du temporal, le rocher excepté, se détachent successivement de la tête ; que le cadre du tympan en forme ce que l'on appelle l'*os carré*, ou le pédicule de la mâchoire inférieure dans les oiseaux, les reptiles et les poissons ; que le bec des oiseaux est presqu'entièrement formé par les intermaxillaires ; que les maxillaires y sont réduits à une petitesse qu'on n'aurait pas soupçonnée, etc.

vertébrés. Ces vues eurent principalement pour objet de très-neuves et de très-curieuses considérations que je n'avais ni aperçues ni même pressenties, sur trois des principales pièces du crâne, le frontal, l'éthmoïde et le sphénoïde.

Le frontal des mammifères est plus divisé dans les trois autres classes; la lame cribleuse de l'ethmoïde n'y existe pas; ses lames orbitaires y sont tantôt membraneuses, tantôt cartilagineuses et tantôt osseuses, et enfin les ailes du sphénoïde y restent le plus souvent détachées de la partie impaire et principale, et passent à de nouveaux services.

En adoptant, à mon tour, toutes ces vues, et en modifiant d'après elles mes anciennes idées, il est cependant un point de la plus haute importance à mon avis, sur quoi je ne puis de même partager l'opinion de mon savant confrère; ce sont les déterminations qu'il a données pour les poissons, d'abord de l'os temporal et des annexes de cet os, et secondement ses considérations sur les os operculaires.

Ce n'est, comme on le pense bien, qu'après de

En adoptant entièrement ces découvertes de M. Geoffroy, relatives aux métamorphoses du temporal, des maxillaires et de quelques autres os, j'ai cru pouvoir conserver une partie de mes anciennes idées sur le frontal, l'ethmoïde et le sphénoïde, etc. CUVIER, ANN., *Tome* 19, *page* 123.

longues hésitations que je me suis fixé à de nouveaux aperçus et que je me suis permis cette dissidence d'opinion vis-à-vis le chef illustre de notre nouvelle école; mes incertitudes au sujet des os operculaires furent même autant fondées sur le haut respect que je porte à son talent que sur l'idée avantageuse que je m'étais faite de ses motifs pour conserver les anciennes dénominations de ces pièces.

En effet, M. Cuvier avait vu la tête des poissons formée des mêmes os que dans les premières séries et cela sans les os de l'opercule; de plus, les os de l'opercule ont évidemment des fonctions relatives à la respiration et à un mode de respiration dont il n'y a et ne pouvait y avoir d'exemple que dans les poissons. Adaptés à des branchies et évidemment consacrés à une œuvre toute icthyologique, était-il impossible que pour un résultat nouveau, ils eussent été créés *ad-hoc?* Cela ne devenait-il pas au contraire probable? Et dans le doute, il était au moins prudent de laisser à ces os les noms qu'ils avaient portés jusqu'alors. De là dans le travail de M. Cuvier les noms d'*opercule*, d'*inter-opercule*, de *sub-opercule* et *de pré-opercule*, donnés aux quatre os operculaires alors connus. Nous verrons plus bas qu'il s'en devait trouver et qu'il en existe effectivement un cinquième.

Les travaux des hommes de génie, tout en faisant autorité, engendrent une honorable émulation et excitent à de nouveaux efforts. Les découvertes de M. Cuvier exercèrent la sagacité de notre célèbre confrère M. de Blainville. Ce savant, également frappé des pressentimens qui avaient dirigé mes premiers pas et des résultats de M. Cuvier, jugea que ces vues ne s'excluaient pas et conçut la possibilité de les concilier. Les os operculaires, d'après mes idées d'analogie, dont M. de Blainville m'avait fait l'honneur de prendre une opinion favorable, ne pouvaient être (M. de Blainville le supposait avec moi) de nouvelle fabrique, des outils créés pour une seule classe et mis à la disposition des seuls poissons ; et le travail de M. Cuvier apprenait ou donnait lieu d'admettre qu'aucun démembrement du crâne ne pouvait les produire.

Dans ces circonstances M. de Blainville imagina de reproduire et d'appliquer aux poissons les idées d'Hérissant sur les oiseaux, et aperçut la solution du problème qu'il s'était proposé dans la possibilité du démembrement d'une partie non comprise dans les déterminations de M. Cuvier, dans le démembrement de la mâchoire inférieure. Le crocodile fournissait un exemple bien favorable à ce système. La branche postérieure de sa mâchoire d'en bas est composée d'un nombre de pièces dans lesquelles pouvaient se trouver les analogues des os operculaires, et une certaine ressemblance dans la situation des pièces comparées semblait confirmer ce rapport.

Mais déjà j'avais attaqué la détermination d'Hérissant à l'égard des oiseaux, et j'avais montré que l'os carré, aussi nommé par Schneïder, *intermaxillaire*, de ce qu'il existe entre les deux mâchoires et sert à les réunir, ne venait point de la mâchoire inférieure restée entière (1), mais était le cadre du tympan articulé avec le crâne par diarthrose.

---

(1) *Voici en quels termes je m'expliquai alors sur l'os carré.*

C'est une pièce qui existe près de l'oreille, en forme de masque, et qui sert à l'articulation des mâchoires. Hérissant ayant remarqué que les maxillaires inférieurs n'avaient point en arrière de portion coudée, ou, comme il l'a cru, de branches montantes, imagina que les os carrés en tenaient lieu; mais cette supposition est inadmissible, dès que la mâchoire inférieure des oiseaux n'est pas dépourvue de ses branches postérieures. Elles existent sur le même plan que le reste de l'os : elles donnent attache aux mêmes muscles et sont terminées par les mêmes apophyses condyloïdes et coronoïdes; toute fois avec cette différence que ce n'est plus l'apophyse condyloïde qui est reçue dans une cavité, mais que c'est au contraire cette apophyse qui reçoit l'os carré entre ses deux têtes, lesquelles sont écartées et disposées à cet effet.

Lorsque le 23 juin dernier je donnai lecture de ce mémoire à l'Académie des sciences, je me contentai d'y annoncer que les mâchoires inférieures des poissons ne sont pas plus que celles des oiseaux, susceptibles de démembrement et qu'elles sont également formées de doubles branches. Cette observation m'avait été fournie par une préparation de la mâchoire inférieure du lépisostée spatule, *esox osseus*, que M. Cuvier conserve dans son cabinet : on y trouve toutes les pièces de la branche postérieure, elles sont en même nombre, dans les mêmes relations et dans le même degré d'écartement que chez le crocodile. J'ajoutai que ce fut la communication de cette pièce, dont j'ai été redevable à l'amitié que me porte M. Cuvier, qui me ramena à mes anciennes recherches. Le résultat annoncé par M. de Blainville m'avait séduit ; j'y avais cru sur parole : et j'en étais demeuré persuadé, au point que dans le dernier concours à l'Académie pour une place de zoologiste, j'avais principalement insisté sur sa

---

. Les oiseaux sont exactement, par rapport à la composition de l'os maxillaire inférieur, dans le cas de la plupart des mammifères : leur mâchoire d'en bas est formée par l'assemblage de *doubles branches*, les antérieures et les postérieures. Les deux *antérieures* se soudent en avant l'une à l'autre, avant ou un peu après la naissance, etc. ANN., *Tome* 10, *page* 357.

découverte des os operculaires, ayant mis du prix à lui en faire honneur.

Il est dans les sciences certaines propositions qu'il suffit d'énoncer pour qu'on soit à l'instant frappé de leur justesse; m'étant cru dans cette mesure à l'égard des os operculaires, je m'étais borné à annoncer que puisque la détermination de M. de Blainville était infirmée par le témoignage de la mâchoire inférieure de l'*esox osseus* j'avais été de nouveau animé de l'espoir de découvrir moi-même les analogues des os operculaires, et que j'apportais en ce moment le fruit de mes nouveaux efforts.

Ce mémoire dont les sociétés savantes s'occupèrent alors, rappela à M. de Blainville son travail sur la même question, qu'il avait terminé dès juillet 1812, mais qu'il s'était borné à communiquer à la *société philomathique*. Cette fois, il le publia, *page* 104, dans celui des bulletins de cette société, qui fut distribué en septembre, quand moi-même ayant cédé à quelques instances, j'avais déjà remis pour le même journal un extrait de mon mémoire, extrait qui parut *page* 126.

Ainsi furent imprimés dans le même ouvrage et presqu'en regard, deux articles roulant sur le même objet et dont les conclusions et solutions contraires ne pouvaient ne pas être remarquées: l'attention qu'on y donna, me causa dans le temps une contrariété dont je me suis peut-être trop occupé. Dans l'intérêt des sciences, il nous convenait en effet de ne pas fournir de prétextes à la malignité : il est tant d'esprits superficiels réduits à affecter du mépris pour ce dont ils ne peuvent sonder la profondeur.

M. de Blainville, en choisissant ce moment pour imprimer l'ouvrage, que depuis cinq ans il conservait en porte-feuille, s'est par là indirectement prononcé contre mes nouvelles vues. Taire cette circonstance, serait offenser par un témoignage d'indifférence un collègue dont personne plus que moi n'honore le talent ; ce serait aussi manquer au public, à qui il importe en pareil cas de se tenir sur la réserve et à qui en dernière analyse il appartient de juger ce petit différend. Je vais réunir ici les pièces du procès, en commençant par donner un extrait de l'ouvrage de mon honorable collègue.

On y trouve que « l'opercule des poissons « est formé par la moitié postérieure de la mâ-« choire inférieure du sous-type des animaux « ovipares, ce que l'auteur croit pouvoir établir « 1°. par voie d'exclusion ; 2°. directement, c'est-« à-dire, par une comparaison directe des diffé-« rentes pièces qui le forment ; 3°. par l'analogie

« des muscles qui le meuvent ; 4°. enfin, par ses « usages. »

« 1°. par voie d'exclusion : M. de Blainville ne « pense pas que l'opercule provienne *d'un dé-* « *membrement*, du crâne d'abord, montrant aisé- « ment dans le crâne des poissons tous les os qui « doivent s'y trouver ; de l'appareil masticateur « supérieur, qu'il trouve dans les poissons com- « posé de ses quatre os à l'ordinaire, les incisifs, « les maxillaires, les palatins antérieurs et les pa- « latins postérieurs ; de l'appareil des organes des « sens, ce dont il juge inutile de donner une dé- « monstration ; d'où, ayant admis en principe que « la tête des animaux vertébrés n'est jamais com- « posée que de quatre groupes d'os, ceux qui « coiffent le cerveau, ceux qui servent à l'appa- « reil des organes des sens, ceux dont se compose « la mâchoire supérieure, et puis enfin ceux de « la mâchoire inférieure, il conclut par voie d'ex- « clusion que c'est au quatrième groupe ou à la « mâchoire inférieure qu'appartient l'opercule. »

« 2°. Directement : les oiseaux et les reptiles « ont les doubles branches de chaque maxillaire « inférieur subdivisées en six pièces, nommées « *dentaire*, *operculaire*, *marginaire*, *coronaire*, *an-* « *gulaire* et *articulaire*. (1) Ce qu'on aurait pris

(1) Voici le propre texte de l'auteur. « La mâchoire « inférieure se compose toujours, comme M. Geoffroy l'a

« jusqu'à présent pour toute la machoire infé« rieure des poissons ne serait formé que des trois « premières pièces, quand l'opercule se trouve« rait composé des trois suivantes.

« 3°. Par l'analogie des muscles. Le muscle de « l'opercule offre l'un des principaux caractères « du digastrique, en ce qu'il s'attache aux parties « latérales et postérieures du crâne et se termine « à la mâchoire inférieure : il y a pourtant cette « différence qu'au lieu de finir inférieurement « sur l'angulaire, c'est sur l'articulaire.

« 4°. Par les usages : dès que le principal usage « de l'opercule est de servir à la fonction de la « respiration, il est dans un rapport de plus avec « la mâchoire inférieure qui dans les grenouilles « devient, avec l'os hyoïde, l'organe principal « de l'introduction de l'air dans la cavité pulmo« naire et par conséquent du mécanisme de la « respiration. »

« fait voir le premier, de six pièces d'abord distinctes, « qu'il a nommées dentaire, operculaire, marginaire, « coronaire, angulaire et articulaire ». C'est M. Cuvier qui a ainsi appelé ces subdivisions du maxillaire inférieur, en son article de l'ostéologie du Crocodile. *Voyez* ANN., *Tome* 12, *page* 10. M. Cuvier emploie le nom de *coronoïdien* au lieu de coronaire, et celui de *supplémentaire* à la place du mot marginaire.

Ma réponse se bornera aux observations suivantes :

La voie d'exclusion ne saurait être invoquée. Je ne vois pas qu'on ait épuisé toutes les pièces dont le crâne des animaux à respiration aérienne est composé, pour leur rapporter les os analogues de la tête des poissons. Il en est quatre dans les mammifères, les oiseaux et les reptiles, que, dans toutes les tentatives de détermination, on a toujours oubliés au fond du canal auditif, *les osselets* dits *de l'oreille* : ils se montrent des matériaux d'un haut rang à raison d'une certaine fixité de forme, de position et d'usage.

L'observation directe nous conduit aussi à un autre résultat. Il n'y a pas de raisonnement à produire ici, c'est le fait; je montre six ou sept pièces dans le maxillaire inférieur des poissons. Pour les mettre en main en quelque sorte, je les ai fait graver, avec la permission de M. Cuvier, à qui cette observation appartient : *voy. pl.* 1, *fig.* 13, et *pl.* 5, *fig.* 50, 51, 52 et 53. Je prie qu'on en constate l'identité avec les mêmes os dans le crocodile, en recourant aux *annales*, *tome* 12, *pl.* 1, *fig.* 3, 4 *et* 7. Pour que la comparaison s'en puisse faire avec facilité, j'ai fait usage des mêmes lettres que M. Cuvier dans son histoire des crocodiles. *u* est le dentaire, & l'operculaire, *x* le coronoïdien, *z* le supplémentaire, *v* l'angulaire, *y* l'articulaire. L'angulaire dans l'*esox osseus* (l'espèce dont j'ai fait dessiner le maxillaire inférieur) est séparé en deux pièces ; le sub-angulaire *pl.* 1, *fig.* 13, est marqué de la lettre *s.*

Qui ne voit que tout rentre là dans l'ordre accoutumé, que tout y prend le caractère de la simplicité, et qu'il n'est plus nécessaire, comme dans le travail que j'examine, de recourir à des suppositions forcées, de transporter l'apophyse coronoïde du coronoïdien au marginaire, et de faire de cette dernière une seconde pièce articulaire? Rien de plus paradoxal que la tête du crocodile et de l'iguane; mais convient-il de s'en autoriser pour juger sur ce fait isolé de la conformation générale de tous les crânes? La marche inverse n'est-elle pas au contraire indiquée dans de telles circonstances? On ramène les écarts de la nature à ses données générales: mais on n'a jamais fondé de lois sur des exceptions.

Au sujet du *muscle de l'opercule*, on cherche en vain quel point de contact ce muscle a avec le digastrique : au surplus, cela n'est avancé qu'avec restriction, puisqu'il n'est parlé du rapport de ces muscles que pour en signaler les différences.

Quant à la correspondance des *usages* de l'opercule et de la mâchoire inférieure des grenouilles, je me crois tout-à-fait dispensé d'en parler.

Je vais m'occuper de la question elle-même, et cependant avant de l'aborder entièrement, je veux prévoir une objection.

« Vous parlez, pourrait-on me dire, de ramener le poisson aux formes des autres animaux vertébrés; mais auriez-vous songé à ces larges fentes que l'entrebâillement des ouïes développe à tout moment, à ces larges orifices qui conduisent sous la tête, et font arriver de plein saut au centre d'appareils du rang le plus élevé? Ailleurs où ne se trouvent point de branchies, trouveriez-vous les mêmes ouvertures? »

Ailleurs, je répondrai, partout ailleurs sont ces mêmes ouvertures : nous ne sommes pas davantage ici en défaut d'analogie. N'existe-t-il pas partout ailleurs des entrées qui mènent à la chambre de l'ouïe, et qui, au moyen des conduits d'Eustache, se prolongent dans la cavité buccale? Elles diffèrent en grandeur sans doute, mais de ce qu'elles sont très-larges dans les poissons et étroites dans les autres animaux vertébrés, qu'en conclure? une simple variation du plus au moins. Cette différence est même plus apparente que réelle, puisque vous arrivez au même point en penetrant jusques au fond de la chambre auditive, et que vous voyez cette chambre se terminer là, où au moyen de quelques pièces osseuses, elle fait partie de la boîte cérébrale : ainsi la même barrière vous empêche de passer plus loin, et l'obstacle qui vous arrête est également dans tous les animaux fourni par l'os mastoïdien et le rocher, les seuls os essentiels de l'oreille, bien que par leurs faces internes, ils soient encore, et à la fois, os du cerveau, pièces officieuses du cerveau.

Mais si nous sommes amenés à penser que le conduit auditif des mammifères, des oiseaux et des reptiles correspond à la cavité des branchies, ce qui revient presque à cette proposition, que la chambre de l'ouïe perd de sa profondeur en s'élargissant, ne s'ensuit-il pas qu'il y a rejet, au dehors, des objets qui y auraient été comme emmagasinés ?

Or, dans l'espèce qui nous occupe, le conduit auditif des mammifères présente quatre pièces osseuses, l'enclume, le marteau, le lenticulaire et l'étrier : mais pour parvenir à la détermination des os operculaires, n'était-ce pas de quatre pièces dont nous avions besoin, et serions-nous ainsi arrivés au but depuis si long-temps et si vivement désiré ?

Je n'en doute nullement : je l'articule comme un fait. L'opercule correspond à l'étrier, l'inter-opercule au marteau; au-dessous de l'opercule sont deux pièces qu'ensemble on avait appelées *sub-opercule* et qu'on n'avait pas distinguées, parce que l'extrême bord est un très-petit os qui se soude presque toujours à la pièce supérieure : celle-ci est le lenticulaire et l'autre l'enclume.

La pièce qui sert d'axe à l'ensemble des os de l'opercule ou au couvercle operculaire n'a encore été comprise dans aucune détermination (1) : M. Cuvier lui a donné le nom de *pré-opercule*. Elle n'est autre que le tympanal ou le cadre du tympan. Les connexions de cet os décèlent sa nature. Il s'articule vers le haut, dans les poissons, avec la caisse; par un de ses bords du côté interne avec le temporal; plus bas avec le jugal; et encore plus bas, il fournit, comme dans les oiseaux, une apophyse sur laquelle s'appuie le condyle de la mâchoire inférieure.

---

(1) J'étais autorisé à l'écrire ainsi, quand je lus ce mémoire à l'Académie des sciences. Depuis, dans son article *opercule*, M. de Blainville a dit à ce sujet : « Quelques auteurs ont voulu aussi regarder comme dépendant de « l'opercule, un os considérable, presqu'immobile, qui « se trouve border en avant la deuxième pièce; mais je « pense que c'est à tort, et que cet os n'est que l'os zigomatique (le jugal). »

Je ne dois ni ne puis me dissimuler que ce n'est point ainsi que M. Cuvier nomme deux de ces pièces; et plus dans ce cas j'ai à craindre l'effet des préventions qui lui seront favorables et qui lui sont acquises à tant de titres, plus je me fais un devoir de la sincérité. J'appelle temporal ce que ce grand anatomiste désigne sous le nom de caisse, et sa caisse devient mon temporal.

Je propose ce changement en me fondant sur un principe qui nous a été à l'un et à l'autre d'un si grand secours, celui de l'ordre des connexions. La présence du jugal, en devant, est une indication, pour que le temporal soit immédiatement en arrière. En outre, celui-ci ne manque jamais de s'articuler aussi avec la caisse et le tympanal ou le cadre du tympan; or l'os que je considère comme étant le temporal dans les poissons, est dans une position à conserver toutes ces connexions, ayant le jugal en avant, la caisse vers le haut, et le tympanal en arrière et un peu en dehors. A ces motifs d'admettre là le temporal s'en joignent deux autres; c'est l'os qui dans cette région a le moins d'épaisseur, et c'est lui aussi qu'indiquent les attaches du muscle crotaphite. Cette pièce est si bien l'os du crotaphite que sa concavité est en raison directe du volume de cette masse musculaire.

D'un autre côté, cette connexion replace la

caisse, où il me paraît qu'elle est nécessairement; c'est-à-dire, entre le temporal, le mastoïdien et, le tympanal; d'où il résulte que cela marche au fond, comme dans les mammifères : plus d'anomalies; tout est fidèle à l'ordre des connexions; seulement l'aile temporale, au lieu d'être comme ramassée en boule et repliée sur elle-même, est composée de pièces écartées, comprimées et étalées; circonstances, qui, si dans nos comparaisons nous prenons l'anatomie de l'homme pour point de départ, seront regardées comme ayant influé sur le sort des quatre osselets de l'oreille, de manière à en faire dans les poissons des os aplatis et appropriés aux fonctions de l'opercule. Mais du moins cette influence ne s'est pas étendue jusqu'à faire varier la position respective de ces quatre osselets. Ces os, sous le rapport de leurs connexions, présentent les considérations suivantes.

Je compare directement l'opercule des poissons aux quatre osselets du tympan chez l'homme. Leur description et leur figure ont été si souvent reproduites que chacun se les rappelle : ils ne diffèrent pas en nombre, et ne varient pas essentiellement de forme, surtout dans les mammifères. On peut consulter sur cela les observations consignées dans la treizième leçon d'anatomie comparée, *t.* 2, *p.* 503 *et suivantes*. La principale différence, qui tient chez l'homme à plus de grosseur proportionnelle des tubérosités de l'enclume et du marteau, est dans la position plus latérale de ces pièces. *Voy. pl.* 1, *fig.* 1, 2, 3 *et* 4.

Le marteau est isolé ou du moins un peu renversé de côté, tandis que l'étrier, le lenticulaire et l'enclume forment plus spécialement une chaîne de pièces, à laquelle le marteau ne se joint vers le haut que par sa grosse tubérosité.

C'est un arrangement semblable que montrent les os operculaires. Le *marteau* chez les poissons ou l'inter-opercule *m*, *pl.* 1, *fig.* 8 et 12, est rejeté de côté : logé dessous le tympanal *p*, il produit en arrière une facette qui gagne la chaîne des trois autres pièces de l'opercule : il s'articule par diarthrose avec la portion coudée de l'os qui occupe le milieu de cette chaîne et qui forme la première partie du sub-opercule. L'aspect de cette pièce, sa grandeur et sa conformation, qui, à quelques égards, rappelle les jambes et les proportions de l'enclume, m'ont d'abord persuadé de la nommer ainsi : mais la loi plus impérieuse, l'inévitable loi des connexions, dans l'hypothèse que les quatre osselets du tympan correspondent aux quatre pièces de l'opercule, la détermine comme *lenticulaire*.

Au côté inférieur du couvercle operculaire est, formant la seconde partie du sub-opercule, un os grêle (*voyez cet os*, e, *dans le trochet*, *pl.* 1, *fig.* 8), petit, alongé, en bordure inférieurement, s'incorporant de bonne heure avec la pièce supérieure ; il se montre dans un état équivoque et rudimentaire. Je n'ai point assez d'observations pour dire s'il existe dans tous ou seulement dans une partie des jeunes sujets. Telle est enfin la pièce que je crois être *l'enclume*.

Ce n'est pas là d'abord, il est vrai, un résultat fort satisfaisant, surtout quand on se rappelle le rang, la grandeur et les usages de l'enclume chez l'homme ; mais c'est sans doute celui où nous devons être insensiblement amenés, après que nous aurons étudié les os du tympan dans les oiseaux, à qui, sous ce rapport comme sous tous les autres, les poissons sont tenus de ressembler davantage.

Enfin le couvercle operculaire, dont nous venons déjà d'examiner trois os, se compose encore d'une principale pièce, à laquelle on a laissé en particulier le nom d'*opercule*. J'ai déjà dit que c'était là l'étrier, et dans cette occasion, formes et connexions me mènent à la démonstration de cette proposition. Cet os est le produit de la réunion de trois bâtons osseux assemblés ensemble sous la forme d'un triangle ou d'un étrier, dont le centre serait entièrement évidé dans les mammifères, et dont le milieu est rempli par une expansion osseuse excessivement mince dans les poissons : les mêmes connexions établissent également l'identité de l'étrier et de l'opercule. Nous avons dit plus haut comment l'étrier ne manque pas à ses connexions à l'égard du lenticulaire ; il n'y manque pas davantage par rapport à la caisse : ce qui l'oblige, dans les mammifères, à s'enfoncer pour aller chercher la caisse au fond du conduit auditif, et dans les poissons, à s'élever vers le rocher et le mastoïdien pour la rencontrer dans le voisinage de ceux-ci.

« Mais, dira-t-on, comment, pour comparer ces pièces osseuses, passez-vous de plein saut des poissons aux mammifères, c'est-à-dire, de la quatrième à la première classe ? Ne donneriez-vous pas mieux à votre détermination ce degré de certitude qu'exigent les sciences, si vous pouviez nous montrer quelque chose de semblable dans des animaux plus descendus dans l'échelle des êtres, dans les reptiles, par exemple? Car enfin, des poissons on s'élève, par une progression évidente, jusqu'aux animaux plus parfaits, les mammifères. »

Ce sont là à peine des objections ; cet arrangement numérique des quatre classes est une invention de nos écoles, qui ne saurait lier celui qui cherche à dessiner à grands traits l'organisation. En outre on commence déjà à ne plus tant parler de cette succession progressive des êtres, et l'on se débarrassera sans doute de même de ces vieilles locutions, les *êtres les plus parfaits*, au fur et à mesure que l'on se convaincra davantage que ce n'est pas la meilleure et la plus sûre manière de philosopher que de s'apporter toujours soi-même pour terme de comparaison.

Quant aux reptiles, je me garderai bien de les faire entrer dans mes élémens de calcul sur l'organisation, si je veux parvenir à la connaissance de ses lois les plus générales; ils me feraient, je puis ajouter, ils m'ont toujours fait prendre une fausse route, parce que, selon moi, la classe des reptiles n'existe pas, en tant que c'est un type secondaire qui est bien tranché, qui a des limites bien naturelles, et qui n'admet que des modifications qui se déduisent les unes des autres. Etrangers entre eux, ils aboutissent à un point de centre; non, en quelque sorte, parce que celui-ci les attire, mais parce qu'il ne les repousse pas : rappelant sous quelques rapports l'organisation des mammifères, et, comme ovipares, plus véritablement celle des oiseaux et des poissons, ils ne viennent se placer sous les mêmes considérations qu'à raison d'une impuissance commune à tous, des organes de la sensibilité et de la respiration. On en donnerait une idée plus juste en les mettant en appendice à la suite des autres sous-types, seuls vrais et seuls importans démembremens des vertébrés. Ce n'est pas toutefois que les reptiles ne piquent vivement la curiosité ; c'est chez eux, quant aux détails, que les écarts de la nature sont les plus grands. Ce qu'on a vu d'une manière nette dans un groupe, devient de nouveau le sujet d'un problème dans un autre, puis dans un troisième : mais plus ils sont susceptibles de ce degré d'intérêt, et moins il convient de s'attacher à eux, si l'on en est encore à la recherche des plus simples et des premières lois de l'organisation.

J'ai néanmoins examiné leurs osselets du tympan, et je dois avouer que plus renfermés, sous le rapport de ces pièces, dans des conformations classiques, ils ne donnent pas trop lieu cette fois à l'application de l'opinion que j'en ai prise. Leurs osselets du tympan diffèrent peu de ceux des oiseaux ; nous les décrirons avec les osselets de ces derniers.

J'ai réservé pour la dernière la plus forte objection. « Comment, m'opposera-t-on, admettez-vous avec la marche simple et uniforme de la nature, avec vos propres principes sur les fonctions et les connexions des pièces, cette métamorphose presque miraculeuse des os de l'oreille? Ne voyez-vous pas que vous ne tendez à rien moins qu'à détruire la plus belle comme la plus certaine des lois de la physiologie, qui est qu'aucun organe ne perd ses fonctions pour en passer le service à d'autres? et alors n'est-il pas plus prudent de se tenir sur la réserve à l'égard de votre détermination, puisque vous accorder l'identité de toutes ces pièces, serait implicitement reconnaître que des os utiles à l'oreille passent dans d'autres circonstances au service de l'organe de la respiration? »

Mais, vous répondrai-je, auriez-vous établi cette suite de propositions snr des données également exactes? Avez-vous des documens certains sur ces osselets, le marteau, l'enclume, le lenticulaire et l'étrier? Qui vous a dit que ce sont là des os de l'oreille? — Qui? mais....! l'école, les siècles... — Toute imposante que soit sans doute cette autorité, elle ne doit pas cependant m'arrêter, si j'ai l'intime conviction que c'est un préjugé. Permettez que je doute et que j'examine.

Quand dès l'origine, on fit attention aux osselets de l'oreille et qu'on leur donna des noms, il n'y avait ni anatomie ni physiologie comparées. Les observateurs appartenaient tous à la classe des médecins et des chirurgiens qui ne pouvaient donner tout leur temps à des recherches scientifiques, et une seule espèce, l'*homme*, était sous leurs yeux pour leur dévoiler toutes les merveilles de l'organisation. On voyait le but et on assignait d'une manière assez satisfaisante les fonctions du plus grand nombre des organes. On crut que toutes sortes d'organes avaient mêmes priviléges et étaient susceptibles d'une utilité ou constatée ou à découvrir, et l'on célébra le principe, dont on a depuis si ridiculement abusé, que *la nature ne fait jamais rien en vain.*

C'est dans ces circonstances qu'on découvrit les osselets de l'oreille. On cria au miracle en apercevant tant de pièces au fond du canal auditif, et l'on crut que par elles on allait aisément découvrir la théorie de l'acoustique. Une membrane du tympan qui en vibrant agite le marteau, l'étrier qui en reçoit une commotion, et qui dans le fond, va (que sait-on?) peut-être exciter la paresse de l'organe : que de choses qui ont pu paraître plausibles et qui ont été admises sur parole.

Cependant, pour qu'on ait pu croire ces os éminemment utiles dans l'audition, il aurait fallu les trouver d'une dimension d'autant plus considérable qu'ils auraient été vus chez des êtres doués d'une plus grande finesse d'oreille; mais cela ne suit nullement cette règle.

D'abord, les poissons qui entendent très-bien, (ce qui est un fait incontestable, puisque dans quelques viviers on se sert de cloches pour les rassembler aux heures des repas, et que c'est sur le silence le plus sévère que les pêcheurs font reposer toute leur confiance), les poissons qui entendent très-bien, sont privés de ces osselets, en tant que ce sont des pièces qui donnent, au fond des cellules acoustiques, de l'activité au sens de l'ouïe.

Et en second lieu, les oiseaux qui sont évidemment placés au premier rang pour la perfection de l'oreille, puisqu'il en est parmi eux qui répètent avec autant de goût que de précision les phrases musicales qu'ils entendent, ont tout l'appareil des quatre osselets, dans un état plus rudimentaire que les mammifères.

Ce n'est pas ce que j'ai compris d'abord; ayant, dans mes premières recherches, été toujours bien servi, en préférant de comparer le poisson, animal ovipare, avec l'oiseau qui offrait le même mode de génération, je ne me voyais en défaut qu'à l'égard des osselets de l'oreille. Je me flattais qu'en y regardant de plus près, je verrais cette anomalie disparaître.

Toutefois la petitesse du crâne des oiseaux ne me paraissait pas comporter tant d'osselets; et donnant attention au volume considérable et au grand nombre de têtes apophysaires de l'os carré, je supposai un moment que toutes ces têtes pouvaient provenir de la réunion des quatre osselets avec cette principale pièce. J'examinais grand nombre de jeunes oiseaux et même des fœtus bien avant l'éclosement, et je fus de nouveau conduit à la détermination que j'avais donnée il y a douze ans, c'est-à-dire, à trouver l'os carré formé de deux seules pièces, l'os styloïde et le cadre du tympan (1).

Je ramenai mes recherches sur les oiseaux adultes, et j'ai été plus heureux en y trouvant tous les osselets de l'oreille, mais dans des conditions particulières aux oiseaux, je puis ajouter, et aux autres ovipares; car les reptiles, ainsi que je l'ai dit plus haut, ne présentent aucune différence essentielle. Ni le marteau, ni l'enclume ne montrent ces grosses tubérosités (c'est tout au plus de très-petites têtes), et ce détail d'apophyses dans les

(1) Je viens tout récemment de remarquer deux très-petits os soudés vers les flancs du pédicule de l'os carré d'une corneille. Je me propose de donner suite à cette observation, et me borne pour le moment à rappeler qu'il n'y a point d'épiphyses sur les os des ovipares.

quelles l'imagination entraînée par quelques idées théoriques, avait cru retrouver l'image des deux instrumens dont ces pièces portent le nom. Ce sont chez les ovipares de longs filets; le marteau est engagé ou appuyé sur la membrane du tympan, et forme là un rayon de cercle, qui à un bout repose sur le tympanal ou le cadre du tympan et à l'autre fournit au centre une tête articulaire pour l'enclume. Celle-ci est un filet osseux dont la dimension varie selon le plus ou le moins d'écartement des deux méats auditifs. Dans la grande tortue de mer, ce filet a deux pouces de longueur; il est aussi très-long, d'un pouce à peu près, dans les grandes espèces de serpens, dites *boas*, quand au contraire dans les animaux à membrane du tympan très-rapproché des cellules acoustiques, cet os est très-court et réellement dans un état rudimentaire.

L'os lenticulaire qui dans l'homme et les mammifères est si petit que quelques anatomistes l'ont révoqué en doute et qui n'a, dans la condition rudimentaire où il se trouve dans cette classe d'animaux, d'autre utilité que celle de favoriser les évolutions de l'étrier à l'égard de l'enclume, devient dans les ovipares une pièce qui prend rang sous le rapport d'un service plus vrai et plus direct. C'est une large platine qui remplace l'étrier dans ses fonctions et qui sert de porte ou de soupape à la plus extérieure des profondes ouvertures de la chambre de l'ouïe. Cette platine est portée par l'enclume qui lui est subordonnée et lui sert de manche : ces pièces ne sont séparées que dans de très-jeunes sujets.

L'étrier ne manque pas pour cela dans les oiseaux et les reptiles : il existe au-delà engagé dans une des cellules acoustiques et chez les oiseaux de nuit dans une *caisse* réelle : mais il y existe sans pouvoir s'étendre et passer au second état des os, restant toujours cartilagineux; on pourrait ajouter, dans un tel délaissement qu'on ne sait plus quelles fonctions lui assigner : il ressemble dans la chouette à l'instrument dont on fait usage pour arracher les bottes, et dans le crocodile il y prend la courbure de la cellule qui le contient : et toutefois dans ces deux exemples, il n'est atteint qu'à l'une de ses deux branches par le lenticulaire. On remarque un arrangement analogue dans les poissons.

C'est en jugeant des proportions différentes de l'enclume et du lenticulaire dans les mammifères d'une part et dans les oiseaux et les reptiles de l'autre, que j'ai pu suivre avec quelque sécurité la direction que prescrivait le principe des connexions, et négliger quelques apparences trompeuses. Dans les oiseaux et les reptiles, c'est l'enclume qui est l'os variable, et qui, au besoin, tombe dans toutes les conséquences de l'état rudimentaire : le lenticulaire grandit au contraire et acquiert des fonctions propres. En suivant ces deux pièces dans cette progression chez les poissons, l'accroissement du lenticulaire cesse d'y paraître extraordinaire.

J'ai fait représenter toutes ces considérations, en les grossissant et en les portant au triple de leur grandeur réelle. Voyez quant aux oiseaux, les dessins pris de la *chouette*, *pl.* 1 *fig.* 5, 6 *et* 7, et à l'égard des reptiles, ceux faits d'après le *crocodile*, *fig.* 9, 10, *et* 11.

Le marteau et l'enclume étaient les deux seuls osselets attribués jusqu'à ce jour aux oiseaux et aux reptiles (1). J'ai désiré ramener ces conformations à celle des mammifères, et mes planches attestent que je suis parvenu à démontrer, à cet égard, l'unité de type pour tous les animaux vertébrés.

Si les quatre osselets de l'oreille varient de forme, de consistance, et de dimension, sans suivre les divers degrés de perfection de l'ouïe, que conclure à leur sujet ? C'est que dans les mammifères,

(1) M. Cuvier décrit ces pièces (*cartilagineuses*), dans la Grenouille et le Crapaud. Elles diffèrent de ce qu'elles sont dans la Tortue et le Crocodile. *Leçons d'Anat. comp.*, *tome* 2, *page* 506.

les oiseaux et les reptiles, ce n'est qu'une sorte de superflu, plus considérable dans les êtres à grand cerveau et qui ont par conséquent un plus grand temporal et un conduit auditif plus large ou plus profond ; un superflu resté rudimentaire et indicateur, dans ces animaux, d'une organisation ailleurs rigoureusement nécessaire et amplement développée.

Les poissons, et diverses considérations de l'histoire pathologique de l'homme (1), nous apprennent que l'absence totale de ces os peut avoir lieu et a lieu effectivement, sans que les facultés d'audition des êtres en soient altérées. Ce qui s'explique, s'il est vrai, (comme je le pense), 1°. que l'organe auditif, sous le rapport de l'appareil osseux, est uniquement et essentiellement constitué par la réunion du rocher et de l'os

---

(1) A la lecture de ce mémoire, et à ce passage, une discussion s'engagea entre plusieurs médecins qui pour la plupart étaient d'avis que l'audition continuait d'être possible dans le cas seulement le plus ordinaire de la conservation de l'étrier. Sur cela, M. Villermé observa que feu M. Giraud avait traité à l'Hôtel-Dieu un malade qui perdit successivement et des deux côtés, à la suite d'injections, tous ses os du tympan, notamment les deux étriers que M. Giraud montra à qui voulut les voir. Le malade ayant guéri, M. Giraud ne remarqua en lui qu'une bien moindre susceptibilité dans la faculté de percevoir les sons.

mastoïdien, dont les nombreuses anfractuosités suffisent en effet à l'épanouissement et à la ramification du nerf acoustique : et 2°. que les usages des quatre osselets de l'oreille soient plutôt de fournir aux animaux les moyens de se rendre sourds à volonté, ou tout au moins, de diminuer les trop fortes impressions du son. Dans tous les cas, ces vues nous conduisent à ne point compter les quatre osselets comme pièces essentielles de l'oreille : elle peut s'en passer.

Mais l'oreille en tire quelques services, soit que l'étrier demeure sur la fenêtre ovale et développe une platine qui la tient fermée, soit que le marteau et l'étrier mis en mouvement par des muscles propres, (les muscles analogues du couvercle operculaire) mettent l'oreille au guet; le marteau, en tendant la membrane du tympan, et l'étrier, en basculant au-devant du labyrinthe; toujours est-il que ce sont là des services très-secondaires.

Ainsi donc, généralement parlant, ces pièces appartiennent à l'organisation comme os operculaires : ailleurs, où elles n'ont plus de soins à donner à l'organe de la respiration, elles ne sont pas tout à coup anéanties; elles existent encore, mais extrêmement petites. Devenues des os rudimentaires et se trouvant enfermées dans la chambre de l'ouïe, il est tout simple qu'elles prennent du service dans cette nouvelle condition. Ce sont des outils à qui il arrive d'être employés dans un usage secondaire, comme par exemple il arrive de même à la queue des mammifères, (qui n'est chez eux que rudimentaire, tandis qu'elle s'offre dans tout son développement chez les poissons) de rendre aussi parfois de bons offices.

Cette queue n'est qu'un long appendice embarrassant dans les guenons; mais elle devient une cinquième main dans les sapajous; une baguette, dans les chauve-souris, qui soutient une partie de leur manteau; une verge offensive chez le lion; une béquille pour le kanguroo; un bouclier dans le Pangolin; une rame dans la saricovienne; une ombrelle chez l'écureuil; une tablette pour le castor; un chasse-mouches dans le cheval, etc.

D'où proviennent toutes ces métamorphoses et ces transpositions d'usages? De la nature même des organes rudimentaires dont le propre est de se prêter à une infinité de combinaisons et de se conduire comme s'ils étaient des instrumens hors-d'œuvre et qu'on fût le maître de s'en approprier l'emploi.

COROLLAIRES.

De tout ce qui précède, je crois devoir conclure que les quatre osselets de l'ouïe ne sont toujours chez les mammifères, les oiseaux et les reptiles, que les quatre os operculaires des poissons; que, vus de plus haut, ce sont quatre matériaux donnés de l'organisation, susceptibles d'un *maximum* et d'un *minimum* de développement; qu'ils sont portés au plus haut dégré de développement et de fonctions dans les seuls poissons; que dans les autres animaux vertébrés, ils descendent de ce rang élevé, pour tomber dans ce que je nomme les conditions rudimentaires; que comme tels ils sont susceptibles de se rapetisser de plus en plus, quelquefois jusqu'à disparaître entièrement; enfin, qu'incapables, dans les animaux à respiration aérienne, des hautes fonctions de leur primitive destination, ils s'y trouvent comme des ilotes au service et à la disposition des organes qui les entourent.

SECOND MÉMOIRE.

Des os formant la charpente de l'appareil extérieur, employé dans le mécanisme de la respiration;

Ou des os du STERNUM.

J'AI déjà donné vers 1807, un mémoire sur le sternum des poissons; mais ce travail n'est qu'une partie et même qu'une ébauche de celui que je présente aujourd'hui.

Je n'avais pu alors assurer ma marche qu'en m'aidant du concours d'une seule détermination, celle du bandeau osseux qui porte les nageoires pectorales; et dans la nécessité où je m'étais trouvé de laisser parmi les inconnues du problème, toutes les autres pièces qui exercent une influence éloignée ou prochaine sur la respiration, comme les os du crâne, du pharynx, des branchies et de la langue, mes résultats s'étaient ressentis d'une sorte de tâtonnement et avaient laissé apercevoir un peu d'hésitation.

J'aurais dû alors me défier davantage de la position difficile dans laquelle je m'étais engagé; j'étais entraîné, et cela ne me vint pas même à la pensée !

M'étant proposé de ramener, partie par partie, tout le poisson aux trois autres classes d'animaux vertébrés, bien que je n'en fusse encore qu'à mon début, il me parut que j'entrais si parfaitement dans les vues des naturalistes, et que je venais si à propos fortifier leurs théories, que (je le dis sans déguisement) je m'étais flatté du plus favorable accueil. Je n'attachais pas même à mon travail une bien grande importance; je l'entreprenais ou je croyais l'entreprendre au profit de combinaisons qui n'étaient pas absolument les miennes, et je pensais que le mérite de ce travail se bornait à l'approche de quelques matériaux. Je n'aspirais effectivement qu'à ajouter un motif de plus aux mille et une raisons sur lesquelles on me paraissait avoir fondé la doctrine d'un type unique pour tous les animaux vertébrés.

J'avais eu (du moins j'étais assez abusé pour le croire) un bonheur inespéré; je venais de retrouver dans les poissons toutes les pièces qui servent de plastron à l'organe respiratoire, dans l'ordre, l'arrangement et le nombre où ces pièces existent dans les oiseaux ; ou plutôt (ce qui avait opéré sur moi l'effet de la séduction et achevé de me persuader) c'est, quand j'eus reconnu les conditions d'un sternum dans les cinq pièces et les rayons, qui, au-dessous du crâne, cloisonnent dans les poissons les cavités des branchies, qu'averti par un tâtonnement qui ne m'avait jamais trompé et par l'opinion que j'avais d'une analogie suivie entre des êtres rapprochés par le même mode de génération et le même groupement des masses cérébrales, je soupçonnais que je trouverais le sternum des oiseaux partagé en cinq pièces, et qu'ayant recouru à l'observation, j'en vins à apercevoir ces cinq pièces dans tous les sujets ; circonstance qui avait pu être remarquée avant moi, mais dont pourtant on n'avait tenu aucun compte, parce que pour en concevoir l'importance, il fallait être parti du même point pour la constater, ou du moins en avoir aperçu la généralité.

Cependant cette détermination si nécessaire à la théorie, qui m'aurait si heureusement conduit à prévoir et à découvrir la formation et le nombre des os de la poitrine dans les oiseaux, et qui, je le pensai ainsi, n'aurait pu devenir un fil si bon conducteur qu'autant que cette détermination eût été fondée sur une saine analogie, n'a point reçu l'assentiment de tous les naturalistes. Ce n'est pas que je sache qu'on l'ait attaquée de front; mais je ne dois peut-être qu'aux égards d'une amitié bienveillante d'avoir été préservé d'une critique juste et sévère. En effet, dans le plus récent et le plus important ouvrage que nous ayons sur la zoologie, *le règne animal distribué d'après son organisation*, mes idées sur le sternum des poissons n'ont pas été seulement omises, mais écartées et remplacées. Ce que j'avais indiqué sous le nom d'annexes sternales, est donné dans ce MANUEL des naturalistes sous celui d'os hyoïdes, et les rayons de la membrane de l'opercule y restent rayons branchiostèges, c'est-à-dire, pièces ichthyologiques, pièces d'une création imaginée pour les seuls poissons.

Que dans sa nouveauté mon travail (1) fût

---

(1) Son utilité était démontrée par les contradictions des savans dans l'emploi du mot *sternum*, à l'égard des poissons : je l'avais remarqué, en faisant de l'exposé de la science à ce sujet le début de mon premier mémoire. « Ce mot de sternum dans ses applications aux poissons a été employé à désigner quatre ordres différens de pièces osseuses. Dès 1701, le célèbre Duverney (*Académie des sciences*, 1701, *pag.* 225) l'avait attribué aux arcs qui soutiennent les branchies ; M. Gouan, en 1770, (*Histoire des poissons*, *page* 64) à la pièce impaire située sous la tête

devenu l'objet de controverses et de quelques réclamations, je le conçois. Borné alors à la seule considération du sternum, je laissais autour de cet appareil tant d'indéterminées, qu'il était assez naturel, qu'à l'égard de ces pièces, on attendît que j'eusse rempli mes promesses, et qu'on ne jugeât pas sur un seul échantillon d'un système d'idées qu'une seule exception pouvait détruire.

Mais aujourd'hui que ce système, par les résultats où l'on est parvenu sur le crâne, a reçu une sanction si remarquable; aujourd'hui qu'on est bien informé que toutes les parties osseuses de la tête, quels qu'en soient le nombre, la forme et les usages, sont, dans tous les vertébrés, des déductions les unes des autres, on pourrait revenir sur ses pas, et méconnaître en plusieurs points cette unité de composition organique, dont la première pensée remonte à Aristote! Je ne le crois pas. Dans ces circonstances, j'ai dû faire un retour sur moi-même et m'attribuer

---

entre les clavicules et les hyoïdes; Vicq-D'Azir, en 1774 (*Savans étrangers, tome 7, page. 24*) au bandeau osseux qui porte les nageoires pectorales; et enfin M. Cuvier (*Leçons d'Anat. comp., tome 1, page* 214) à un assemblage de pièces étendues dans quelques espèces autour des viscères antérieurs de l'abdomen.

le tort de n'avoir pas été compris. J'avais donné, dans mon mémoire sur le sternum des poissons, des observations, des déterminations et des théories ; celles-ci étaient étranges et fausses : mes observations n'embrassaient pas tout l'organe de la respiration : et mes déterminations, qui ne reposaient pas sur l'existence d'autant de pièces que j'en connais aujourd'hui, durent présenter quelque chose d'équivoque.

Ainsi prévenu, je me mis à revoir mon travail; et d'abord je le revis avec ce premier motif de sécurité, c'est que je connais aujourd'hui toutes les parties de la grande fosse qui contient l'organe respiratoire, et je le revis en outre pour l'étendre à toutes les pièces qui, généralement de près ou de loin, ont des relations avec cet organe.

Tel est le sujet du nouveau mémoire que je présente aujourd'hui à l'académie.

§ 1.

Du plafond de la cavité pectorale chez les poissons.

De même que je ne suis parvenu à comprendre l'ensemble des organes de la respiration chez les poissons, qu'en écartant de mon souvenir les idées reçues au sujet de ces organes dans l'homme, de même aussi on aura d'autant plus facilement l'intelligence de ce qui va suivre, que l'on se défendra davantage des obsessions des opinions régnantes. En effet, sans cette disposition, on ne saurait voir, sans en être rebuté, tout ce qui, dans les poissons, compose le sternum, les arcs branchiaux, les os hyoïdes et tant d'autres dépendances; c'est en quelque sorte une forêt de pièces amoncelées les unes sur les autres : la vue n'embrasse qu'un amalgame de choses hétérogènes, de pièces qui se partagent et paraissent se subdiviser à l'infini, de matériaux enfin énigmatiques et indéchiffrables. Envain un observateur *prévenu* voudrait se livrer à l'esprit de détail et reconnaître là successivement toutes les cavités, tous les canaux, tous ces appareils partiels que la nature, dans les animaux à respiration aérienne, a écartés, séparés et, cependant, coordonnés dans un système; pour un tel observateur, il n'est plus dans les poissons ni coffre pectoral, ni trachée-artère, plus d'appareil pharyngien, encore moins de larynx; il s'éloigne d'un tel spectacle en ne comprenant rien à une si grande confusion, ou, s'il ne va pas jusqu'à croire à un désordre réel, en venant à réfléchir que cet arrangement, tout bizarre qu'il paraît, est pourtant ce qui opère la réunion des conditions indispensables pour constituer l'être icthyologique; il s'éloigne, dis-je, d'un tel spectacle, en restant du moins persuadé qu'un pareil animal est placé hors des combinaisons propres aux vertébrés, et ne participe plus en rien ou presqu'en rien à la nature des animaux faits à son image: mais que cependant il serait facile de ramener notre *philosophe*, et que ses idées changeraient si, s'occupant uniquement des fonctions, il négligeait les moyens pour se fixer aux résultats. Il se convaincrait bientôt que ces résultats sont produits de même, qu'ils sont tous obtenus dans les poissons, et qu'ils le sont surtout par un mécanisme admirable dans sa simplicité.

Une grande cavité ouverte vers la bouche, à double et large ouverture à son fond, est le théâtre où, sans se nuire, s'exécutent des fonctions diverses et toutes importantes. Là en effet sont réunis tout ce qui est comme éparpillé chez les autres vertébrés, des pinces pour saisir, des agens de mastication, les organes du goût, un appareil de déglutition, enfin l'organe respiratoire lui-même.

Chacun de ces appareils étend son action et a pour but la consommation de plusieurs choses à emprunter aux corps environnans : mais si ces organes se trouvent assez excentriques pour être à la portée de ces mêmes choses et comme appliquées à leur surface et s'ils s'y trouvent réunis en si grand nombre, on est frappé de la simplicité et de l'harmonie d'une pareille combinaison. Quoi de plus simple effectivement et de mieux approprié à son objet, que ces longs godets aponévrotiques qui se gorgent de sang pour aller comme le déposer continuellement sur des masses oxigénées ; que ces tuyaux rangés parallèlement et suspendus avec tant de symétrie à leur tronc commun; que ces filets des branchies qui, en se lissant sur les molécules mobiles du liquide ambiant, réussissent à lui dérober de précieuses semences, et à opérer par là la révivification du fluide nourricier!

L'air retenu entre les molécules de l'eau, était sans ressort pour aller gonfler les poumons d'animaux immergés dans le bassin des mers; c'est alors le poumon qui, échappé de la cavité où dans les autres vertébrés il est profondément renfermé, va se placer tout au milieu de cet élément; dans la nécessité où il est, pour se les approprier, d'en disputer les molécules à l'eau.

Mais toutefois cette influence du milieu où vivent les poissons, le déplacement de leur organe respiratoire, et cette altération des formes qu'on a jugée assez grande, pour avoir substitué le nom de branchies au nom de poumons que porte ailleurs le même organe, ne sont pas des faits qui passent la mesure, ni des transformations dont il devient impossible de suivre la trace.

Tant d'anomalies avaient donné beaucoup à penser à Duverney et lui avaient fait dire que les poissons avaient la poitrine aussi bien que les poumons dans la bouche.

Cela n'est pas exact : les irrégularités que ce grand anatomiste avait cru remarquer ne vont pas jusqu'à tout confondre, je puis ajouter, pas même jusqu'à apporter le plus petit dérangement dans les connexions des parties.

La bouche et la poitrine ne sont pas mêlées ensemble. Elles sont à distance, comme elles ont leurs cavités à part; celles-ci communiquent l'une dans l'autre par plusieurs issues sans que leur indépendance en souffre; en effet, la cavité buccale est circonscrite vers le haut par la partie de la base du crâne qui correspond à la région palatine, sur les flancs et en bas par la réunion des arcs branchiaux, lesquels, pour que leurs contacts soient plus intimes, ont leurs bords frangés ou denticulés, et par conséquent fixés par engrenage, et vers le fond par l'ésophage et les deux paires d'os pharyngiens, dont la détermination viendra plus bas.

Les arcs branchiaux dont la réunion forme un

plancher, pour la cavité de la bouche, hérissé de papilles cornées ou de denticules (ce qui a lieu pareillement dans la plupart des oiseaux échassiers et palmipèdes), emploient leurs surfaces opposées à servir de plafond à cette autre cavité qui est dessous, sur les flancs et un peu en arrière de la première, la cavité pectorale. De cette disposition il résulte que l'une et l'autre cavité n'ont de commun que leur contiguité et leurs actions successives, la supérieure versant dans l'inférieure (1). Et d'abord, celle-là ne manque chez les

(1) Le mot de Duverney, sur les poumons des poissons occupant le centre de la cavité de la bouche, a tellement tracé chez les Icthyologistes, que je ne me suis pas borné à l'énoncé des remarques précédentes, mais que j'ai désiré les rendre sensibles à la vue.

A cet effet, j'ai, *pl.* 7, donné la figure de deux têtes de carpes, dont on avait amputé toute l'aile temporale : on y voit, *fig.* 78 *et* 79, les deux cavités séparées par un diaphragme, la cavité de la bouche en *a*, *a*, et celle de la poitrine *b*, *b*. Les arcs branchiaux *p*, *p*, ne font, il est vrai, fonction de diaphragme, que, lorsqu'ils s'appuient les uns sur les autres et qu'ils se touchent; mais c'est, du moins, dans le plus grand nombre de cas, dans les situations qui ne se rapportent pas à l'acte de la respiration, et principalement, quand a lieu la déglutition des alimens. Les poissons opèrent la rupture de ce singulier diaphragme, pour satisfaire à leur mode de respiration, c'est-à-dire, poissons à aucun de ses usages dans les autres vertébrés. Elle s'occupe de même à dépecer l'aliment dont elle s'est saisi pour en faire une pelote en proportion de l'entrée de l'ésophage, et secondée ensuite par la langue et les os hyoïdes à conduire de même cette pelote à son fond vers le canal ésophagique; ce que facilitent les petits filets qui garnissent les côtés des arcs branchiaux, et qui, empêchant les alimens de se mal engager, font ainsi fonction d'épiglotte. La cavité buccale reste également fidèle à son autre usage, lorsque se ferme l'ésophage et s'entrouvrent les arcs branchiaux, en dirigeant dans la cavité de la poitrine, le fluide propre à la respiration.

Nous n'avons encore indiqué que les pièces

---

pour diriger et verser le fluide ambiant d'une cavité dans l'autre : mais alors même une dernière barrière existe encore au-devant des arcs branchiaux, au moyen de l'entrecroisement des franges ou petites dents *o*, *o*, dont les arcs sont bordés.

Les deux têtes représentées *fig.* 78 *et* 79, ne diffèrent entr'elles que par la présence ou l'absence de l'organe respiratoire; l'amputation et la suppression des branchies, *n°.* 78, laissent mieux apercevoir toute l'étendue de la cavité pectorale, et l'appareil conservé en son entier *n°.* 79, donne lieu de se rendre parfaitement compte de la manière dont se comporte l'organe respiratoire dans la cavité destinée à le loger.

dont se compose le plafond de la cavité pectorale; il nous reste à faire voir que cette cavité est également bien circonscrite par le bas. Son plancher se forme d'un plastron ou de cette collection d'os qui est connue dans les autres animaux vertébrés sous le nom de sternum. J'arrive ainsi à rentrer dans la question que j'ai traitée il y a dix ans.

§ II.

Du sternum considéré dans les Oiseaux et dans les Poissons.

Mon premier soin sera cette fois de fixer le sens du mot *sternum*. Nous avons reçu ce nom de l'anatomie humaine. Là, il a une acception rigoureuse; il s'applique à un système formé de trois pièces, suivant les uns, et suivant les autres, de six à huit, qui servent de plastron aux organes pectoraux, qui complettent en devant le coffre thorachique, et qui sont plus ou moins cartilagineuses. Dans ce cas la définition du nom est une description de la chose : mais cette chose ne se maintient point telle partout. Dans plusieurs mammifères, le sternum est entièrement osseux et contient plus de pièces. Nous voyons si manifestement que cette partie est analogue dans toute cette classe, que nous continuons à nous servir de la même dénomination, mais alors d'une dénomination déjà détournée de sa première acception. Continuant à nous en servir pour les oiseaux, la même raison d'analogie nous en faisant un devoir, nous l'appliquons, non plus à un système de pièces placées bout à bout, mais à un grand os central accompagné latéralement de deux paires d'annexes : enfin, d'analogie en analogie, nous en venons à employer dans les poissons le nom de sternum, pour désigner un groupe d'os qui forment la couche extérieure ou le plancher de la cavité branchiale.

Il suit de là que puisque nous donnons le même nom à un ensemble où interviennent de nouvelles pièces avec d'autres conditions et des formes différentes, ce n'est plus une chose identique, du moins sous ce rapport.

Cependant l'analogie nous a, pas à pas, entraînés à considérer ces différens sternums sous le même point de vue : mais elle ne nous aura pas trompés, si elle nous a conduits à embrasser dans les mêmes considérations des organes de fonctions et de connexions invariables : or c'est ce qui est incontestable.

Ces fonctions et ces connexions seront donc les seuls élémens que nous ferons entrer dans la définition du mot *sternum*, et nous serons dans le cas de dire que le sternum dans tous les animaux vertébrés se compose des os de la couche inférieure placés au-devant de la poitrine, employant au profit de celle-ci leurs surfaces intérieures à lui servir de cloison, de berceau et de plastron; et leurs surfaces extérieures à offrir des bases et des points d'attache à diverses portions du système musculaire.

Le sternum ainsi défini pourra être selon les classes composé de A, B, ou de C, D, je suppose; c'est-à-dire, d'élémens, dont les formes et les conditions variées pourront être appréciées privativement, non-seulement dans les principaux groupes, mais même dans chaque espèce en particulier.

Et pour en revenir aux poissons, je vois chez eux cet appareil formé des grands os de la membrane des ouïes, des rayons branchiostèges et de l'os central et impair, seule pièce qui avait été déterminée par M. Gouan sous le nom de sternum.

On pense bien qu'en présentant ce résultat, je ne suppose pas être encore arrivé au but que je me propose; je n'ai fait que poser des principes. J'ai préparé le terrein sur lequel tout reste encore à construire.

Je dois en effet donner la détermination de chacune des pièces dont je viens de dire que se compose le sternum des poissons.

Rappelons nos premières idées à cet égard; car nous ne pouvons oublier que ce sont elles qui nous ont donné en quelque sorte la prévision du sternum composé des oiseaux.

Entre les clavicules (1) et l'os lingual est une pièce médiane très-ossifiée, allongée, libre sur ses flancs et tenant en devant par deux forts tendons aux cornes de l'hyoïde et en arrière aux clavicules, par les deux gros muscles qui la recouvrent. M. Gouan ayant trouvé qu'elle servait de plastron à l'organe respiratoire, l'avait déjà déterminée sous le nom de sternum. Tout en rendant justice à cette heureuse inspiration, je n'avais pu croire que cette détermination satisfît pleinement à toutes les conditions du problème : la petitesse de ce prétendu sternum, comparée à la grandeur de la cavité branchiale, me fit penser que ce n'était là qu'un des os de la poitrine et me porta à en rechercher les autres dépendances.

(1) J'entends sous ce nom les os analogues aux clavicules de l'homme et aux deux branches de la fourchette des oiseaux. J'adopte entièrement l'idée de M. Cuvier sur ce sujet. Les os de l'épaule des poissons que j'ai décrits sous le nom de furculaires ont par conséquent leurs analogues dans l'apophyse, ou mieux, dans la clavicule coracoïde.

Or il existe de chaque côté un vaste appareil que jusque-là on avait employé sous le nom de grands os de la membrane des ouïes, et quant à ses subdivisions, sous le nom de rayons branchiostèges. Cet ensemble m'apparut comme une machine d'une haute importance dont les mouvemens et le jeu avaient évidemment pour objet l'acte de la respiration.

J'eus donc ainsi, ou je crus avoir sous les yeux, de véritables os de la poitrine, toutes ces pièces formant le berceau autour des branchies et rappelant tout-à-fait par leurs co-incidences le demi-coffre pectoral des autres animaux vertébrés.

Mais j'avais plus anciennement déterminé la ceinture osseuse qui porte les nageoires pectorales et ce large bandeau composé des os de l'épaule; je l'avais vu situé derrière la poitrine : dans ce cas, il fallait admettre que, pour se trouver en avant du bras, le sternum des poissons non-seulement avait renoncé à ses connexions ordinaires, mais en outre qu'il avait trouvé place sous la tête, et par conséquent qu'une portion du thorax serait entrée en connexion et en relation d'usage avec le crâne. Le moyen de croire à une aussi étrange métamorphose! J'avoue que j'y répugnai long-temps.

Mais aussi devais-je me trouver arrêté tout court par cette réflexion, par cette sorte d'objection? Non sans doute; en ne voulant rien donner à des idées théoriques et trompeuses, et en m'en rapportant au seul témoignage de mes sens, j'étais bien obligé de reconnaître que du moins les branchies, qui ne sont que des poumons sous une autre forme, avaient place sous la tête et en avant du bras : et alors pouvais-je supposer qu'elles fussent arrivées là sans être escortées de leur entourage ordinaire? S'il en eût été autrement, sur quoi se fussent-elles reposées? A qui eussent-elles demandé la faveur d'un soutènement, chaque pièce du crâne ne pouvant renoncer à ses usages habituels? Placé entre toutes ces apparentes impossibilités, je me déterminai d'après l'histoire de l'organisation. Or voyant qu'elle nous enseigne qu'il n'est aucun organe important sans une charpente osseuse qui lui serve de base, et que partout les poumons ont pour pièces de leur service habituel et pour plastron tous les os qui entrent dans la composition d'un sternum, je me voyais ramené par ces réflexions à ce même point de départ, que j'avais pris à tâche d'éviter.

Je me refusai alors d'autant moins à croire que le sternum accompagnait les branchies sous le crâne, que, cette supposition admise, tout se dénouait, tout s'expliquait facilement.

C'est parcequ'il n'y a rien, derrière les clavicules dans les poissons, qu'on puisse de près ou de loin rapporter au coffre pectoral, qu'à partir de cette traverse diaphragmatique commencent les viscères abdominaux et que les côtes, qui proviennent des vertèbres, en descendent pour se perdre dans les chairs sans trouver où s'articuler.

Mais si telle est la condition des côtes, en arrière du bras; telle est aussi celle, en avant, des rayons branchiostèges. Ce sont de petites côtes étendues au-devant des branchies, qui manquent d'articulation vertébrale, de même que les côtes faisant suite aux apophyses transverses des vertèbres, sont privées de leur articulation sternale. Ayant saisi ce point, je ne doutai plus que je n'eusse sous les yeux de véritables côtes sternales, semblables en tout à ces petites côtes du sternum des oiseaux : leur position et leurs usages l'indiquaient suffisamment.

Cependant cette analogie ne pouvait se soutenir en quelques points ; c'est du côté de la pièce médiane, dite *sternum* par M. Gouan, que les rayons branchiostèges ont leurs extrémités flottantes, et de l'autre côté ils sont au contraire articulés à deux longs osselets compris dans une série dont l'os de la langue forme la première pièce. Sur ces entrefaites, j'osai compter sur les oiseaux pour me donner la solution de ces difficultés, et j'ai dit comment j'allai chercher et je trouvai dans leur sternum ces deux grands os de la membrane branchiostège, que j'appelai chez eux comme dans les poissons *annexes sternales*. Ce sont également dans les uns et dans les autres deux lames osseuses plus longues que larges, placées l'une au-dessus de l'autre et dont l'intersection est transversale. Elles donnent ordinairement chacune attache à un nombre égal de côtes sternales ou de rayons : cependant il arrive qu'on compte quelquefois plus de rayons sur la première annexe que sur la seconde, et que dans quelques espèces ils manquent entièrement sur l'une et proviennent tous de l'autre. Les mêmes dispositions générales et les mêmes écarts se retrouvent également dans les deux classes.

Ayant élevé dans ces déterminations les rayons branchiostèges au rang de pièces qui appartiennent à toute l'organisation, et fait voir jusqu'à quel point ils se rendent nécessaires dans le mécanisme de la respiration, je me suis attendu à les trouver partout. J'ai été le premier à les montrer dans les Tétrodons et les Mormyres, et je les annonce aujourd'hui, comme se trouvant aussi dans les Squales et dans les Raies.

Cependant, je ne l'ai pas dissimulé dans le commencement de ce Mémoire, mes déterminations du sternum des poissons ne furent point goûtées.

M. Cuvier se décidant d'après de certaines indications fournies, je le suppose, par les muscles pectoraux et les mylo-hyoïdiens, ne vit dans les annexes sternales que des fragmens et des dépendances de l'os hyoïde, et fut ainsi entraîné à donner, selon l'ancien usage des icthyologistes, les filets osseux de la membrane des ouïes, ou les côtes sternales de ma détermination, sous le nom de rayons branchiostèges. M. de Blainville, dans un article du Bulletin des sciences par la société philomathique (livraison de juillet pour 1817), n'adopte pas non plus le renversement du Sternum des Poissons, idées qu'il m'attribue et qu'il eût eu, en effet, raison de blâmer comme fondées sur une fausse théorie, mais que je n'ai jamais réellement articulées comme un fait (1).

Ainsi mon travail fut écarté, et personne n'a rien mis à la place, si ce n'est cependant M. le

(1) Voici de quels correctifs je m'étais servi à cet égard.

« Dans l'intention, ai-je dit, de faire encore mieux ressortir la ressemblance des deux sternums que je viens de » comparer, je me permettrai la supposition suivante : » A Dieu ne plaise, je le répète, que je la place ici pour » insinuer que les choses se sont dans les temps arrangées » de la sorte ; je n'ai nullement la prétention de dire ce » que j'ignore. » *Ann. du Mus.*, *tome* 10.

docteur Virey, qui dans l'article *côtes* du Dictionnaire d'Histoire naturelle, imprimé chez Déterville, reproduisit les idées de Duverney, et celles de la 26e. leçon du *Cours d'Anatomie comparée, tome 4, page* 572, et qui crut trouver dans le mode d'assemblage des arcs branchiaux, les conditions d'un vrai sternum : nous verrons dans notre quatrième mémoire que ces pièces ont d'autres analogues.

Cependant de plus graves objections auraient pu être dirigées contre ce travail. Cette pièce impaire du sternum, arrivée entre les branches de la mâchoire inférieure, appuyée sur les os hyoïdes, et manquant à ses connexions claviculaires, à ses articulations avec les annexes, à sa configuration conchoïde, à son patronat à l'égard du cœur et même des branchies, n'était, au vrai, qu'une faible image du sternum central des oiseaux, quille de la plus grande étendue, principal arc-boutant d'une machine continuellement éprouvée par les plus violens efforts, plastron prolongeant des ailes tutélaires sur la plus grande partie des viscères abdominaux; vaste bassin enfin, où tout ce qui est soustrait à l'empire de la volonté et ce qui serait entraîné par sa propre pésanteur est recueilli et supporté sans effort.

On sent bien que je fus long-temps sans me

rendre compte de ces difficultés : je ne m'en avisai que quand je connus l'impression produite par la publication de mes idées. S'il fallait y persister, les mieux établir était le seul moyen de persuader ou de faire cesser l'indifférence qu'on paraissait avoir pour elles : je désirai de nouvelles lumières, je redemandai à la nature de nouveaux documens, et ces dernières recherches donnèrent lieu aux observations suivantes.

Il est des reptiles présumés si voisins des poissons, qu'on propose de les désigner par le nom d'*Icthyoïdes* ; et quelques-uns, entr'autres dont on a dit qu'ils commençaient même par être poissons, avant que de subir la métamorphose qui les fait passer à l'état parfait : telles sont les Grenouilles.

J'interrogeai leur sternum, lequel est, comme on sait, composé d'une chaîne d'osselets, et donne appui de chaque côté à de doubles clavicules, la clavicule ordinaire et l'apophyse ou la clavicule coracoïde. Une circonstance de cet arrangement, bien que connue et décrite, devint pour moi comme un trait de lumière, et me fit voir sous un nouveau jour la marche et le but de la nature dans l'emploi de ses moyens, en créant pour chaque classe son espèce de sternum. C'est sur la seconde pièce de celui des

Grenouilles que reposent les clavicules : une première pièce est au-delà (*voy. pl.* 2, *fig.* 22); une première plus grande, entièrement ossifiée, large à sa base, accuminée à son sommet; telle enfin qu'est l'os sternal impair des Cyprins et de la plupart des poissons. Grandeur, proportions, formes, connexions, tout se réunissait en faveur de ce rapport.

Mais malheureusement il était fourni par un reptile, c'est-à-dire, selon moi, par un de ces êtres mixtes, qui procèdent en quelque sorte de plusieurs familles, et qui nous montrent toujours un point saillant d'un système d'organisation, en nous laissant désirer tout ce qui s'y rattache et en forme la correspondance. L'existence de cet os était le seul renseignement icthyologique que me donnait la Grenouille; mais c'était un avis dont il fallait profiter.

J'avais emmené à ma campagne M. Delalande fils, aide-naturaliste du muséum d'histoire naturelle, pour m'y être utile comme prosecteur d'anatomie. Nous venions d'étudier ensemble quelques muscles dans la Grenouille, lorsque, frappé de ma préoccupation touchant l'os avancé du sternum de ce reptile, il conçut de lui-même l'idée de découvrir le même os chez les oiseaux. S'armer en chasse, abattre les oiseaux les plus favorables à notre recherche, les préparer et trouver cet avant-sternum, fut l'affaire de peu de momens. Ce n'est pas la première preuve, que m'ait donnée M. Delalande, de sa grande pénétration et de sa sagacité, comme j'en ai tous les jours de nouvelles de son attachement et de son dévouement à ma personne.

C'était en effet aux oiseaux qu'il fallait revenir, parce qu'il n'y a qu'eux de comparables sur tous les points avec les poissons.

Or il existe, en effet, à la partie antérieure et médiane de leur sternum, une pièce faisant saillie au-delà du point où les apophyses (les clavicules) coracoïdes s'articulent. Aussi bien que les annexes latérales, elle se soude de bonne heure avec le principal corps; mais nous l'avons vue séparée dans un jeune rouge-gorge. Elle se termine, du côté de la tête, par deux tubérosités, d'où se répandent, en avant, deux forts tendons; les mêmes exactement que ceux qui suspendent aux hyoïdes l'os sternal des poissons. Bien que dans des conditions rudimentaires chez les oiseaux, cet os s'y allonge quelquefois au point de former le quart de la longueur de tout le sternum, comme dans la drenne : il est plus petit chez d'autres; un septième dans le geai, un neuvième dans le vanneau, un point minime dans la foulque, etc... Les gallinacées ne l'ont pas sensiblement détaché du corps principal, mais on juge qu'il appartient là à un autre système osseux, en l'y voyant conserver longtemps et très-distinctement son premier état de cartilage (1).

J'ajouterai, soit dit en passant comme chose étrangère à mes recherches sur les poissons, que les oiseaux ont aussi leur sternum terminé en arrière par une ou deux pièces analogues au cartilage xiphoïde de l'homme, ou, ce qui

---

(1) J'ai donné cet avant-sternum sous l'indication de la lettre *l*, *pl.* 2, *fig.* 15, 16 *et* 17. Pour le mettre entièrement en évidence, je l'ai particulièrement fait représenter dans l'étourneau, *fig.* 16, où on le voit dégagé d'entraves: *le sternum n'y est représenté qu'à moitié*. L'avant-sternum et les premières annexes *m*, *m*, s'y montrent comme autant d'apophyses, qui font présager l'importance et le rôle de ces pièces dans les poissons. Le point (*voy. fig.* 15 *et* 17), où l'épaule s'articule avec le sternum, est déjà en arrière, à l'égard de l'avant-sternum : et alors, pour peu que celui-ci et les annexes, qui en suivent les révolutions, prennent de volume, et que les clavicules, au lieu de s'enlever du côté de la tête, s'écartent et acquièrent une position plus latérale, on arrive insensiblement à la situation de ces parties dans les poissons, et, sans que rien ait changé dans l'ordre des connexions, à la plus étonnante métastase, au transport des organes pectoraux en avant du bras.

rentre dans la même considération, aux deux os inférieurs du sternum des tortues.

Ainsi, ce n'est pas le sternum tout entier qui aurait passé au devant des clavicules pour aller couvrir de ses ailes les branchies logées là; c'est une pièce toute icthyologique, dans ce sens que c'est seulement dans la classe des poissons qu'elle arrive à son *maximum* de développement, mais qui cependant n'a pas moins le caractère d'une donnée générale de l'organisation, et ne doit pas moins compter parmi les matériaux employés dans la formation de tous les vertébrés, puisqu'elle existe partout ailleurs et s'y voit en effet dans un état plus ou moins rudimentaire.

Cette nouvelle découverte est féconde en conséquences : car *premièrement* le sternum des oiseaux venant à manquer dans les poissons, y laisse sans emploi deux systèmes de pièces osseuses, celles d'abord qui s'attachent au reste du thorax, et en second lieu, les clavicules coracoïdes qui lui donnent un point d'appui sur l'épaule. Ces os devenus libres à l'une de leurs extrémités, privés de leur articulation ordinaire, sans services, sont, là, plongeant en quelque sorte au milieu d'organes qui leur sont étrangers; et n'ayant plus de direction fixe, sont nécessairement à la disposition des appareils les plus voisins, et entraînés par ceux qui reçoivent de leur importance le droit d'exercer cette influence.

Les branchies auront été dans ce cas à l'égard des débris de l'appareil sternal, et j'ai déjà consacré un article sur les usages aussi variés que curieux des clavicules coracoïdes, en traitant dans un écrit particulier de l'os furculaire.

Deuxièmement: la connaissance de l'avant-sternum, ou, comme je propose de l'appeler, de l'os *épisternal*, nous montre comment, pour rester fidèle à l'ordre des connexions, nous montre, dis-je, comment et avec quelles admirables ressources la nature est parvenue, en grandissant sur un point et en diminuant sur un autre, à se procurer les élémens d'un autre demi-coffre pectoral. Un os rudimentaire chez les oiseaux (on pourrait presque ajouter, un os tenu là en réserve pour cette circonstance) est ce qui va fournir sur le centre la principale quille de cette nouvelle machine. Le membre thorachique n'étant plus chargé de sa portion de travail dans les mouvemens progressifs, dont l'action est presqu'entièrement dévolue à la nageoire caudale, une des parties de ce membre inutile, la clavicule furculaire, (1) dont nous

(1) C'est-à-dire la clavicule analogue à cet os de l'épaule, chez l'homme.

n'avions jamais bien apprécié les usages, est portée dans les poissons à son maximum de développement et de fonctions; elle termine postérieurement la chambre des branchies, et offre de plus une base large et ferme pour les battemens de l'opercule.

Usant d'autres ressources également cachées et rudimentaires, la nature tire parti des quatre petits osselets logés dans le conduit auditif, et, les élevant dans les poissons à la plus grande dimension possible, en forme ces larges opercules qui accroissent la tête en arrière et cloisonnent les flancs de notre nouvelle cavité pectorale. Déjà la base du crâne avait fourni une partie de sa surface pour plafond; il lui est fait un emprunt plus direct et plus réel par l'emploi et la destination nouvelle des quatre osselets de l'ouie.

Dans une autre hypothèse, et pour le cas où l'on voudrait, prenant l'organisation des poissons pour point de départ, constater comment s'opère la séparation de ces élémens conjugués dans cette classe, on arrive aux combinaisons des trois autres d'une manière toute aussi simple; l'épisternal revient sur lui-même pour n'être plus qu'une pièce rudimentaire, alors toute petite et sans usage, et les quatre pièces de l'opercule sont également rapetissées. Elles entrent dans une sorte de boîte osseuse, et là, dans le conduit auditif, elles prennent, selon les circonstances et l'influence des parois de ce conduit, certaines formes et des usages plus ou moins déterminés.

Troisièmement. L'épisternal, intervenant avec un caractère icthyologique sur le centre de la cavité des ouïes, demandait, pour qu'il n'y eût rien de changé dans l'ordre des connexions, que les pièces où il s'attache en avant participassent au même caractère : car pour ce qui est en arrière, il n'y a rien à désirer, l'épisternal étant situé sur le devant du point où coincident les clavicules furculaires. Or, il se trouve dans les oiseaux des parties qui sont tout-à-fait dans le cas des clavicules coracoïdes dans les poissons ; je veux dire libres à une des extrémités : telles sont les cornes styloïdiennes de l'os hyoïde. L'articulation qui leur manque dans les oiseaux, laquelle était l'effet essentiel à produire, est le résultat qu'elles se trouvent obtenir dans les poissons, où en donnant attache à l'épisternal, elles prolongent la ligne médiane. Je me borne ici à ce peu de mots sur l'usage de ces pièces, devant traiter séparément de l'hyoïde et de ses dépendances.

Quatrièmement. Enfin, la découverte de l'épisternal devenait un élément de plus pour la détermination des grands os de la membrane des ouïes et pour celle des rayons branchiostèges

J'ai réservé cette question pour la dernière, comme étant la plus délicate : elle se pose ainsi ; *Les grands os de la membrane des ouïes dépendent-ils des hyoïdes, ou font-ils partie de l'appareil sternal*? J'avais adopté, il y a dix ans, cette dernière hypothèse, et M. Cuvier, dans sa grande zoologie imprimée cette même année, a présenté la première. Beaucoup de vraisemblance en faveur de cette opinion, et la haute confiance que j'ai dans les lumières de son savant auteur, m'avaient ébranlé et même porté à adopter sa détermination. J'ai donc essayé de la co-ordonner avec ce qui précède ; mais c'est alors que j'ai vivement regretté qu'elle eût été donnée dans un ouvrage qui excluait tout développement. Il m'a fallu y suppléer et rechercher sur quelles bases elle avait été établie, de façon qu'il me reste toujours la crainte d'avoir manqué de pénétration. Quoi qu'il en soit ; cette détermination se trouve en ces termes dans la Description générale des poissons : « Outre l'appareil des arcs branchiaux, » l'os hyoïde porte de chaque côté des rayons » qui soutiennent la membrane branchiale. » (*Voyez règne animal*, *tom*. 2, *p*. 109.)

Ce fut en cherchant de bien bonne foi des motifs pour ma condamnation que j'en ai trouvé de plus déterminans qui m'ont ramené à mes premières idées. Je vais exposer de nouveau ces mêmes idées, non pas dans cette occasion avec la même confiance qu'autrefois. Plus le cadre de mes recherches prend d'étendue, et plus d'obstacles, plus de difficultés se présentent. Mon résultat le plus certain, c'est de mieux apprécier et de mesurer avec plus de réserve le danger des méprises. Mais, dans cette circonstance, je dirai ce que je crois vrai, et pourquoi je le pense ainsi. Je puis encore, après ces efforts, n'avoir embrassé qu'une erreur; mais la sagacité des savans y pourvoira, et l'on voudra peut-être me dédommager de ce malheur, en me sachant gré, du moins, d'avoir fait connaître un écueil à éviter.

Il est de toute certitude que les branchies existent sous la tête et en avant des clavicules; et dans mon quatrième mémoire, où je compte présenter la détermination des arcs branchiaux et des os connus sous le nom d'os pharyngiens, je donnerai peut-être une explication satisfaisante de cette grande métamorphose; mais pour le moment il me suffit d'examiner ce qu'a produit derrière les clavicules furculaires l'absence de tout organe respiratoire.

Une première observation, c'est que, dans le vrai, la cavité des branchies s'étend par-delà la ceinture osseuse formée des os de l'épaule, et que même elle se prolonge à son fond avec des limites qui me paraissent réglées, et qui le sont en effet par la grandeur des clavicules coracoïdes. Plus de sternum en ce lieu, c'est ce que nous avons vu; toutefois encore des muscles pectoraux. A des muscles toujours considérables, s'ils ne le sont pas autant que dans les oiseaux, il faut des points osseux où ils puissent s'attacher, et ces points d'attache sont fournis par les clavicules furculaires, les humérus et les clavicules coracoïdes. L'absence de l'appareil respiratoire en ce lieu n'a vraiment amené que le résultat qu'elle devait produire. Mais pourrait-on dire et demander: « Il n'y a plus de sternum derrière les » clavicules, et pourquoi les muscles dits pecto- » raux n'auraient-ils pas cheminé avec la poi- » trine qui s'est portée un pas en avant? » C'est, peut-on répondre, que ce ne sont pas là du tout des organes pectoraux, mais bien des muscles affectés au service des humérus. Et c'est ce que M. Cuvier a fort bien reconnu en traitant des muscles pectoraux, à l'article du bras de son Anatomie comparée. — Suivons :

En premier lieu. Le grand pectoral singulièrement réduit dans les poissons de ce qu'il est dans les oiseaux, surtout à sa largeur, s'est, à raison de la forme générale du corps, qui n'admet plus en dessous qu'une base très-étroite, naturellement porté et ramené vers la ligne médiane son principal point d'attache, et s'est ainsi ramassé sur lui-même; en cessant de s'étendre comme dans les oiseaux du brechet jusqu'au point où les côtes sternales s'articulent avec les vertébrales, il a délaissé toutes les parties latérales; et celles-ci ne sont autres que les annexes et leurs côtes.

En second lieu. Le moyen pectoral n'est posé dans les oiseaux que sur la pièce impaire du sternum; il ne peut donc être considéré comme une force qui ait retenu près de lui les annexes. Il prolonge sa portion antérieure sur la tête du sternum, c'est-à-dire, qu'il se porte et s'attache au point où l'épisternal s'articule avec le corps du sternum. Or, c'est tout-à-fait ce qui existe dans les poissons où nous voyons que ce muscle est répandu et fixé sur le bord postérieur de cet os.

Quant au petit pectoral, c'est proprement le muscle des annexes et de leurs côtes : je le vois ayant suivi le sort de ces pièces et pris un usage important dans la classe des poissons, en agissant sur les rayons et par conséquent sur la membrane branchiale, quand ce muscle n'a qu'un usage insignifiant dans la classe oiseaux; où il est presque dérisoire de dire qu'il joint son effort à celui du muscle grand pectoral. Ce sont soins aussi superflus que ceux d'un cordeau qui serait employé dans le même tirage qu'un cable.

On s'étonne peut-être que je parle aussi affirmativement de ces muscles, sous leurs mêmes dénominations, quand personne encore que je sache n'a donné de myologie *ex professo* pour les poissons; mais c'est que véritablement, tous les os étant reconnus, les muscles se retrouvent ensuite sans difficulté.

Je m'étais promis de consacrer un article séparé à la détermination des puissances musculaires, ne voulant pas mêler ces autres inconnues à tous les indéterminés du problême que je cherche présentement à résoudre. Mais dans le cas présent, je n'ai pas trop de toutes mes preuves; je me bornerai à indiquer les seuls muscles dont la connaissance sera indispensable pour ce qui va suivre. Et pour appliquer de suite cette vue aux muscles pectoraux, je remarquerai qu'ils sont tout-à-fait en situation à l'égard de la cavité qui s'étend par-delà les clavicules.

Nous venons de voir que les muscles pectoraux se sont écartés des annexes : celles-ci se sont trouvées encore plus véritablement délaissées par l'absence de l'os impair du sternum des oiseaux; sans soutien et sans articulation, manquant par là à leurs services habituels, elles se seront vues contraintes à entrer dans d'autres usages. Et pouvoit-il s'en offrir un plus convenable que de céder à l'influence de l'organe dont elles forment la défense extérieure et gouvernent le mécanisme? Se portant antérieurement avec les branchies, elles seront du moins restées fidèles à l'analogie de fonctions, et je ne crains point d'ajouter, à celle des connexions, si nous voyons la tête des annexes dans les oiseaux s'élancer hors de la sphère du sternum, et fournir en avant une apophyse graduée ordinairement dans sa dimension sur la longueur de l'épisternal. Elles seront restées tout au moins fidèles à l'analogie de fonctions, avons-nous dit, si les côtes sternales dans les oiseaux et les rayons branchiostèges dans les poissons, parviennent par leur jeu, s'élevant et s'abaissant alternativement, à augmenter ou diminuer la capacité de la poitrine, et à devenir, par ces mouvemens alternatifs, la principale action et la puissance, sans lesquelles il n'y aurait ni mécanisme, ni fonction de respiration.

Mais ce ne sont là que des conjectures plus ou moins plausibles, que des semi-preuves, que des faits amenés à vraisemblance. Car de ce que les organes respiratoires ne peuvent se passer des annexes, de leurs côtes ou rayons, et des muscles qui meuvent ces parties, il n'y a que le besoin de s'en faire suivre qui soit une chose démontrée; et ce serait sans doute accorder trop d'influence à des idées théoriques, que de conclure de ce besoin reconnu, à la réalisation du fait.

Si le déplacement des annexes a eu lieu, ce transport a dû être occasionné par une cause appréciable. Je vais essayer de la découvrir.

Or, l'histoire de l'organisation nous apprend que les moyens de tirage sont les muscles, et que les bornes chargées de maîtriser leurs effets sont les os. L'histoire de la Pathologie nous apprend en outre que si un os est fracturé, le muscle qui s'y attache le déplace et l'entraîne à sa suite; ou même que si un os est redevable d'une position quelconque à l'action contrebalancée de deux muscles antagonistes, il suffit de la paralysie de l'un, pour que l'autre se rende maître du point d'attache de celui-ci.

C'est un événement de cet ordre qui a décidé du déplacement des annexes; nous les avons laissées vaguantes dans l'organisation, et, pour ainsi dire, à la disposition du premier occupant: un muscle s'en rend maître et les attire vers son autre point d'attache, c'est le sterno-hyoïdien. Ce muscle a en effet son attache postérieure dans les oiseaux à la crête antérieure de la première annexe, et l'autre attache sur le corps de l'hyoïde.

Nous trouvons le même muscle dans les poissons allant du corps de l'hyoïde sur la première annexe; mais ici, il est gros, court et ramassé, quand dans les oiseaux il est grêle et si menu, que loin d'y faire événement, il réclame appui et ne s'élève du sternum jusqu'à l'hyoïde, qu'en montant tout le long de la trachée-artère, et en s'y attachant par du tissu cellulaire. Il est un autre muscle dans les oiseaux (je l'ai observé comme le précédent dans le canard) qui est tout-à-fait dans la même condition, qui a la même forme, et qui recourt à la même protection en adhérant aussi à la trachée-artère; on lui a donné dans le cheval le nom de sterno-thyroïdien, parce qu'il s'arrête au cartilage thyroïde, quand l'autre se prolonge un peu au delà.

Lorsque M. Girard fils, jeune homme d'une grande espérance pour les sciences, eût la bonté de tenir à ma disposition dans l'amphithéâtre d'Alfort des préparations myologiques du cheval que je fus étudier avec lui à l'occasion de ce travail sur les poissons, j'avais déjà pressenti que c'étaient là deux muscles icthyologiques. Il n'y avait que cette manière de comprendre le *cui bono* de ces deux muscles, de m'expliquer leur excessive longueur, leur maigreur et presqu'inutilité, où je les voyais : plus déliés encore, plus menus, et plus inutiles dans les oiseaux, ils ne sont chez ux comme chez les mammifères que des mus-les rudimentaires, c'est-à-dire, que des muscles ui attestent là une organisation plus riche et plus nportante ailleurs. Dans les poissons où toutes es parties de la poitrine sont ramenées les unes ur les autres, et ont comme éprouvé une con-raction, ces muscles ne sont que dans une pro-portion convenable eu égard à leurs dimensions espectives, et remplissent chez ces animaux un ôle plus effectif et qui se rattache à l'appareil espiratoire.

Je n'ai encore indiqué la situation que du terno-hyoïdien : le second est proprement le nuscle de l'épisternal. En effet, le sterno-thy-roïdien est placé à la face interne de cet os, et l naît du diaphragme aponévrotique répandu en arrière sur les clavicules furculaires pour se porter sur les cornes de l'hyoïde : la position et les insertions de ce muscle sont les mêmes dans les oiseaux; ce qui sera positivement établi plus bas et quand nous viendrons à décrire chez ceux-ci une semblable toile aponévrotique.

Cependant, je l'ai dit plus haut, j'ai un instant cru que les annexes des poissons n'étaient autres que les branches ou cornes de l'os hyoïde. Une certaine disposition du muscle mylo-hyoïdien m'en avait imposé et me l'avait persuadé. On ne peut se méprendre sur la détermination de ce muscle, laquelle est indiquée à la première vue par son attache à la mâchoire inférieure. Je ne doutai pas un moment qu'il n'étendît ses faisceaux de fibres sur les annexes, et cette circonstance eût décélé la nature hyoïdienne de ces os; mais il n'en est pas ainsi. Le mylo-hyoïdien ne se répand pas au delà des os hyoïdes. Ce qui un moment me fit illusion, c'est que pour s'en assurer, il faut y regarder de bien près, attendu que les sterno-hyoïdiens sont appuyés dessus et paraissent en être la prolongation.

A cette occasion, j'ai appris combien il était difficile de faire de la myologie avec des poissons; leurs muscles sont rapprochés par un tissu cellulaire si court et si serré qu'on hésite souvent sur leur réelle séparation, ou qu'on est exposé à faire plusieurs muscles d'un seul par un emploi peu judicieux du scalpel. Pour éviter cet inconvénient, nous avons eu recours, mon collaborateur et moi, à une méthode qui nous a assez bien réussi : c'a été d'observer à-la-fois deux sujets de la même espèce, l'un frais et l'autre bouilli. Le feu agit vivement sur le tissu cellulaire et le déchire, et les muscles laissent apercevoir, d'une manière plus prononcée, leurs limites et leur encaissement.

Pour nous laisser aller à l'entraînement de tant

de preuves en faveur de notre détermination des annexes sternales, nous ne sommes plus arrêtés que par une considération : il faut admettre que ces pièces se sont portées en avant. A la vérité elles ne sont pas plus avancées que l'épisternal, qui n'est lui-même qu'une apophyse dans le sternum des oiseaux; mais l'enjambement est toutefois considérable, si nous le calculons sur la distance où sont ces parties, de la clavicule coracoïde. Celle-ci existe entre ces deux pièces dans les oiseaux, allant gagner vers le bas le corps du sternum; et dans les poissons, elle reste fort en arrière, afin d'y remplacer ce même corps du sternum, d'y servir à l'attache des muscles pectoraux, et d'y marquer la limite qui sépare la cavité pectorale de la cavité abdominale.

Ce fait est sans doute extraordinaire; mais on peut en citer d'analogues, et, sans quitter la classe des poissons, rappeler celui que nous fournissent les attaches des nageoires ventrales.

Celles-ci, dont les os ont leurs analogues dans ceux des jambes seulement, ne sont plus attachées et, par conséquent, retenues par un bassin (1). Abandonnées à elles-mêmes, ces nageoires

(1) C'est ce que je me propose d'établir dans un mémoire consacré à la recherche des analogues des organes du mouvement.

sont errantes, profitant de tous les points d'appui qui peuvent se présenter. A l'égard des poissons abdominaux, elles en manquent tout-à-fait, et demeurent suspendues dans les chairs. Dans les mugils qui ont les humérus et les clavicules coracoïdes prolongés vers la ligne médiane de l'abdomen, elles font un pas en avant pour aller profiter de cet appui ; gagnant encore une distance, elles s'attachent dans les poissons thorachiques sur les clavicules furculaires. Et comme si ce n'était assez, les nageoires ventrales ne s'en tiennent pas là, puisque, dans l'Ordre des jugulaires, elles arrivent sur l'épisternal même ; s'articulant tant avec cette pièce qu'avec les clavicules furculaires, de façon qu'à la fin, les jambes de derrière deviennent les jambes de devant.

Cette métastase est un fait irrécusable, et elle peut d'autant mieux nous porter à croire à celle des annexes qu'elle nous donne la clef de toute l'opération, et nous montre une tendance générale de tous les organes de la machine ichthyologique pour se concentrer vers la tête. Et, dans le vrai, c'est sur ce fait qu'est établie la grande donnée des poissons, qui, pour être appropriés au milieu qu'ils habitent, ont une grande partie de leur colonne épinière employée en organes du mouvement. L'action continuelle et toujours violente de la queue, si elle ne va p jusqu'à déplacer les organes splanchnologiques, pour les pousser en avant, s'arrange très-bien du moins d'une conformation où les choses sont ainsi.

Dans l'hypothèse que les grands os de la membrane branchiale sont les analogues des annexes sternales des oiseaux, un fait dont je ne pouvais, il y a dix ans, donner qu'une explication forcée, le libre mouvement de ces pièces, n'a plus besoin de commentaires. Admettant alors que tout le sternum des oiseaux avait, dans les poissons, passé au devant des clavicules, il fallait recourir à une sorte de théorie pour comprendre comment, dans les poissons, l'ossification trouve des limites et devient stationnaire, tandis que dans les oiseaux, elle gagne toujours jusqu'au moment où toutes les pièces se réunissent et se soudent ensemble. Rien de cela n'est présentement nécessaire : car ce n'est pas le corps du sternum des oiseaux qui s'est porté en avant ; mais seulement son apophyse épisternale, pièce qui n'est nulle part articulée avec les annexes, et qui en serait bien empêchée par la clavicule coracoïde placée entre deux. Ainsi tout était préparé dans ce plan pour que ces os, prenant de la longueur chez les poissons, ne pussent jamais s'appuyer les uns sur les autres, et pour que leur séparation devint une cause efficiente des ouvertures des ouïes.

A ces faits, qui me paraissent faire ressortir la ressemblance générale des oiseaux et des poissons, joignons la considération prise du diaphragme claviculaire. Une toile aponévrotique est étendue dans les poissons au-devant des viscères de l'abdomen, et rappelle, du moins par sa position, le diaphragme des mammifères. Tout le bord des clavicules est employé à l'attacher: elle termine et forme le fond de la cavité branchiale. C'est une cloison renforcée par les tégumens communs, qui s'interpose entre les deux différens systèmes des viscères thorachiques. Mais si l'existence de cette aponévrose était une chose obligée et indispensable dans les poissons, où il y a disjonction du thorax, on ne peut attribuer à la même cause son intervention dans les oiseaux, où je l'ai trouvée, (*Voyez t, t, pl.* 2, *fig.* 15 *et* 17), et où elle est alors sans un objet bien déterminé, et comme le vestige rudimentaire d'une organisation plus nécessaire et plus complette chez les poissons. Ce feuillet aponévrotique prend, dans les oiseaux, ses attaches aux mêmes points, c'est-à-dire, à tout le pourtour de la fourchette; il sert à contenir et à brider les muscles pectoraux qu'il coiffe à leur partie antérieure.

J'ai encore une dernière preuve, la voie d'exclusion, à faire valoir en faveur de la détermination des annexes sternales que j'avais proposée, il y a dix ans, et que j'ai été entraîné à reproduire dans cet écrit : je puis démontrer que les os hyoïdes sont au complet dans les poissons, sans y comprendre les annexes sternales. Mais je suis obligé de renvoyer cette discussion au mémoire suivant, consacré entièrement à l'histoire des os hyoïdes; leur détermination arrive là en son lieu, et fait véritablement partie de ce Traité sur la respiration, si je suis réellement fondé en raisons, pour considérer ces pièces comme des os de la poitrine.

§ III.

Du Sternum des Reptiles.

Ce qu'il y avait de plus difficile à traiter dans la question des analogues du sternum considéré d'une manière générale, c'était d'arriver du premier abord à la correspondance des mêmes parties dans les oiseaux et les poissons, respirant et se mouvant dans des milieux qui ne pouvaient différer davantage.

Entraîné à comparer les deux points extrêmes de l'échelle, plutôt qu'à profiter des apparentes facilités et des renseignemens que m'eussent fournis, sur la route, des êtres dans des degrés intermédiaires, j'ai cédé, en effet, à cette impulsion par le motif que le principe des rapports naturels m'eût circonscrit dans la comparaison des sternums des ovipares, et m'eût insensiblement conduit à aller chercher dans les reptiles de ces données d'organisation à embrasser sous le même point de vue et à comprendre dans un type unique et classique. Or, je l'ai dit plus haut, et la preuve en va être donnée tout-à-l'heure pour le sternum, les reptiles ne sont pas susceptibles de ce résultat. J'étais ainsi ramené à reconnaître que les oiseaux et les poissons osseux, seuls parmi les ovipares, sont dans le cas de révéler, à l'égard des sternums, ces formes générales et circonscrites, qui tendent d'elles-mêmes à un développement quelconque; quelque soit l'effet des causes perturbatrices qui donnent lieu à la formation de tant de productions si variées.

Mais si les reptiles ne mènent pas à l'idée d'un sternum identique pour leur compte, du moins sont-ils sous le rapport de cet appareil susceptibles d'un autre genre d'intérêt. En tant qu'ils appartiennent au groupe des ovipares, il ne peut arriver que leur sternum n'ait caractère de famille, et conséquemment qu'il ne doive tomber ou dans une des conditions signalées au sujet des oiseaux et des poissons, ou bien dans des aberrations qui ne puissent se ramener à l'une de ces généralités. Au point où nous sommes arrivés, une organisation nouvelle, quelque problématique qu'elle paraisse, peut devenir une sorte de pierre de touche, et faire apprécier ce qu'il y a de réellement essentiel dans l'une ou l'autre des deux combinaisons déjà aperçues.

Les reptiles diffèrent entr'eux par la quantité de respiration qui leur est propre; ils diffèrent dans la même raison, quant à la plus ou moins grande composition de leur sternum.

Il en est parmi eux, les *Tortues*, par exemple, chez qui le sternum paraît être le caractère dominant, le grand caractère auquel il semble que tout le reste de l'organisation soit sacrifié : c'est un plateau qui supporte l'énorme maison où tout l'être trouve à se renfermer. Je ne connais pas de plus grandes singularités parmi les nombreuses anomalies que présentent certaines conformations des animaux.

Le sternum des tortues est en effet formé avec une latitude qui frappe d'étonnement; il ne se borne pas à couvrir et à abriter la région de la poitrine; il sert de plastron à tout l'animal à la fois, à toute sa surface inférieure. Fait avec tout ce luxe et établi sur une aussi grande échelle, on se demande alors de combien de parties il est composé? Il nous importe de le savoir :

car rien ne peut jeter plus de lumières sur la question des analogues des sternums, sur leur composition élémentaire et sur tout leur développement possible. Si les pièces sternales ne sont pas en nombre illimité, quelles bornes sont, à cet égard, prescrites à la nature? et qui enfin peut mieux en instruire que les tortues, où tout chez elles est subordonné à un développement extraordinaire de l'appareil sternal ?

Pour donner cette réponse, je ne puis que répéter ici ce que j'ai précédemment écrit, quand je publiai l'histoire des tortues molles, ou des *Tryonix*, Ann., *t.* 14, *p.* 1.

L'appareil sternal est formé, dans toutes les tortues, par neuf points d'ossification : ou il arrive, comme dans les émydes et les tortues proprement dites, que ces neuf pièces croissent et s'étendent indéfiniment jusqu'à ce qu'elles se rencontrent et ne forment plus qu'une seule plaque; ou bien, comme dans les chélonées et les tryonix, l'ossification de chaque pièce s'arrête, de manière à laisser au milieu de tous ces os quelque espace vide.

Ainsi, règle générale; *neuf os* dans toutes les tortues, et des pièces, toutes dans les plus grandes dimensions. La conclusion à en déduire, est que tout sternum, qu'aucun obstacle n'entrave dans son développement, se compose de *neuf parties élémentaires* (1).

Mais, d'un autre côté, la disposition de ces pièces répond à leur disposition dans les oiseaux. Nous allons donc pouvoir les comparer entr'elles et connaître celles qui chez les oiseaux et les poissons, conservent leur intégrité, et celles qui, au contraire, s'y ressentent d'empêchemens.

---

(1) Je dois ici insister sur l'observation que je présentai en 1809. « La différence dans le nombre des pièces du plastron des Tortues et du sternum des oiseaux pourrait faire croire qu'il serait entré dans le plastron des Tortues des pièces étrangères à la composition d'un sternum, comme des côtes sternales; idée d'autant plus naturelle à admettre, que les parties latérales du plastron sont terminées par un certain nombre de digitations; cependant il n'en est rien. Les analogues des côtes sternales ne manquent point dans les Tortues, elles existent dans des pièces articulées qui se voient à la suite des côtes vertébrales, où elles forment le bord des carapaces. Le plastron ou le sternum des Tortues s'attache sur ces côtes ou pièces sternales, en sorte qu'il ne manque rien d'essentiel dans le thorax de ces animaux, et que tout ce que cet ensemble présente de singulier à un premier aperçu, dépend uniquement d'une ossification plus ou moins complète de tout le coffre pectoral et des formes particulières qui résultent de cette circonstance. » (*Annales du Muséum d'Histoire naturelle*, *t.* 14, *p.* 6.

Au sternum central des oiseaux correspond chez les tortues (*voy. pl.* 2, *fig.* 20.) une pièce *o* que son état impair, plutôt que son ampleur fait reconnaître pour la même. De chaque côté sont les deux mêmes paires d'annexes *m*, *m*, *n*, *n*; de plus, nous avons remarqué, dans le pivert, *n°.* 17, deux pièces à la suite des annexes inférieures : elles sont dans les tortues, non plus rudimentaires, mais grandes et robustes *p*, *p*. Enfin tout l'appareil est couronné par deux pièces *l*, *l*, qui se reconnaissent facilement dans l'épisternal. Chez les poissons, et encore mieux chez les oiseaux, où ces pièces sont dans l'état rudimentaire, elles existent, sur la ligne moyenne, confondues et soudées ensemble, mais annonçant, toutefois, qu'elles proviennent de deux points osseux distincts, par deux têtes ou tubérosités qui restent toujours séparées. J'ai donné dans les annales (*tom.* 14, *pl.* 2, 3 et 4.) le sternum de trois tortues du genre *tryonix*. Je figure aujourd'hui, *pl.* 2, *n°.* 20, celui de la tortue franche, et je l'ai fait représenter vu par le côté intérieur, pour avoir occasion de montrer les deux dépressions sur la pièce centrale, *y*, *y*, qui servent à l'articulation des clavicules coracoïdes.

Le sternum des tortues, quoique formé, comme on vient de le voir, sur le modèle de celui des oiseaux, présente cependant, dans la combinaison de ses matériaux, un arrangement assez différent, qu'il convient d'apprécier, et qu'au surplus on trouvera parfaitement approprié aux diverses habitudes de ces animaux.

En effet, les oiseaux, obligés de ramer dans un fluide très-rare, et d'y employer une force considérable, avaient besoin que le centre de leur sternum fût très-étendu et acquît une grande solidité, pour offrir une large surface et un point très-résistant aux agens dont les oiseaux font usage dans le vol ; c'est, en conséquence, l'os impair qui est chez eux la pièce la plus développée et la base de toutes les autres.

Les tortues (du moins les tortues aquatiques), qui se déplacent sans de pénibles efforts, se seraient accommodé d'un sternum faible et formé de cartilages, comme celui de la plupart des mammifères. Mais leur sternum, dépendant de l'organisation des ovipares, et rappelant celui des oiseaux (1), participe aux caractères de so-

(1) Dans le mémoire où, en 1809, j'ai donné les caractères distinctifs des tryonix, j'ai insisté sur l'opinion que j'avais : « Qu'il en est des Tortues, comme des poissons « oiseaux, qu'elles ont beaucoup plus de rapport avec les « oiseaux, qu'on ne l'avait cru. » J'ai présenté quelques considérations à l'appui de cette opinion. J'observerai aujourd'hui que cette vue a été accueillie, au point qu'on a proposé d'embrasser les Tortues sous le nom plus général d'*Ornithoïdes*. (PRODROME ; par M. de Blainville). *Bulletin des Sciences pour juillet* 1816.

lidité du type. La pièce impaire et centrale, gênée dans ses relations avec les clavicules coracoïdes, par le développement et par la grandeur des épisternaux, n'a plus que la dimension d'une pièce rudimentaire, tandis que les annexes sternales, qui supportent tout le poids de la carapace, sont au contraire portées aux plus grandes dimensions : elles sont arc-boutées et parfaitement maintenues en avant par les épisternaux, et en arrière, par les os de l'appendice xiphoïde. Dans les tortues à plastron solide, toutes les pièces, formant dans le principe autant de points osseux distincts, croissent jusqu'à leur rencontre et leur entière ossification.

Si, de ce sternum des tortues porté à ce grand complet, nous passons à celui d'un autre reptile placé dans les conditions les plus contraires, nous aurons d'abord à considérer cet appareil dans la grenouille : *voyez pl.* 2, *fig.* 25. Le sternum y est réduit à trois pièces placées bout à bout : l'une *l* fait saillie en devant ; la seconde *o*, qui n'est qu'un filet grêle et sans solidité, devient cependant la quille de l'édifice, supportant de l'un et de l'autre côté les doubles clavicules ; et enfin vient la troisième *p* : celle-ci, libre et beaucoup plus large, est terminée par l'appendice xiphoïde.

Pour retrouver la correspondance de ces pièces, nous consulterions inutilement le sternum des tortues : nous ne pouvons oublier que le développement de cet appareil, dans ces étranges animaux, sort entièrement des règles communes. Un sujet dans une condition plus classique, et surtout dans des circonstances plus semblables devant être préféré, le poulet s'offre pour exemple; *voyez pl.* 2, *fig.* 19. Les connexions et les fonctions établissent, en effet, une assez parfaite parité des pièces qui existent en file sur la ligne moyenne.

A la différence près du volume, la pièce centrale, est, dans la grenouille et le poulet, la principale base, sur quoi repose tout l'édifice du thorax: dans tous deux aussi, les deux paires de clavicules, et plus spécialement les coracoïdes, y sont employées comme contre-forts; et puis enfin sont une pièce au-delà et une autre en deçà, dans les mêmes raisons et usages. C'est tout-à-fait le même plan, sauf que le volume des pièces est dans une proportion inverse. L'os central est dans le poulet d'une taille démesurée, ceux du pourtour étant petits et rudimentaires, quand, dans les grenouilles (ce qui paraît impliquer contradiction), la plus petite est la pièce du milieu. Ainsi est sacrifié dans cette circonstance celui de ces os que sa position appelle partout ailleurs à rendre le plus de services et à recevoir le plus d'accroissement.

Ce n'est pas la seule anomalie que présente le thorax des grenouilles. Il est formé, vers le haut, par une portion de l'épine ; en bas, par les trois pièces que nous venons de décrire. Mais toutes les autres parties du sternum ornithologique ne s'y retrouvent plus; annexes et côtes sternales ont disparu : les côtes vertébrales sont dans le même cas ; car ce n'est que dans l'anatomie philosophique, et pour montrer cette permanence du même plan dans tous les ouvrages de la nature, que je suis dans le cas de signaler et d'employer les points rudimentaires que j'ai découverts là, et qui sont en petit de vraies côtes vertébrales. Tout le service des côtes est alors transporté aux os de l'épaule, qui, étendus et élargis à cet effet, atteignent les points osseux des lignes extrêmes, et forment de cette manière une autre charpente osseuse pour le thorax des grenouilles.

L'ordre de ce travail appelle la description du sternum des autres reptiles : mais nous venons de voir dans ce dernier exemple l'épaule usurper en quelque sorte les fonctions des parties latérales du thorax ou du moins suppléer à l'absence de ces parties par un accroissement très-considérable. Dans les reptiles que j'ai à examiner, ce développement extraordinaire des os de l'épaule est maintenu, bien que ce ne soit plus pour suppléer au défaut de service de pièces absentes. Ce sont des combinaisons dont les trois autres classes ne donnent aucune idée, et desquelles il résulte un mélange si intime des deux appareils, les os du sternum et ceux du bras, que je ne puis me dispenser de traiter à la fois des uns et des autres, si je veux être assuré de ne comprendre, dans l'appareil du sternum, par exemple, que de véritables os sternaux. Je vais donc traiter ici d'une question un peu étrangère à l'objet de ce mémoire; mais je prie qu'on veuille l'excuser en faveur des motifs que je viens d'exposer.

§ IV.

Os de l'épaule chez les ovipares.

Nous nous reporterons d'abord à la considération de ces pièces dans les oiseaux. Une opinion à cet égard avait été émise, dès 1555, par le père de l'histoire naturelle moderne, et jusqu'à ces derniers temps les écoles avaient pris, avec Bélon, pour omoplate, la longue pièce de l'épaule des oiseaux qui couvre et croise les côtes vertébrales, et avaient adopté comme clavicule l'os fort et résistant, qui joint l'épaule au sternum. Bélon, dont le génie, à cette époque, embrassait déjà la question des analogues, après avoir ramené à des os du squelette humain deux des pièces du squelette des oiseaux, vit, de plus, dans ce dernier, une troisième partie, à laquelle, il crut, libre de toute considération du même ordre, pouvoir appliquer, comme à une chose nouvelle, un nom nouveau : il lui donna, à cause de sa forme, le nom de *fourchette* (1).

Ces déterminations et ces noms furent employés avec une entière confiance jusqu'à cette époque, où des considérations prises de l'insertion de quelques muscles, conduisirent M. Cuvier à admettre d'autres rapports. Je tiens de notre célèbre confrère, il a dit dans ses cours, et il a depuis imprimé dans son dernier ouvrage systématique, *le règne animal*, qu'il regarde la fourchette des oiseaux comme l'analogue et comme le produit des deux clavicules de l'homme. L'os que Bélon avait désigné sous le nom de clavicule se rapporte, selon cette nouvelle manière d'envisager ces pièces, à l'apophyse coracoïde. Cette vue, qui est partagée par M. de Blainville, et que

---

(1) M. Cuvier, dans la quatrième leçon de son anatomie comparée, *t.* 1, *p.* 249, désigne cette troisième partie de l'épaule sous le nom de *furculaire*. M. Nitzsch emploie aussi l'expression de *clavicule furculaire*, en son *Ostéologie des oiseaux*, *p.* 51.

ce savant a consignée dans son prodrome, *Bulletin des Sciences, pour juillet* 1816, m'a également paru très-fondée : aussi ai-je, dans tout ce qui a précédé, conformé mon langage sur cette intéressante découverte. Ce n'est qu'un os naissant dans la plupart des mammifères onguiculés, ou, pour être plus exact, un os dans l'état rudimentaire, qu'on s'est borné, dans ces animaux et particulièrement dans l'homme, à désigner, à cause de son peu d'importance, sous l'indication d'apophyse : mais dans les ovipares, les proportions de ces parties changent ; ce qui n'était là qu'un point minime qu'on ne trouve encore que chez quelques mammifères, devient ici une pièce d'une haute importance et d'un service indispensable : passant au rang d'une seconde clavicule, j'en ai pris sujet de la nommer clavicule coracoïde.

Il est dans les mêmes mammifères un autre os aussi petit que l'apophyse coracoïde, et qui est de même détaché de l'omoplate dans le fœtus : telle est l'apophyse *acromion*. La théorie des analogues m'invitait à en faire la recherche dans les oiseaux, et je l'y ai en effet découverte, je ne puis dire dans tous, mes recherches ayant eu lieu hors de la saison du jeune âge, mais du moins dans la plupart des passereaux. J'ai donc aperçu pour la première fois dans la grive, à la tranche supérieure et à la naissance scapulaire de la fourchette, un petit os (1), qu'à sa position et à ses connexions, il m'a été facile de reconnaître pour l'analogue de l'apophyse acromion.

Tout se lie dans l'organisation : ce n'est encore dans les oiseaux qu'un os rudimentaire, et qui chez eux, sans grande influence, est d'un faible intérêt, considéré dans cette classe. Mais cette observation mène à se rendre compte du nombre et de la forme des os de l'épaule dans les poissons osseux : le brochet en présente quatre distincts, trois en ligne et un rangé sur le côté; elle mène à comprendre le bizarre arrangement de ces os dans les monotrêmes et les lézards.

Les monotrêmes, c'est-à-dire, l'ordre qui contient les deux genres paradoxaux, connus sous les noms d'ornithorinque et d'échidné, ont une

(1) Des anatomistes humains pourraient, sur la petitesse de cet os, être disposés à ne voir là qu'une de ces parties osseuses désignées par eux sous le nom d'*épiphyse*. J'ai déjà pris le soin de prévenir qu'il n'y a, chez les oiseaux, aucun os à qui ce nom, selon l'idée qu'on y attache, puisse convenir. Des êtres doués d'une respiration aussi énergique et d'une vitalité aussi grande arrivent rapidement à tout le développement dont ils sont susceptibles.

vraie fourchette à la manière des oiseaux : cela a été dit, puis ensuite contesté ; et dans cette dernière hypothèse, cette fourchette a été considérée comme un os sternal. Ce qui motiva cette opinion fut une observation négligée auparavant, celle d'un os grêle et alongé, qui, couché sur un des bras de la fourchette, parut le même que la clavicule des mammifères. Cet os n'est visible et distinct que dans le premier âge : il se soude peu après, et se confond avec les branches qui lui servent de lit.

Ma découverte de l'acromion dans les oiseaux, avec lesquels, sous le rapport de l'épaule, les monotrêmes sont exactement comparables, n'oblige plus à renvoyer la fourchette de ces êtres anomaux parmi les matériaux de leur sternum ; mais elle donne la clef, pièce à pièce, de la composition de leur épaule. Ces os grèles, (*a*, *a*, *voyez pl.* 2, *figure* 19, *prise de l'ornithorinque*), portés par les bras de la fourchette, sont les mêmes os acromions qui ne diffèrent de ceux des oiseaux, que par un peu plus d'étendue en longueur.

Cette détermination admise, il n'est plus nécessaire de recourir, comme on l'a fait, à l'idée que les os latéraux *c. c.*, qui sont situés au-dessous, pourraient bien être des côtes sternales, à qui l'appui des côtes vertébrales aurait manqué : ces os sont les clavicules coracoïdes, les mêmes os forts et résistants qui existent dans les oiseaux entre l'omoplate et le sternum.

Des monotrêmes, nous marchons sans rencontrer de difficultés à la considération des os de l'épaule des monitors ou tupinambis : dans ces derniers, la courbure des branches de la fourchette (*voy. pl.* 2, *fig.* 20.), est inverse de ce que nous venons de là voir dans les monotrêmes et les oiseaux, et la queue qui porte les deux branches est d'une longueur considérable; mais pour ressembler sous tous les points à une ancre de vaisseau, ce n'en est pas moins une vraie fourchette: comme dans les monotrêmes, on voit, sur la tranche antérieure des branches, des filets osseux, *a*, *a*, ou les os acromions, qui conservent de ceux des oiseaux ce caractère, qu'ils ne se prolongent pas assez en dedans pour se rencontrer. Ces pièces sont d'ailleurs d'une maigreur qui contraste avec l'étendue et l'épaisseur des deux clavicules coracoïdes, *c*, *c*.

Sans l'explication fournie par le précédent exemple, on ne saurait comprendre la composition de l'épaule du grand lézard vert, *lacerta ocellata*. DAUD. Il y a mieux, c'est que même avec ce secours, ce devient toujours le sujet d'un petit problème.

La fourchette (*Voy. pl.* 2, *fig.* 23.) dans le lézard vert passe à une toute autre forme, celle d'une croix : ses branches latérales sont placées à angles droits sur une tige qui, de même que dans la croix de nos églises, a une tête plus courte et une queue plus longue. Il ne faut rien moins que notre ferme confiance dans l'ordre invariable des connexions pour nous faire prononcer sur cette analogie. Les acromions *a*, *a*, sont détachés, contournés et arqués à la manière des clavicules humaines : appuyés d'un côté sur l'omoplate, ils s'articulent, à l'autre bout, l'un avec l'autre, en même tems qu'avec la branche en flèche de la fourchette.

Ainsi voilà des os, formant dans l'origine un simple point rudimentaire ; qui se conservent dans un état de faiblesse chez les monitors, tout en s'y prononçant davantage; qui s'étendent dans les monotrêmes jusqu'à s'y rencontrer; et qui finissent, dans les lézards, par arriver au rang et à l'utilité de véritables clavicules. Nous les eussions pris pour les analogues des clavicules humaines, si, par une marche graduée, nous ne fussions venus les considérer dans le lézard vert, après les avoir reconnus pour toute autre chose dans les genres voisins.

Je ne suivrai pas davantage toutes ces diversités dans les autres reptiles : je me bornerai à compléter cet article, en ramenant à ses vrais analogues les deux pièces de l'omoplate.

On lit dans la quatrième leçon d'anatomie comparée, (*tom.* 1, *pag.* 251) que « l'omoplate de certains reptiles est brisée, formée de deux pièces, dont la supérieure se reporte sur l'épine. » Ce qu'il nous importe d'établir au sujet de ces deux pièces, pour que leur nombre ne jette point d'incertitude sur les déterminations qui précèdent, c'est que les élémens en existent dans les omoplates des deux classes supérieures. En effet, il n'est point d'omoplate, tant chez les mammifères que chez les oiseaux, qui n'ait le côté opposé à l'extrémité humérale, terminé par un fibro-cartilage. On ne saurait confondre cette partie avec la propre substance et la nature pleinement osseuse du corps de l'omoplate. Ces matériaux diffèrent par l'arrangement des molécules, la texture, le degré de consistance, et par une apparence laiteuse, grenue et crystallisée, caractères du fibro-cartilage. Comme il n'y a qu'un extrême bord dans ce cas chez les mammifères et les oiseaux, il n'y a point solution de continuité. Dans les reptiles, au contraire, le fibro-cartilage excède, en volume, l'étendue de l'omoplate. Telle est cette portion séparée du corps, dont elle ne forme ailleurs qu'un accompagnement, qui occasionne la grandeur de l'épaule, et qui en porte l'extrémité jusques sur l'épine; elle prend tout ce qu'elle peut acquérir de consistance; ce qui ne va qu'à lui donner celle du pain d'épice connu sous le nom de croquet. Cette pièce, *supérieure*, se distingue donc à tous égards de l'*inférieure* ou de l'omoplate proprement dite, os dans toutes les conditions d'organisation et de solidité des autres parties du squelette.

§ V.

Sur d'autres sternums de Reptiles.

Profitant des connaissances acquises dans l'article précédent, et de l'exclusion donnée aux pièces que nous venons de comprendre parmi les os de l'épaule, nous donnerons avec plus de confiance les déterminations suivantes.

La principale pièce du sternum, dans les monitors ou tupinambis (*Voy. pl.* 2, *fig.* 20), est une large plaque *o*, mince, quadrangulaire, d'un blanc de lait, friable et grenue presqu'autant que la pièce supérieure de leur omoplate; elle correspond d'ailleurs à l'os central du sternum ornithologique, ou, ce qui revient au même, à la pièce impaire du sternum des tortues. De la même manière que dans ces derniers animaux, cette large plaque est précédée et suivie de deux pièces. Les deux antérieures *l*, *l*, que nous avons appelées dans les tortues du nom d'épisternaux, sont longues, à bord droit en dedans pour leur articulation mutuelle, et à bord extérieur très-découpé, d'où résultent trois saillies qui atteignent autant d'apophyses de la clavicule coracoïde. L'extrémité inférieure de chaque épisternal se prolonge en pointe, et trouve à s'interposer, vers la naissance de la large plaque, entre celle-ci et la partie de la clavicule coracoïde qui lui est opposée.

Les deux pièces postérieures *p*, *p*, sont deux os en stylet, qu'à leur forme on prendrait pour des côtes sternales, si celles-ci n'existaient à leur suite, et si d'ailleurs la détermination de ces os n'était donnée par les pièces correspondantes dans le lézard vert, chez lequel la forme, la position, les connexions et les usages de ces pièces indiquent qu'il faut les rapporter à celles qui terminent le sternum des tortues. La grande plaque, occupant le centre de l'appareil, est posée en angle, de manière que les deux bords supérieurs servent à l'articulation des clavicules coracoïdes, et les bords inférieurs, à celle des côtes sternales. Enfin, pour avoir la parfaite intelligence du sternum des tupinambis, nous aurons à nous reporter à celui des tortues, et nous trouverons qu'indépendamment des différences de formes que nous venons de constater, il en est une bien plus essentielle, l'absence totale des annexes : cinq seulement des neuf pièces sternales composent ce sternum.

Qui ne croirait qu'au sujet de l'appareil dont nous nous occupons, il ne faille du moins s'attendre à une exacte répétition de formes pour toutes les espèces du genre *lacerta* de Linnéus : tout l'extérieur de ces *lacerta* a fait croire à leur affinité; leur sternum toutefois diffère : à celui du tupinambis, *lacerta monitor*, nous opposerons celui du grand lézard vert, *lacerta ocellata*; et, à l'un et à l'autre, celui du crocodile, *lacerta crocodilus*; dans le besoin que nous éprouvons de nous borner dans cette énumération, et de ne point faire dégénérer les considérations générales, objet de cet ouvrage, en descriptions et détails zoologiques.

Il y a, dans le lézard vert, une même plaque centrale (*o*, *Voy. pl.* 2, *fig.* 23.) que dans le tupinambis; elle est plus exactement quadrangulaire et plus remontée du côté de la tête : les deux os *p*, *p*, de l'appendice xiphoïde sont plus courts et bifurqués à l'extrémité; les flancs inférieurs de la large plaque s'articulent de même avec trois côtes sternales. Jusques-là la ressemblance de ces pièces se soutient assez bien : il n'en est plus de même en ce qui concerne les os antérieurs *l, l*, les épisternaux.

Par une de ces anomalies qu'il faut s'attendre à rencontrer à chaque pas dans l'examen anatomique des organes des reptiles, les épisternaux ne se bornent plus, dans le lézard vert, à former le couronnement de la pièce centrale; ils prolongent une queue tout le long de ses flancs supérieurs, de manière à s'intercaller entre des pièces qui semblent s'appartenir essentiellement, et qui, partout ailleurs, rejetent pareille interposition. Ce désordre, (car j'éclate presque contre cette circonstance qui, jusqu'à un certain point, contrarie le principe des connexions), ce désordre jette là tant d'équivoque, et mélange les choses à un tel point, que c'est ce qui m'a engagé à donner plus haut une détermination des os de l'épaule. En décrivant tout-à-l'heure ce qui, à cet égard, s'applique au tupinambis, j'ai insisté sur une queue de ses épisternaux, courte à la vérité, et s'étendant assez peu entre la clavicule coracoïde et la plaque moyenne. Je l'ai fait, parce que j'y voyois un commencement d'organisation propre à nous préparer à la singulière disposition que je viens de considérer.

Le crocodile offre un arrangement non moins étrange. La large pièce, sensiblement moins étendue, est encore plus haut remontée du côté de la tête : elle n'est plus précédée de deux épisternaux, mais d'un seul, qui participe en outre des conditions de l'épisternal ornithologique par sa petitesse, et même par une apparence rudimentaire ; c'est un os étroit, applati, en forme de spatule. Il conserve, toutefois à sa base, le caractère des épisternaux des tupinambis en s'y élargissant et en s'y prolongeant de chaque côté en une apophyse, qui s'insère et s'interpose, comme dans les tupinambis, entre le commencement de la clavicule coracoïde, et la portion de la large pièce qui lui est opposée.

La large pièce a ses flancs supérieurs plus étendus que les inférieurs, d'où il arrive que ces derniers donnent attache, non à trois, mais à deux côtes sternales.

Ce n'est pas qu'il n'y ait, dans le crocodile, un bien plus grand nombre de ces côtes que dans aucun reptile, et cette nouvelle circonstance est rendue possible par la grandeur extraordinaire de la troisième partie du sternum, qu'on pourrait regarder comme appartenant à l'appendice xiphoïde. C'est donc comme dans les grenouilles, trois pièces placées à la file les unes des autres, à cela près de la proportion relative de ces pièces et des côtes sternales existant dans le crocodile, et manquant dans les grenouilles.

Le troisième os sternal des crocodiles surpasse en longueur les deux antérieurs réunis ensemble; il se partage en quatre nodosités qui croissent de la première à la dernière; nodosités qui ont évidemment pour objet de fournir de chaque côté une tête articulaire pour autant de côtes sternales : le dernier renflement se termine par deux longues apophyses, sur chacune desquelles trois autres côtes sternales trouvent à s'articuler.

Ici toutes les pièces sont en série comme dans les mammifères, et si chaque nodosité de la troisième s'y développait en commençant par un point d'osssification à part (ce dont je n'ai pas eu le moyen de m'assurer), il faudrait admettre que les crocodiles, qui tiennent déjà par quelques autres rapports aux mammifères s'en rapprocheraient, pour des ovipares, d'une manière très-surprenante.

Enfin, une dernière considération, c'est l'entière ossification du fibro-cartilage qu'on trouve ailleurs à l'état mou et cartilagineux entre les côtes vertébrales et les côtes sternales : c'est au point de faire croire que l'arc qui unit l'épine aux os sternaux est formé de trois chaînons distincts, une côte vertébrale, cette seconde côte que nous désignerons sous le nom de vertébro-sternale, et la troisième, qui est proprement la côte dérivée du sternum.

Ce petit nombre d'exemples suffit, sans doute, pour prouver qu'il est réellement impossible de ramener les sternums des reptiles à une unité *classique* : c'est tout ce qu'on peut obtenir (et encore cela exige-t-il toutes les recherches d'un vrai problême), que d'y retrouver les élémens du type plus général du sternum des animaux vertébrés. Multiplier davantage ces exemples serait entrer dans des détails purement zoologiques, et qui, prenant ce caractère, ne doivent point trouver place dans cet ouvrage.

§ VI.

Du sternum des mammifères.

Je vais d'abord décrire le sternum d'un de nos monotrêmes, celui de l'ornithorinque : à quelques égards, nous nous croirons encore occupés des reptiles, en retrouvant, dans les monotrêmes, une partie des considérations qui ont fait l'intérêt du précédent paragraphe.

En cherchant, à l'article du bras, à apprécier tous les os de l'épaule, ce n'a été qu'en plaçant l'ornithorinque en échelon, après les oiseaux et en avant des tupinambis, que nous sommes parvenus à saisir les correspondances de l'épaule de ces derniers. Les os sternaux de ceux-ci vont nous aider, à leur tour, à comprendre toutes les anomalies du sternum de l'ornithorinque.

Il est évident que ce qui porte (*Voy. o, o, pl.* 2, *fig.* 19.) le pied de la fourchette, est l'analogue de la large plaque quadrangulaire *o* du tupinambis. Il n'existe là, toutefois, que la moitié inférieure du carré, à raison de l'élargissement et de la tranche droite et nette de la base de la fourchette ; première différence. De plus, cette même moitié est partagée en deux portions, par une séparation longitudinale; seconde, mais bien plus essentielle différence. Car la large plaque est partout un os impair, absolument partout, excepté dans les monotrêmes, où sa division devient ainsi un caractère étrange, exclusif, et bien propre à marcher de front avec toutes les autres anomalies de ces êtres éminemment paradoxaux.

La concordance des pièces *o, o*, trouvée, on a facilement celle des deux os supérieurs *l, l* : on n'hésite pas à les appeler du nom d'épisternaux.

Mais si le sternum des monotrêmes est dans cette première moitié en rapport avec celui des ovipares, il l'est par sa seconde avec celui des vivipares, puisqu'à la suite des pièces *o, o*, viennent des os impairs rangés bout à bout, au nombre de trois : cette organisation rappelle assez celle du crocodile, et la rappellerait bien davantage, si la troisième pièce, chez le crocodile, était vraiment partagée en autant de parties qu'il s'y voit de nodosités.

Le sternum des mammifères paraît en effet formé par une suite de pièces impaires placées à la file les unes des autres : cependant il existe à cet égard des différences chez les mammifères.

C'est dans les phoques que ce plan se montre avec le plus de simplicité, et que les os sternaux présentent le plus d'homogénéité : (*Voyez pl.* 2, *fig.* 18); la dernière pièce est seulement plus grêle et plus longue.

Les phoques se distinguent aussi des autres mammifères par un plus long coffre pectoral; retrouverions-nous là, quoique dans une combinaison inverse, un sternum, ainsi que celui des tortues, arrivé à tout le développement dont il est susceptible? Vérifions cette conjecture, et comptons ces os si uniformément disposés à la file les uns des autres. Il s'y en trouve neuf comme dans les tortues : et, assurément, les chances du hasard n'ont pas donné lieu à cette correspondance.

Nous retrouvons le même nombre dans le sternum des lions, des tigres et des autres *félis*; chez la plupart des carnassiers. Si, dans quelques exceptions, ce nombre est réduit à huit, il est des circonstances qui permettent d'en apprécier le motif, et qui nous apprennent en effet que l'avant-dernière pièce ne se développe pas assez, pour avoir toujours une existence indépendante; ce qui la porte à s'unir et à se confondre avec la dernière.

Dans les animaux à sabots, groupe très-différent de celui des mammifères à ongles; dans le cheval, par exemple, le cochon, l'éléphant, etc., qui ont la poitrine plus courte d'avant en arrière, on ne trouve plus que six à sept os sternaux, dans une combinaison qui rappelle, à quelques égards, l'arrangement de ces pièces dans les tortues : les deux dernières sont de même accouplées. Nous montrons cette disposition (*pl.* 2, *fig.* 14.), le sternum du tapir nous ayant servi d'exemple.

Les êtres vivant en domesticité sont sujets à des variations; mais ils ne peuvent s'écarter de la règle à laquelle ils sont soumis, selon leur genre, qu'ils ne se rapprochent plus ou moins du type des autres classes ou familles.

Ainsi, quoique les chiens aient généralement le sternum formé de neuf pièces en série, je conserve celui d'un individu de ce genre, où les deux dernières sont rangées transversalement et accouplées : cette anomalie est, de cette manière, ramenée à la règle suivie à l'égard des animaux à sabots.

J'ai constaté des différences plus grandes, d'homme à homme : dans un tems où l'on ne faisait de l'anatomie que pour éclairer les opérations de la chirurgie, on donnait le sternum humain comme composé de trois pièces, parce qu'en effet, c'est où le sternum arrive par les progrès de l'ossification; mais Bichat, qui l'a examiné dans de jeunes sujets, l'a vu composé dès le principe de 8 à 9 os. Leur arrangement n'a pas occupé cet anatomiste, et ne devient en effet une question que dans le plan de cet ouvrage. Or, j'ai trouvé que l'association respective de ces pièces diffère, ou selon l'ampleur de la poitrine en largeur, ou selon son étendue en longueur.

Dans le cas assez commun d'une poitrine plus grande d'avant en arrière, les os sternaux sont placés à la file les uns des autres, conformation, qui fait participer l'espèce humaine aux considérations des autres Onguiculés. Mais, dans le cas d'une poitrine plutôt large que longue, on remarque quatre os sternaux, accouplés deux à deux; ils sont précédés par deux pièces impaires, dont une, la première, le sternal claviculaire, paraît, à sa largeur et à une rainure médiane qui existe parfois, paraît, dis-je, formée par la réunion de deux pièces conjuguées : un ou deux os, dans une position variée, terminent cette série de pièces.

Dans cet exemple, qui présente l'exception à la règle, la conjugaison de ces pièces a lieu exactement comme dans les tortues, de telle manière que si l'on voulait s'étendre davantage sur ces considérations, nous en viendrions à voir, dans le sternal claviculaire, l'analogue des épisternaux; dans le deuxième os sternal, celui de la pièce centrale; dans les quatre pièces suivantes, la combinaison et les relations que montrent les annexes; et, dans les os qui terminent, les pièces dépendantes de l'appendice xiphoïde.

C'est ainsi qu'une combinaison, lorsqu'elle cesse d'être fidèle à son plan primitif, ne peut s'en écarter qu'en retombant dans une combinaison déjà consacrée.

Comme pour établir que l'espèce humaine est cependant sur la limite de ces deux conformations, et qu'elle peut ainsi passer presqu'indifféremment de l'une à l'autre, les os sternaux ne sont jamais rangés avec une symétrie et un parallélisme parfaits. On peut alors juger du peu d'efforts qui restent à faire, pour que les os de la gauche s'intercallent parmi ceux de la droite, et pour que les doubles séries se résolvent en une seule : nous avions besoin que cette considération nous fût fournie, afin de nous expliquer l'indifférence que montre cette disposition dans le même être, à deux résultats organiques différens.

Il se pourrait aussi que nous eussions décrit deux états successifs, c'est-à-dire, des différences relatives à l'âge des individus.

Quoiqu'il en soit, nous ne nous sommes pas bornés aux observations qui précèdent ; nous nous sommes occupés de les fixer par des dessins. Mais au moment d'employer ceux-ci dans nos gravures, nous avons craint d'encourir le reproche de trop compter sur ces moyens auxiliaires. Ayant eu des sacrifices à faire sous ce rapport, nous les avons fait porter de préférence, ou sur des figures qu'on est dans le cas de retrouver ailleurs, ou sur des choses qu'on peut se procurer et observer facilement.

Ainsi nous n'avons pas employé les dessins des deux conformations de sternum humain que nous avions fait faire : il en a été de même de ceux des sternums de chien et de crocodile mentionnés plus haut. Mais on pourra du moins les consulter à la bibliothèque du Jardin du Roi, où nous les avons déposés.

COROLLAIRES.

Je vais réunir les principaux traits disséminés dans ce mémoire, et, cherchant à réfléchir sur toutes les faces de la question, la lumière obtenue par la précédente discussion, essayer de montrer ce qu'est essentiellement le sternum dans tous les animaux vertébrés.

1°. Le mot de sternum est un nom collectif : il doit s'appliquer et s'applique à un ensemble de pièces, qui forment la partie inférieure du thorax, et qui entrent nécessairement dans la composition de la poitrine, soit pour en gouverner le mécanisme, soit pour défendre ce précieux organe du contact dommageable des choses extérieures.

2°. Les pièces, dont tout sternum est composé, ont un caractère déterminé et des fonctions propres; elles se divisent en deux ordres ou séries distinctes; les os sternaux proprement dits, au nombre de NEUF, s'ils sont tous employés; et les côtes sternales en nombre illimité.

3°. Faisant preuve d'individualité, et, dans certains écarts de la nature, quelquefois même d'indépendance, ces pièces s'élèvent au rang de matériaux principes de l'organisation, et doivent recevoir des noms distincts.

4°. En série, ce sont des parties presqu'homogènes; et les noms de premier sternal, 2e, 3e, etc., suffisent alors. Mais toutes ces pièces, hors une seule, sont susceptibles de s'accoupler deux à deux, et, dans ce cas, elles passent à des emplois différens. Sous cette autre combinaison, je les nomme *épisternal*, *entosternal*, *hyosternal*, *hyposternal* et *xiphisternal*. Le seul entosternal, est toujours un os impair, excepté dans l'ornithorinque.

5°. A la pièce antérieure (le double épisternal) est toujours imposée l'obligation de porter la clavicule furculaire, là où elle existe; à la seconde (l'entosternal) de rendre le même service à la clavicule coracoïde, quand celle-ci devient un des principaux arcs-boutants de l'épaule.

La troisième pièce, l'hyosternal, et la quatrième, l'hyposternal, sont deux sœurs, courant les mêmes hasards, deux variables exposées aux mêmes chances, intervenant ou disparaissant ensemble, recevant volontiers la loi, et la subissant de la même manière, si ce n'est dans les tétrodons et les ostracions, où chacune a des fonctions propres et importantes. Doubles dans le plus grand nombre de cas, elles abandonnent la ligne médiane, pour se porter sur les ailes et servir d'annexes à l'entosternal.

La cinquième pièce, le xiphisternal, ou l'os nommé, dans l'homme, cartilage xiphoïde, doit à ses connexions et à ses relations avec les enveloppes et les muscles de l'abdomen d'être moins sujette à variation : elle ferme toujours par le bas l'appareil sternal.

6°. Les os sternaux se trouvent au complet, *neuf pièces*, toutes les fois que la poitrine, étant étroite, est portée à son plus grand développement en longueur; ou bien qu'offrant une dimension opposée, elle est toute aussi large, et toute aussi ample que possible. Dans le premier cas, les pièces sternales sont placées à la file les unes des autres; et, dans le second, elles sont accouplées deux à deux et en série, dans l'ordre qui suit : les deux épisternaux, l'unique entosternal, les deux hyosternaux, les deux hyposternaux, et les deux xiphisternaux.

7°. On est ainsi conduit à un type idéal de sternum pour tous les vertébrés, lequel ensuite, considéré de moins haut, se résout en plusieurs formes secondaires, selon que se trouvent employés la totalité ou la plupart des matériaux constituans, ou même que viennent à changer leurs dimensions ou proportions respectives. Ces conditions de diversité, quand celle-ci est renfermée dans de certaines limites, sont donc les élémens des sternums *classiques*, et le sont encore parfois de quelques subdivisions assez bien déterminées pour les ordres et les familles.

Le sternum de chaque classe donne lieu aux considérations suivantes :

8°. Le caractère auquel on reconnaît le sternum des mammifères, est *une seule chaîne de pièces rangées à la suite les unes des autres*. Ce type secondaire est susceptible de deux modifications qui deviennent ainsi les caractères particuliers des deux principaux embranchemens des animaux à mamelles. Les onguiculés ont leur sternum plus réellement formé par une seule file de huit à neuf pièces, quand les animaux à sabots, qui admettent un moindre nombre de celles-ci, ont en outre les deux dernières pièces placées côte à côte.

9°. Le sternum des oiseaux se trouve d'abord essentiellement constitué par cinq pièces ; l'entosternal, les deux hyosternaux, et les deux hyposternaux. De plus, il prend quelquefois, mais comme accessoire rudimentaire, en avant un épisternal à deux têtes, et en arrière un ou deux xiphisternaux. Ainsi c'est moins le nombre de ces matériaux que leur grandeur respective qui devient le grand caractère du sternum des oiseaux.

L'entosternal arrive chez eux au plus haut degré de développement. La petitesse de l'épisternal et des xiphisternaux pourrait être imputée à cette pièce gigantesque, comme détournant à son profit le fluide nourricier, puisqu'elle est d'autant plus grande que ceux-ci sont plus petits. Etendue de l'épisternal au xiphisternal, elle prive les hyosternaux et les hyposternaux de leur position sur la ligne médiane, en les renvoyant en quelque sorte sur ses ailes. Enfin son accroissement extraordinaire amène cet autre résultat digne de remarque : c'est que chez les oiseaux, les pièces sternales sont rangées trois de front.

10°. Quant aux reptiles, il faut nous contenter des données suivantes. Les tortues ont un sternum qui diffère de celui des grenouilles : autre aussi est celui des crocodiles : autre de même celui des tupinambis, des lézards, des salamandres, etc. Par conséquent, point de sternum classique pour les reptiles : la seule vue générale qu'on puisse leur appliquer, c'est que la complication du sternum varie chez eux, comme varie et augmente la quantité de respiration qui leur est propre.

11°. Le sternum des poissons osseux est, au contraire, tenu dans des limites très-resserrées : il est composé de même que celui des oiseaux, moins l'entosternal et les xiphisternaux ; composé par conséquent, d'un épisternal à deux têtes, et puis, des annexes (les hyosternaux et les hyposternaux). Plus d'entosternal qui domine l'appareil : aucun obstacle alors au développement de ces cinq pièces ; aussi croissent-elles indéfiniment, jusqu'à ce qu'elles atteignent et s'appuient sur les hyoïdes. Une des clavicules, chez les oiseaux, prive l'hyosternal et l'épisternal de s'approcher et de se toucher. Ces pièces sont également séparées dans les poissons. Leur jeu et leurs usages varient même au point qu'on les y croirait étrangères l'une à l'autre.

12°. Mais quels que soient ces sternums, et quelque surprenantes qu'en paraissent les métamorphoses, il n'est point difficile d'en démêler les diversités, d'apercevoir qu'elles se convertissent les unes dans les autres, d'en embrasser tous les points communs, et de les ramener à une seule mesure, à des fonctions identiques, et enfin à un seul et même type.

TROISIÈME MÉMOIRE.

Des os antérieurs de la poitrine ;

ou de l'Hyoïde.

Le nom d'hyoïde a été employé dans l'ostéologie des poissons, mais point avec la même acception. Les uns l'appliquent à une chaîne d'os répandue, sur la ligne médiane, de la langue aux arcs branchiaux ; d'autres aux deux branches qui viennent de l'aile temporale et se réunissent à l'os lingual, et d'autres enfin à ces deux branches et encore aux arcs branchiaux eux-mêmes, qui dans cette hypothèse sont considérés comme des cornes ou prolongemens hyoïdiens (1).

Sur ce pied, l'os hyoïde comprendrait de 11 à 28 pièces, et ne serait plus (porté à une aussi

(1) Duméril : mémoire sur la respiration des poissons. Magasin encyclopédique, année 1807.

grande complication), le même et simple appareil que dans l'homme.

Cet exposé de l'état de la science sur l'hyoïde des poissons pourrait donner lieu à une observation critique : nous allons la prévenir et essayer d'expliquer d'une part la confiance des anatomistes dans l'emploi du nom d'hyoïde importé de l'homme aux poissons, et de l'autre les motifs de leur dissentiment dans une question, où il semble qu'on aurait dû, en consultant la nature, se déterminer de la même manière.

On a remarqué dans les poissons, entre les branches de leur mâchoire inférieure, un appareil osseux, dont la langue formait la partie avancée, qui se partageait en deux branches, et qui était suspendu sous le crâne, à peu près de la même façon que l'hyoïde des mammifères. Cet appareil étant servi par des muscles analogues, et rappelant exactement le mécanisme, le jeu et les fonctions de cet os, on est ainsi arrivé, de suite et sans difficulté, à apercevoir que les poissons étaient pourvus des mêmes moyens de déglutition que les autres animaux vertébrés. Mais si ce point de départ (la présence de la langue en ce lieu) n'exposait à aucune méprise, il n'en était pas ainsi de l'autre point extrême. On ne pouvait aussi facilement reconnaître où l'hyoïde s'arrêtait en arrière. L'absence de la trachée-artère, et la survenance des os de la poitrine en avant, qui en est un des résultats, faisant que l'hyoïde se trouve articulé et marié, dans les poissons, avec des pièces qui, jusque-là, lui avaient été étrangères, exposaient à comprendre beaucoup de celles-ci dans ses apartenances. Il est évident que c'est ce qui a toujours eu lieu, puisque l'os hyoïde des poissons n'est restreint dans aucune détermination au nombre de 8 pièces, dont cet os se compose dans les oiseaux. On n'a eu, par conséquent, qu'une idée imparfaite de cet appareil dans les poissons : il a plutôt été entrevu que déterminé.

Nous allons suivre, à son égard, la même marche que précédemment; et, recherchant quelles en sont les pièces dans les trois principaux groupes des animaux vertébrés, les considérer une à une, et les comparer les unes aux autres.

§ I.

De l'Hyoïde des Mammifères.

Le mot *hyoïde*, qui est traduisible par la phrase, *semblable à l'upsilon*, une des lettres de l'alphabet grec, n'est susceptible d'application dans le sens de son étymologie, que dans l'anatomie humaine. Ce nom, borné à cette acception, est donc fondé sur une considération, la dernière qu'il nous importe de constater. En effet, la station verticale de l'homme, ayant décidé de la configuration de cet os, cette forme ne pouvait reparaître, dans les quadrupèdes, que sensiblement modifiée, et y est même si fortement altérée qu'elle y devient assez souvent méconnaissable. Toutefois les fonctions et les connexions de l'hyoïde, les seuls élémens admissibles dans nos déterminations, sont des données constantes. Ce sera donc d'après ces seules données, que nous emploierons, pour l'étendre à tous les animaux, le nom d'hyoïde : et c'est sous ce rapport que nous allons examiner cet os dans l'homme lui-même.

L'hyoïde s'y compose, dit-on, d'un corps et de quatre branches ou cornes, symétriques deux à deux.

Les cornes antérieures (supérieures dans la station verticale) sont, dans l'homme, de petits os rudimentaires presque sans objet, et cependant des os dans lesquels il y aurait, dit Sabatier, quelques menues pièces, sous forme de petits grains, et disposées à peu près comme ceux d'un chapelet. On commence à apercevoir que ces cornes sont quelque chose dans l'organisation, en les trouvant agrandies et parfaitement distinctes dans les mammifères qui ont la tête alongée : là, elles s'étendent du côté d'un os particulier, *le styloïde*, qui, lui-même, de simple et presqu'inutile apophyse dans l'homme, parvient, dans la plupart des mammifères, à une grande dimension, acquière une utilité manifeste, et vient si parfaitement s'ajuster et si bien se marier avec les cornes antérieures, que, dans l'anatomie vétérinaire, cette pièce compte pour une dépendance et une troisième partie de ces mêmes cornes. Quoique dans des conditions apophysaires et rudimentaires, et quoique ramenés et reportés, chacun a sa source primitive (l'os styloïde au crâne, et les cornes antérieures au corps de l'hyoïde), ces os ont, dans l'homme, le même usage que dans les mammifères à longue tête, celui d'accrocher en quelque sorte l'hyoïde au crâne; ce qui a lieu dans l'homme au moyen d'un cartilage, et dans les grands animaux d'une manière plus efficace, par la chaîne non interrompue que ces pièces forment ensemble.

Les cornes postérieures, toujours composées, chacune, par un seul os, sont dans l'espèce humaine, ce qu'elles se trouvent être, à peu de chose près, dans les autres espèces à mamelles, et ce qu'il fallait qu'elles devinssent, eu égard au service qu'elles avaient à rendre. Elles forment, avec le corps de l'hyoïde, un fer-à-cheval, sur le pourtour duquel le larynx se trouve attaché, et, par suite, la trachée-artère avec tout l'organe pulmonaire.

Enfin le corps de l'hyoïde est une base pour l'articulation de toutes ces pièces, d'autant plus résistante, qu'elle est maintenue par des muscles antagonistes nombreux et puissans, s'attachant, les uns à la mâchoire inférieure et à la langue, et les autres au larynx, au sternum, et à l'omoplate.

Ce corps a sa portion convexe, développée en une grosse tubérosité ou apophyse, dont on ne s'est guères occupé dans l'ostéologie humaine que pour en dire les aspérités favorables à l'insertion d'un grand nombre de muscles qui s'y attachent. Pour savoir qu'il y a là quelqu'autre chose de plus significatif et de plus important (ce qui n'est que faiblement indiqué dans l'homme à cause de la contraction des parties), il faut passer à la considération de la plupart des mammifères, et voir cette tubérosité dans les rongeurs, les ruminans, mais surtout dans les solipèdes, où elle est alongée, et où elle prend le caractère d'une apophyse, qui a quelquefois plus de saillie que le corps lui-même : ce n'est pas pourtant un os distinct, encore moins deux pièces, ainsi que nous le trouverons dans les solipèdes; mais alors, c'est du moins un fragment à part qui se développe en commençant, de même que le corps, par un noyau qui lui est propre. Se pénétrant dès leur formation, par des radiations osseuses envoyées de l'un sur l'autre, et réciproquement (résultat nécessairement amené par leur intime contiguité, et, pour ainsi dire, par leur concentration); ces parties croissent simultanément, et, continuant à multiplier leurs adhérences, ne forment, dans presque tous les mammifères, qu'un seul os, où dans certains cas quelques traces de séparation sont cependant visibles, ainsi que je l'ai observé dans l'hyoïde d'un levraut; de la même manière qu'un maxillaire inférieur est toujours un os unique dans les mammifères, quoiqu'il soit formé des mêmes élémens que le maxillaire inférieur des crocodiles, par exemple, chez lesquels chaque fragment compte pour un os distinct.

Ce qui n'est qu'indiqué dans presque tous les mammifères, est fortement prononcé dans les solipèdes : là il y a et apoph[illegible] et pièces séparées à l'extrémité. (*Voy. pl.* 4, *fig.* 33.) Cette apophyse et sa queue forment un long manche, qui est opposé aux cornes thyroïdiennes, et qui les surpasse en longueur. J'ai cru devoir insister sur cette circonstance, en ce qu'elle nous fournit une considération qui mène d'abord aux oiseaux, et plus encore aux poissons. Non-seulement les anatomistes vétérinaires n'ont point parlé des pièces *e* et *u*, *fig.* 33, si importantes pour la théorie et l'ordre des rapports, mais ils donnent, sans qu'on sache sur quoi ils se fondent, les branches *kératoïdes* du cheval, ainsi qu'ils les appellent, (c'est-à-dire, les cornes antérieures, dans lesquelles ils comprennent les os styloïdes), comme uniquement composées de 4 os, quand ils en comptent 6 dans celles du boeuf et de tous les ruminans. Il n'y a rien à cet égard de changé dans le cheval : les deux pièces méconnues, *c*, *c*, *fig.* 33, sont à la vérité très-petites ; mais je ne vois pas qu'on les ait même fait figurer comme de simples épiphyses : elles sont réduites à une petitesse d'autant plus remarquable, que la queue de l'hyoïde est plus prolongée et plus grande.

C'est ainsi que les mammifères nous montrent déjà l'hyoïde, comme composé au complet de neuf pièces, sans compter les styloïdes ; ou de onze, en les y comprenant.

J'ai pu attendre, dans le Mémoire précédent, que j'eusse parcouru toutes les classes d'animaux vertébrés, et que j'eusse déterminé dans toutes les os du sternum, pour donner le dernier résultat d'un pareil travail ; c'est-à-dire, imposer des noms à chaque pièce en particulier. Je ne puis agir de même dans cette occasion. Ayant, dans ce Mémoire, à revenir souvent sur chacun des os de l'hyoïde, et devant parler de première ou de seconde pièces de cornes, dont en outre la désignation de qualité, ou de position, devenait nécessaire, j'ai dû, pour éviter de semblables périphrases, m'occuper de suite de remplacer celles-ci par des équivalens. Je les évite, et je donne à ma pensée une expression plus précise, en employant, dès ce moment, la nomenclature que j'aurais fini par proposer. Je préviens que c'est après m'être assuré qu'elle est applicable à tous les cas, et dans tous les vertébrés, que je me suis permis d'en faire usage.

Ainsi l'hyoïde, pourvu de toutes ses pièces, se compose des élémens suivans : d'un *basihyal*, ou du corps de cet appareil; d'un *urohyal*, ou de sa queue; d'un *entohyal*, quand il existe entre ces deux pièces un os intermédiaire; de deux *glossohyaux*, ou les cornes postérieures, autrement les thyroïdiennes; de deux *apohyaux*, les premières pièces des cornes antérieures ou branches styloïdiennes; de deux *cératohyaux*, les secondes pièces de ces branches; et enfin, si l'on y comprend les os styloïdes, de deux *stylhyaux*, en tout onze pièces (1).

(1) Je prie qu'on veuille bien prendre la peine de reconnaître ces pièces, *planches* 3 *et* 4, où j'ai réuni les

§. II.

De l'Hyoïde des Oiseaux.

Recherchons si tous ces élémens, définis avec cette rigueur, font partie de l'hyoïde des oiseaux.

On s'est beaucoup occupé des pièces de cet appareil, comme sujet de description; on en a donné le dénombrement, la forme, les usages et les connexions; et, en traitant de quelques-unes de leurs différences essentielles, on a cru les avoir suffisamment ramenées à leurs analogues dans les mammifères. La vérité est qu'on s'en est occupé d'une manière assez superficielle.

Voici ce qu'on trouve sur ce sujet dans les ouvrages les plus récens.

« La langue des oiseaux est soutenue par deux os distincts (quelquefois par un seul), qui sont le plus souvent attachés à l'appareil hyoïdien. Les os de la langue non compris, l'hyoïde des

---

hyoïdes de plusieurs mammifères, oiseaux et poissons; je me sers du même signe pour toutes les parties correspondantes, et, pour en faciliter le souvenir, des lettres initiales de chaque nom. Ainsi *b* désigne le *basihyal*, *e* l'*enthoyal*, *u* l'*urohyal*, *g* le *glossohyal*, *a* l'*apohyal*, *c* le *cérathoyal* et *st* le *stylhyal*.

oiseaux se trouve composé, d'abord, d'une pièce centrale, suivie d'une seconde, formant toutes deux une corne moyenne ; et, ensuite, de deux cornes latérales. Ces dernières sont, chacune, formées de deux pièces, cylindriques, grêles, amincies, et libres vers le bout. De leur longueur, dépend la sortie plus ou moins grande de la langue hors du bec ; et les pics présentent un exemple mémorable de l'excès où cette longueur peut arriver. »

Ce précis des connaissances actuelles, sur l'hyoïde des oiseaux, nous induirait à croire à des nouveautés en organisation, incompatibles avec nos vues sur l'unité de composition des organes. Une seule paire de cornes qu'on ne sait plus à quoi attribuer chez les mammifères ; une corne unique, sur la ligne médiane, remplaçant en quelque sorte la paire qui manque ; et deux os de la langue sans analogues ailleurs : ce sont là des considérations qui méritent d'être discutées.

Mais pour nous disposer à comprendre comment ces pièces pourraient reproduire le type des mammifères que nous avons décrit plus haut, il faut donner attention aux formes générales des oiseaux, et se pénétrer de l'influence qu'exerce sur leur économie l'excessive longueur de leur cou.

En effet, chaque chose de la région cervicale participe de ces formes générales. Non-seulement tout y devient plus menu et plus grêle; mais en outre tout y est proportionnellement plus allongé : on dirait, à la disposition de ces organes, qu'ils n'ont été que tiraillés de devant en arrière ; de la même manière que cela arrive à plusieurs fils de métaux différens, qui, passés ensemble à la filière, conservent néanmoins les uns à l'égard des autres, dans leur amincissement gradué, les mêmes rapports qu'auparavant.

Nous avons dit, en parlant de l'hyoïde des mammifères, que le principal office des branches antérieures était de procurer à cet appareil osseux un point d'appui sur le crâne, et qu'elles l'y suspendaient en effet, en s'attachant à un os de la tête, en s'articulant avec le styloïde. L'hyoïde des oiseaux est privé de ce soutien par la disparution du styloïde, non que ce soit un os entièrement anéanti ; il n'est que confondu avec le cadre du tympan : devenu par son adjonction au tympanal, comme je l'ai fait voir dans mes Mémoires sur le crâne, l'os carré des oiseaux, il a passé à d'autres usages : il joue un si grand rôle dans le mouvement des mâchoires, et est à cet effet entouré de tant de muscles, qu'il a été contraint de délaisser les cornes antérieures de l'hyoïde, auxquelles nous avons vu qu'il donne attache dans les mammifères. Celles-ci abandonnées, demeurent donc sans articulation à leur extrémité; et, de plus, nous savons qu'elles sont formées dans les mammifères de deux pièces. Voilà deux circonstances qui nous décèlent la nature des longues cornes de l'hyoïde des oiseaux, et qui nous autorisent à les considérer comme les analogues des cornes antérieures des mammifères.

La seconde paire (les cornes postérieures ou thyroïdiennes), est plus importante, et d'une utilité plus immédiate : soudée avec le corps ou le basihyal, elle forme, dans les jeunes sujets, trois pièces, et, dans les mammifères adultes, un seul os en fer-à-cheval, dont le principal objet est d'offrir une base sur laquelle, en avant, repose la langue, et où, en arrière, le larynx se trouve suspendu. Ce fer-à-cheval est alors dans une situation transversale : on aperçoit les puissances qui l'y maintiennent; la langue d'une part, et les cartilages suspenseurs du larynx de l'autre. Toutefois, il est visible que les muscles de la langue en entraîneraient les pointes, si celles-ci n'étaient fermement retenues par un très-fort ligament, qui provient des ailes du thyroïde.

Ce plan est légèrement modifié dans les oiseaux : il n'est plus chez eux de lien pour le thyroïde; et, par conséquent, plus d'obstacle qui contrebalance l'action des muscles de la langue. Les cornes postérieures cessent alors d'être thyroïdiennes, et n'en sauraient ici conserver le nom; leur extrémité, entraînée en avant, s'éloignant autant du larynx.

Mais il y a, de plus, un autre événement qui favorise ce résultat, et qui y contribue d'une manière encore plus efficace; c'est le développement du basihyal, et surtout un aussi grand prolongement de sa partie apophysaire que dans le cheval. Ce sont, dans les oiseaux, deux osselets allongés, grèles, et néanmoins résistant, parce qu'ils sont fortement ossifiés; ils n'interviennent pas dans les oiseaux sous une forme aussi déterminée, qu'ils n'y arrivent avec une fonction équivalente; ils portent tout le larynx, et remplacent, par conséquent, à cet égard, les cornes thyroïdiennes. Alors plus de motifs pour que ces pièces soient dans une situation transversale. Il s'est fait là nécessairement un léger changement : les cornes thyroïdiennes se sont prolongées du côté de la langue; et le basihyal, ainsi que la pièce qui le suit, se sont au contraire abaissées, et sont descendues du côté du larynx.

La langue, à l'un des bouts, a contribué à ce résultat par le tirage de ses muscles; et le larynx, y contribue également à l'autre extrémité, par son poids et celui de tout l'appareil pulmonaire qu'il soutient ; en sorte que l'hyoïde, ce qui était dans les ordonnées des formes générales, se trouve placé dans la même direction que le cou. De cette manière, rien n'a changé dans le rapport de ces pièces, quoique, pour s'arranger sur la longueur de la région cervicale, elles aient éprouvé, à l'égard de leur base, une rotation; laquelle, d'ailleurs, ne s'est pas étendue au-delà d'un quart de conversion.

Cette modification est vraiment peu importante au fond : l'hyoïde des mammifères s'étend sur le devant et les côtés du canal pharyngien, comme ferait un homme assis, qui, avec ses quatre extrémités, embrasserait le tronc d'un arbre par devant et sur les côtés ; et l'hyoïde des oiseaux existe au-devant du pharynx, et serait assez bien représenté par l'attitude contraire, celle où se placerait un homme debout, les bras élevés droit sur sa tête ; et pour suivre jusqu'au bout la même comparaison, le larynx serait porté dans les mammifères par les bras étendus en avant, et, en particulier, par les mains tenant le ligament thyroïdien, quand, au contraire, il le serait dans les oiseaux par ce qui répond, comme situation dans l'homme, au prolongement rachidien.

Si présentement nous faisons la récapitulation de toutes les pièces de l'hyoïde des oiseaux, nous retrouvons en elles, sans la moindre difficulté, les analogues de celles des mammifères. Les os de la langue, qu'on avait cru exclus de l'appareil hyoïdien, et qu'on avait pris pour des pièces d'une nouvelle création, ne sont autres que les cornes postérieures, les deux glossohyaux des mammifères. Quant aux longues cornes, d'une grandeur si remarquable dans le pic (voyez *fig.* 38), nous avons déjà dit qu'elles avaient leurs analogues dans les cornes antérieures ou styloïdiennes; et, comme nous l'avons vu, chacune se compose d'un apohyal, la première pièce, et d'un cératohyal, la seconde. L'os du milieu, où s'attachent ces deux paires de cornes, n'a été méconnu de personne; c'est le basihyal. Enfin, une huitième pièce, la queue du basihyal, existe généralement dans les oiseaux; nous l'avons découverte dans ceux des mammifères qui ont le centre de leur hyoïde remarquable par une forte saillie, et nous lui avons donné le nom d'urohyal : elle manque dans quelques oiseaux, le pélican, le pic, etc.

Ces rapports me paraissent constans; mais c'est où ne menait pas aisément la seule comparaison des mammifères et des oiseaux. Sans l'assistance des poissons, et la direction qu'ils ont imprimée à mes vues, je ne me serais sans doute point avisé le supposer que des os, qui paraissent faire corps avec la langue, pussent provenir d'un emprunt fait à l'hyoïde. Ces os, eux-mêmes, sont susceptibles d'anomalies si singulières que, si on ne les a pas vus hors de la classe des oiseaux, on ne sait à quelle forme générale les attribuer.

En effet, quand les glossohyaux des oiseaux se montrent, au moyen d'une articulation, sans complication, avec l'extrémité antérieure du basihyal, dans une situation à laisser apercevoir que ce sont là de véritables cornes thyroïdiennes, ils sont, comme dans le canard (*pl.* 4, *fig.* 39 *et* 45), soudés l'un à l'autre, et forment un long, profond et vaste cuilleron, qui détourne du premier aperçu : ou bien si, au contraire, ce sont, comme dans le geai (*fig.* 44), deux os distincts, longs et applatis, qui fournissent une tubérosité condyloïde pour leur articulation avec le basihyal, il naît de ce point d'attache une apophyse grêle qui descend et s'écarte de côté, et qui, avec celle de la pareille pièce, jette dans d'autres incertitudes, en présentant là une apparence de cornes. Toutefois, ces formes rentrent les unes dans les autres, car ce n'est pas sans passer par différens degrés que les glossohyaux se réunissent et se confondent en une seule pièce. Ainsi, ils sont séparés dans la cigogne, *voy. pl.* 3, *fig.* 36 ; ils s'approchent, dans le geai, *fig.* 44, jusqu'à se toucher par deux points. Sous une forme toute semblable, les glossohyaux de la chouette, *fig.* 37, se montrent entièrement appuyés l'un sur l'autre; et par les pics, *fig.* 38, chez lesquels ces os sont tout-à-fait réunis et confondus, on arrive à l'unique et large pièce du canard, *fig.* 39 *et* 45.

Ces métamorphoses amènent un résultat assez curieux; les glossohyaux deviennent d'officieux tuteurs pour la langue dans les mammifères et en favorisent l'assiette, quand le contraire a lieu à l'égard de quelques oiseaux. C'est le cartilage de leur langue, qui, comme dans la cicogne, enchâsse ces os devenus forts petits, et les retient près du basihyal.

Je viens de parler du cartilage de la langue: c'est ici le lieu d'insister sur cette particularité de l'organisation des oiseaux. La langue des mammifères est toute charnue; mais leurs glossohyaux n'en ont pas moins leurs pointes prolongées par de forts cartilages, infléchis et employés comme nous l'avons vu, à porter les ailes du thyroïde. Les mêmes cartilages existent dans les oiseaux, et sont également portés par les pointes des mêmes os; mais entraînés dans la révolution des glossohyaux, des ailes du thyroïde (lequel ne tient plus que par son centre, et que par un point à la queue de l'hyoïde, ou à l'urohyal), s ailes du thyroïde, dis-je, ils sont reportés ut en avant; ils constituent la partie la plus térieure de la langue, et, en nous dévoilant ur origine, ils nous mènent sur la voie d'une s plus étranges anomalies. Cette langue des oiaux se borne à être utile dans la déglutition s alimens; mais ce n'est plus un agent de dé-ustation, une des dépendances de l'organe du oût.

Cette digression ne m'a pas, autant qu'on le ourrait croire, écarté de mon sujet: c'est l'hyoïde es poissons que je me propose de connaître. Et, n effet, si l'on se rappelle le succès de mes premières recherches, on sait d'avance qu'il faut que e vienne lire toute l'organisation des poissons ur celle des oiseaux; mais j'aurai eu d'abord à érifier, si celle-ci a été écrite de manière à présenter une expression juste et vraie de ce qui est. C'est ce que je n'ai pas trouvé, et j'ai dû commencer par faire moi-même, à cette glose, toutes es rectifications nécessaires.

Un fait qui résulte de ce qui précède, est la istinction du caractère des diverses pièces de l'hyoïde; elles se divisent en deux sortes, selon qu'elles appartiennent à la couche la plus extérieure des os, ou à la couche des os intérieurs. Les cornes antérieures, soit qu'elles se rendent derrière l'occiput, comme dans les oiseaux, soit qu'elles fassent une chaîne non interrompue avec le styloïde, comme dans les mammifères, remplissent le vide laissé au-dessous du crâne par l'écartement des maxillaires inférieurs ; elles sont, par conséquent, dans une situation qui les met sur la même ligne, et qui oblige de les comprendre dans l'ensemble des os formant l'enveloppe la plus extérieure du crâne.

Il n'en est pas de même des autres parties de l'hyoïde ; elles sont logées plus en-dedans, et présentent véritablement, comme le bec d'un organe tout intérieur, de l'organe pulmonaire : les deux glossohyaux réunis ensemble, le basihyal et l'urohyal, forment une autre chaîne de pièces dont le but évident est de porter le larynx, sorte d'arrière-bouche pour la trachée-artère et l'appareil des poumons ; soit que cette chaîne ait ses branches étendues en fer-à-cheval, et conserve une position transversale ; ou qu'elle les ait réunies dans l'os de la langue, et se compose d'osselets en série longitudinale.

§. III.

De l'Hyoïde des Poissons.

La question ainsi posée, examinons, dans les poissons, la chaîne des os intérieurs, en commençant à les observer dès leur naissance, c'est-à-dire, en partant du cartilage de la langue. On y peut voir d'abord deux os presque toujours soudés l'un avec l'autre; la séparation de ces pièces est visible dans le brochet, où elles montrent deux branches écartées par devant : viennent à la suite trois autres pièces placées bout à bout, atténuées, allongées et amincies de plus en plus jusqu'à la dernière qui finit en pointe. Telle est exactement cette chaîne dans les oiseaux, sauf que, dans les poissons, le corps de l'hyoïde, bien plus prolongé, à cause de plus importantes fonctions qu'il y acquiert, est partagé en deux pièces.

Nous sommes donc dans le cas de donner aux osselets de cette chaîne, les mêmes noms que dans les mammifères et les oiseaux, et d'appliquer au premier le nom de glossohyal, au second celui de basihyal, au troisième celui d'entohyal, et au quatrième le nom d'urohyal. Ce sont toutes pièces semblables; leur rang et leurs connexions n'ont pas varié; elles ne manquent, non plus, à aucune de leurs fonctions. La première pièce de la chaîne, le glossohyal, porte de même le cartilage de la langue, et est proprement l'os lingual, comme on l'avait remarqué : la dernière pièce, l'urohyal porte également, si ce n'est le larynx, du moins des os que, dans le Mémoire suivant, nous ferons voir être les analogues des cartilages laryngiens.

Il n'y a que le basihyal et l'entohyal qui, conservant néanmoins le même genre d'utilité que dans les oiseaux, et continuant à servir d'anneaux intermédiaires aux deux pièces extrêmes, rendent dans les poissons de plus grands services, en devenant des pièces de force, et vraiment une quille, sur laquelle les arcs des branchies trouvent à s'appuyer.

Quels sont ces arcs, d'où ils proviennent, comment ils interviennent ici; ce sont questions que je discuterai dans le Mémoire suivant : mais pour le moment, il me suffit de remarquer que voilà une partie de l'hyoïde plongée au milieu des os intérieurs de la poitrine, placée à leur centre et devenue comme des os sternaux pour des côtes intérieures qui portent des vaisseaux pulmonaires. Si c'est là un second sternum, une seconde muraille en dedans de la première, cet appareil n'est pas du moins formé des mêmes pièces, et ne remplit en aucune manière l'objet du sternum des mammifères, comme l'avaient dit le célèbre Duverney, le docteur Virey, et d'autres anatomistes, à qui une certaine ressemblance dans la forme des parties en avait bien pu imposer.

J'ai eu plus haut occasion de remarquer que l'hyoïde appartient essentiellement à l'organe pulmonaire, et de montrer qu'il en est la partie avancée, l'entrée et comme le bec : nous le voyons dans les poissons plus confondu avec ses parties les plus essentielles, les pénétrant plus profondément et y intervenant pour y jouer un principal rôle.

C'est de même (utiles soutiens des os extérieurs de la poitrine, ou du sternum), c'est de même la destination des autres parties de l'hyoïde dont il nous reste à parler ; les cornes antérieures ou styloïdiennes. Celles-ci ne manquent pas davantage dans les poissons ; elles y sont même portées à ce degré de développement et de fonctions qui fait connaître leur objet le plus essentiel dans l'organisation ; elles forment un noyau sur lequel se dirigent, aboutissent et s'arc-boutent les trois appareils et principaux moyens osseux de la respiration ; savoir : l'épisternal, la chaîne qui accroche l'hyoïde au crâne, et l'autre chaîne composée des hyoïdes intérieurs ou des pièces qui portent les arcs branchiaux.

Ainsi que partout ailleurs, ces cornes sont composées de deux os distincts, d'abord de l'apohyal, celui qui se loge dans la gorge latérale existante au point d'articulation des glossohyaux et du basihyal ; et ensuite du cératohyal, la dernière des deux pièces. Mais ce n'est plus, quant à leur configuration, de longues branches filiformes comme dans les oiseaux : ce sont, au contraire, des os ramassés, épais, et de forme rhomboïdale, qui sont ramenés sur leur centre comme les cornes antérieures de l'homme; non que, comme celles-ci, elles doivent ce résultat à la condition rudimentaire, mais parce que, toutes les parties de l'appareil pectoral étant logées entre les deux maxillaires inférieurs et rapprochées des os de la langue, une plus grande extension, non-seulement cessait d'être utile, mais pouvait compromettre la solidité de ces arcs-boutans.

Malgré la contraction de ces os, on peut reconnaître et suivre leur mode d'union avec les trois appareils dont ils forment le pivôt central.

Leur principale attache est d'abord, et tout naturellement, avec le corps de l'hyoïde: nous avons déjà dit que la pièce intérieure, l'apohyal, prenait naissance à la dépression latérale et entre les deux premiers os de la chaîne intermédiaire. En deçà, se voit le cératohyal qui, au lieu de s'étendre sur le côté comme semble l'indiquer son point de départ, et comme cela est dans les autres classes, rentre en dedans et vient s'appuyer sur son congénère, en se posant en outre sur le basihyal. Ainsi les cornes styloïdiennes forment, à l'égard du corps de l'hyoïde, une couche extérieure, et deviennent une double ceinture osseuse, à l'aide de laquelle toutes ces pièces se prêtent un mutuel et ferme appui.

L'épisternal, qui est terminé en avant par deux

têtes ou tubérosités, tantôt s'appuie directement sur les deux cératohyaux, comme dans le congre et les pleuronectes, et tantôt n'y est que suspendu, fixé par deux forts ligamens, comme dans le brochet et la carpe; et, chose importante à noter ici, c'est toujours au point où, dans l'homme et dans les oiseaux, est l'extrémité libre des cératohyaux. Ces deux tendons, comme provenant d'une pièce impaire et de tubérosités très-voisines, sont en partie ce qui a décidé de la contiguité et de la position extérieure et inférieure de ces deux pièces.

N'oublions pas que la forme alongée du cératohyal est remplacé, dans les poissons, par celle d'un tétragone, et que nous venons de voir que cet os s'articule par son bord antérieur avec l'apohyal, et par le postérieur avec l'épisternal, en même tems qu'il s'appuie en dedans sur son congénère : il reste un bord libre, un côté qui, dans les mammifères et dans les oiseaux, est toujours vacant; le côté latéral externe.

J'examine ce qui y est articulé, et je trouve que c'est la première pièce des annexes sternales, un des os que j'ai décrits dans le précédent mémoire, et auquel j'ai donné le nom d'hyosternal. S'il en est ainsi, voilà donc le cératohyal qui n'est raccourci, renflé et ramené sur lui-même, que pour développer un front suffisant sur ses flancs, et acquérir là une base propre à un nouvel usage imposé à cette pièce.

Ainsi, jusque là, os alongé, ce n'était qu'une pièce susceptible seulement d'articulation à ses deux extrémités; os tétragonal dans les poissons, elle fait face par ses quatre côtés; et (ce qui ne l'oblige pas à renoncer à ses usages et connexions habituels), elle prête, à une pièce qui survient dans son voisinage, le secours d'une facette qui, dans l'arrangement des autres vertébrés, était restée sans emploi.

Ou plutôt, si l'on suit une marche plus conforme à la nature, et si, renonçant à la mauvaise habitude de toujours descendre des considérations et des vues acquises sur l'homme pour opposer les imaginaires perfections de sa conformation aux modifications que présentent les autres objets de la création, on observe les poissons en eux-mêmes et pour eux-mêmes, pour promener de là ses regards sur le vaste champ de l'organisation, alors, et seulement alors, on connaît et on apprécie à sa véritable valeur cette pièce, telle que notre description vient de la signaler : alors on demeure persuadé qu'elle est réellement icthyologique, c'est-à-dire, qu'elle est portée dans les poissons à toute l'étendue en grandeur et en fonction dont elle est susceptible. Sans sa puissante intervention, il n'y a aucun moyen de soutenir et de rattacher entr'elles les trois lignes sternales, formant dans les oiseaux autant d'apophyses qui s'élancent en avant du bras; de reformer un sternum, rendu imparfait par l'absence de l'entosternal et des deux xiphisternaux; et de reproduire, dans des conditions nouvelles, et avec des pièces mobiles, une sorte de plastron nécessaire à un organe aussi précieux que l'est celui de la respiration.

Le cératohyal offre quelques particularités curieuses de poisson à poisson : s'il est toujours, sous le rapport de ses connexions, en série de la manière que nous l'avons dit ci-dessus, cela n'a pas lieu aussi constamment quant à sa situation. Le plus ordinairement, il est devant et un peu en arrière, et il forme dans ce cas, réuni à son congénère, un demi-anneau qui pose sur le basihyal. Mais d'autrefois, comme dans le mérou, *holocentrus gigas* (*voyez pl.* 3, *fig.* 25), il oscille sur l'apohyal et se porte au-devant de cette pièce : il demeure alors serré le long du glossohyal, d'où il résulte que les deux paires de cornes sont, dans cet exemple, toutes deux dirigées en avant : leur rapprochement mutuel maintient en ce lieu la fixité nécessaire à ces parties. Par suite, les hyosternaux et l'épisternal sont, à leur tour, portés plus en avant qu'habituellement, dans l'obligation où ils sont de suivre les cératohyaux dans leurs diverses métastases, et d'aller chercher leurs cavités articulaires partout où elles se trouvent.

Mais ce serait inutilement qu'une prévoyance admirable aurait ménagé en avant un moyen de soutènement aux annexes sternales, si, privées, sans qu'il en restât le moindre vestige, de ce large plastron des oiseaux, de l'os impair (l'entosternal), qui chez eux porte ces annexes avec tant de facilité, elles ne retrouvaient, en arrière à l'autre extrémité, des os non moins officieux que les cératohyaux. Il y a là un pendant de ces derniers, des pièces tout autant nécessaires, et qui, en effet, se placent au rang de ces matériaux de l'organisation à raison d'une toute semblable influence; ce sont les os styloïdes, les stylhyaux.

En effet, les styloïdes font partie de l'aile temporale, lui étant quelquefois adossés en dedans, ou bien la perçant pour en montrer une portion extérieurement entre ses quatre principales parties (le jugal, le temporal, la caisse, et le tympanal). Ils forment des os épais, un peu alongés, qui accrochent d'autant plus solidement les annexes sternales à la tête, et par contre-coup toutes les autres parties de l'appareil sternal, qu'ils sont plus artistement engagés entre toutes les pièces de l'aile temporale.

§ IV.

Comparaison des Hyoïdes précédemment décrits.

Nous sommes descendus des mammifères, et, passant par les oiseaux, nous sommes enfin arrivés à la considération des cornes styloïdiennes dans les poissons : rebroussons chemin présentement, et, repassant par les mêmes voies, réexaminons de nouveau quelles sont les fonctions de ces cornes dans les animaux à sang chaud.

A l'appareil si ramassé, si compliqué et si pesant, dont se compose l'organe respiratoire des poissons, correspondent dans les oiseaux des parties linéaires, d'une composition plus simple et d'une légèreté toute aérienne. La langue, réduite chez eux à un cartilage assez mince, ne réclamait plus d'une manière nécessaire l'appui d'une base osseuse, et le larynx non moins léger, facilement entraîné par les plus faibles efforts musculaires, était dans le même cas, en sorte que l'appareil hyoïdien aurait pu, sans le moindre inconvénient, être retranché de la machine ornithologique. Il y existe, au contraire, en sa totalité; mais il y existe sans une utilité immédiate pour l'entretien de la vie; il y existe, parce que les hyoïdes, matériaux de premier rang et d'absolue nécessité dans l'organisation des poissons, tendent naturellement à reparaître, et sont nécessairement reproduits dans tous les êtres embrassés sous les mêmes considérations, renfermés également dans de certaines limites, et conformés sur le même type.

Dès-lors que les hyoïdes n'interviennent, dans les oiseaux, que comme pièces rappelées, et que comme offrant les linéamens d'une organisation portée ailleurs à son maximum de développement, ils sont, quelqu'en soit le volume, frappés du caractère d'une moindre utilité, et tombent dans ce que je nomme les conditions rudimentaires. Les hyoïdes des oiseaux ne servent plus en effet suivant une donnée constante et émanée de leur essence : ce ne sont plus que des esclaves soumis aux modifications qui surviennent dans leur voisinage : tout prêts à passer à un service étranger, ils se laissent comprendre dans de nouvelles associations, quelquefois jusqu'à abandonner le tronc commun et originaire.

J'ai, dans ce qui précède, fait connaître les principales considérations qui se rapportent au mode de l'hyoïde dans les oiseaux : j'aurais pu étendre ce cadre et indiquer bien d'autres variations. Mais ces détails, du domaine de l'Anatomie zoologique, eussent été déplacés dans ce traité d'Anatomie générale.

Pour s'assurer que les cornes styloïdiennes sont des os rudimentaires, il ne faut que s'en rapporter à leur aspect. Os grèles, flexibles et filiformes, ils ont encore quelque longueur, et, pour embarasser moins les parties voisines, ils sont retroussés derrière l'occiput; mais retroussés seulement, et non articulés. Des quatre faces toutes susceptibles d'articulation que le cératohyal nous présente dans les poissons, une seule conserve dans les oiseaux cet usage, la facette qui lie cet os à la chaîne hyoïdienne. Le dénûment des autres est un résultat forcé, dès que le sternum, qui est dans le vrai et leur objet essentiel et la pièce à atteindre, se trouve chez les oiseaux à une si énorme distance des parties avancées de l'appareil pulmonaire, ou, pour le dire en d'autres termes, à une si grande distance du larynx et de l'appareil osseux qui le couronne. Ainsi plus de fonctions générales pour le cératohyal dans les oiseaux, et dès-lors obligation pour lui d'être assujetti à la condition rudimentaire.

Nonobstant toutes ces différences, on est cependant forcé de reconnaître que l'hyoïde des oiseaux est construit sur le même patron que celui des poissons : c'est le même fond dans tous ces ovipares. L'hyoïde varie en effet bien moins lui-même que les matériaux qui sont dans son voisinage, qui tantôt l'incorporent au milieu d'eux, et tantôt vont ailleurs s'assurer d'un autre appui.

L'hyoïde des mammifères diffère assez de celui des autres vertébrés, pour qu'on puisse y reconnaître un caractère classique. La langue toute charnue chez les mammifères, et par conséquent d'un poids plus considérable, ne pouvait s'accommoder d'un simple osselet en flèche qui dans les oiseaux est à peine fixé sur son tronc. Ses os, les glossohyaux (cornes postérieures ou thyroïdiennes), sont toujours deux pièces écartées, parallèles et d'une dimension qui varie peu : ils fournissent un appui d'autant plus solide à la langue qu'ils sont secondés dans ce résultat par l'intervention d'une forte pièce, le corps lui-même ou le basihyal. Ces trois os composent ensemble une pièce très-solide, ayant la forme d'un fer-à-cheval, et qui est toujours posée transversalement, de manière à soutenir la langue d'un côté et à porter le larynx de l'autre.

Il s'est fait là une sorte d'emprunt et un abandon en contr'échange. En effet, nous devons nous rappeler que, par suite de la position longitudinale de la chaîne intérieure des os de l'hyoïde, la langue des oiseaux est uniquement soutenue par les glossohyaux, et leur larynx seument par la queue du basihyal ; la situation de s pièces ayant changé dans les mammifères, et e longitudinale étant devenue transversale, chaque partie fait profiter à son appareil le secours e l'autre, et *vice versà*. Ainsi la langue partage vec le larynx l'assistance et l'appui que lui fournissent les glossohyaux, et le larynx, en retour, acrifie à la langue une partie des profits qu'il etire du basihyal.

Les mammifères entr'eux diffèrent par la lonueur de la tête : plus leur museau est prolongé, lus grande est la cavité buccale, et plus aussi a langue, qui en remplit tout l'espace : celle-ci evient alors volumineuse et pesante, au point ue son action sur l'hyoïde en pourrait compromettre l'existence : mais ce cas se trouve prévu.

Le moyen d'y réussir ? Il sera le même que ans une autre classe, s'il y en a d'usuels. Or ous avons vu dans les poissons que pour accrocher l'hyoïde et les annexes sternales à la tête, le râne, du milieu de l'aile temporale, produisait un os pédiculaire, dont l'analogue dans l'ostéoogie humaine a pris le nom d'apophyse styloïde. Cet os existe dans tous les mammifères, mais n'y xiste plus avec le caractère d'une apophyse; il rend rang et se montre une pièce *sui generis*, un os qui croît, comme croissent les maxillaires inférieurs, et qui a d'abord pour premier usage de clore, en dedans des branches maxillaires, la cavité buccale.

Sans les annexes sternales, qui en ont rendu la création nécessaire dans les poissons, ce n'est plus qu'un pédicule sans objet. Pièce vacante, cet os a pu fournir dans les combinaisons ornithologiques un des élémens de l'os carré : associé là avec le cadre du tympan, ce n'est plus ni l'une ni l'autre de ces pièces, c'est un produit tout nouveau, un os dont on n'a pas assez apprécié toute l'influence et tout le merveilleux, un tiers résultat enfin; de la même manière qu'un acide uni à une base terreuse donne un produit tout différent de ses composans.

L'os carré n'est point une pièce de l'organisation des mammifères; chacun de ses constituans s'y trouve, mais dans le même état de séparation que dans les poissons : tous deux sont voisins, mais chacun reste dans sa fonction primitive. Le styloïde des poissons n'a d'engagé qu'une de ses extrémités, dans l'aile temporale; il en est de même chez les mammifères.

Cet os pédiculaire du crâne est sans articulation à son autre extrémité; mais qui n'aperçoit déjà que si la langue devient trop pesante pour un basihyal faiblement suspendu, ce sera cet os qui demeurera chargé de continuer la chaîne hyoïdienne ? Pour cet effet, il grandira en lon-

eur à partir du crâne, quand les cornes anté-
ures croîtront également pour aller à sa ren-
ntre. Ainsi le styloïde remplit dans les mammi-
res les mêmes fonctions que dans les poissons;
y sert de la même manière à rattacher l'hyoïde
crâne; il est enfin l'anneau qui l'y accroche.
Mais y a-t-il parmi les mammifères des espèces
nt la langue soit peu développée et pour les-
elles il soit indifférent que l'hyoïde reste en-
gé dans les chairs, cet effort de la nature ne
r sera pas prodigué? Chaque chose semble
tourner à sa souche primitive, le styloïde
crâne et les cornes antérieures au corps de
hyoïde: ou plutôt ces parties osseuses ne sont
ns ces mammifères que des points rudi-
ntaires.

l'hyoïde dans l'homme: cet aperçu en
l'histoire; voilà l'explication de cette
petitesse des cornes styloïdiennes deve-
l'homme la plus courte des deux pai-
comment enfin ces osselets y sont sans
appréciables.

§ V.

De l'Hyoïde humain.

bornons pas à ces seules réflexions;
pénétrons plus avant qu'on ne l'a fait dans

cette organisation, et cherchons à nous rendre compte de ce qui a pu occasionner l'espèce d'anomalie qui devient finalement le caractère distinctif de l'hyoïde humain. Car, je dois le dire, il paraîtra peut-être bizarre, que, partis de ce fait isolé, pour nous élever aux hautes considérations que nous présente l'hyoïde ainsi embrassé dans toute sa généralité, nous en venions à reconnaître que notre point de départ est une exception à la règle.

Ce résultat ne peut toutefois surprendre que les personnes initiées aux seules études de l'anatomie humaine et accoutumées à faire, de leurs connaissances acquises dans cette direction, la base de leurs théories comme médecins. Car pour le naturaliste, qui aperçoit et embrasse sous le même point de vue l'ensemble des organisations si voisines des mammifères, l'homme n'est qu'une des espèces de ce grand troupeau. Le naturaliste en effet examine ce qui est commun au plus grand nombre des êtres de la même classe et s'explique cette uniformité comme étant la donnée principale et le but nécessaire de la nature, de même qu'il signale tout ce qui s'en écarte sous le nom d'aberrations.

C'est ainsi que pour lui, comme nous l'avons déjà établi plus haut, le type d'un hyoïde classique pour les mammifères consiste totalement dans l'existence d'une chaîne étendue d'un temporal à l'autre ; tel qu'est l'hyoïde dans les carnassiers, les ruminans et les pachydermes ; tel qu'il est enfin dans la plupart des animaux à mamelles.

La tête sphéroïdale de l'homme, sa largeur occipitale, la briéveté des maxillaires, mais principalement la station verticale du corps ont changé tous ces rapports et amené chez l'homme une dislocation de la chaîne hyoïdienne. La chaîne s'arrête de l'un et de l'autre côté où finissent les petites cornes, c'est-à-dire, à l'apohyal, pièce qui, nonobstant sa condition rudimentaire et son extrême petitesse, montre les mêmes facettes articulaires et est susceptible des mêmes évolutions que l'apohyal du bœuf, par exemple, où la dimension de cet osselet rend de tels effets nécessaires.

Cet anneau appelait son suivant, c'est-à-dire, celle des pièces de l'hyoïde que j'ai désignée sous le nom de *cératohyal* : mais elle manque, ou du moins ne se manifeste pas à la première vue. Elle manque...? Oh! ce n'est pas ce qu'indique la théorie des analogues. Le cératohyal est chez tous les autres mammifères. Eh! bien, il existe aussi dans l'homme. Cette opinion que j'en prends ne repose pas uniquement sur un simple pressentiment; mais c'est déjà pour moi une chose aperçue, c'est un fait qui m'est réellement signalé par l'analogie.

Cette indication donnée, on est même dirigé dans la seule route praticable, puisque l'attention est toute portée sur un point rigoureusement assigné, sur la ligne étendue du corps de l'hyoïde à l'apophyse vaginale.

Je ne pouvais négliger ce conseil de l'analogie; et je me rendis, avec un dessein tout formé et la plus grande confiance dans ce pressentiment, à l'Amphithéâtre de M. le Docteur Serres, lequel veut bien m'aider de ses lumières et me fournir toutes les préparations qui me sont nécessaires. Cette fois, ce savant anatomiste eut la complaisance de diriger lui-même les opérations qui avaient pour but la recherche dont j'étais occupé.

Sabatier, en décrivant les petites cornes de l'hyoïde, dans de jeunes sujets, les avait dites *formées de plusieurs grains semblables disposés à-peu-près comme ceux d'un chapelet* (1) : nous ne trouvâmes point de ce côté cette pluralité de pièces annoncées. Nous revînmes sur nos pas et suivîmes dans la direction qui nous était tracée par l'analogie jusqu'à ce que nous eussions rencontré l'autre bout rompu de la chaîne, connue sous le nom d'apophyse styloïde.

L'anatomie comparée avait déjà mis hors de doute que ce qui n'avait d'abord été considéré en

(1) Traité complet d'Anatomie, *tome* 1, *page* 88.

ce lieu que comme un prolongement apophysaire, formait dans les autres mammifères un os bien distinct, tant par son isolement du crâne, que par ses relations plus intimes avec les hyoïdes.

L'os styloïde étant le dernier osselet de la chaîne hyoïdienne, nous commencions à désespérer de trouver l'anneau intermédiaire, le *cératohyal*, quand enfin je m'aperçus que le styloïde est lui-même un os composé dans l'homme, et que dans cette partie, jugée jusque-là si indifférente qu'on ne l'avait considérée que comme un fragment du crâne, se trouvent réellement les élémens de deux os distincts, le *styloïde* proprement dit, et la pièce cherchée, *le cératohyal.*

Le premier objet qui me mit sur la voie fut l'hyoïde d'un homme de 54 ans, qui ne tenait au crâne que par un très-court ligament. Il satisfit pleinement à ma recherche, me montrant évidemment le stylhyal dans la première moitié de l'apophyse styloïde; et le cératohyal dans la seconde. J'en ai donné la figure, *pl.* 4, *n°.* 42.

Nous apprîmes plus tard que Monro (1) avait

(1) « L'apophyse styloïde n'est pas ordinairement tout-« à-fait ossifiée, même dans les adultes; mais elle est li-« gamenteuse à sa racine. Quelquefois aussi elle est com-« posée de 2 à 3 pièces. » Monro, *traduction par M. Süe*, page 60.

connu cette subdivision de l'apophyse styloïde, et qu'il la portait même à trois pièces. J'ai cherché un exemple qui s'appliquât à cette observation, et je l'ai trouvé sur le crâne d'un Guanche nouvellement apporté de l'île de Téneriffe, par M. Delalande fils. On y aperçoit trois pièces bien distinctes, la dernière étant plus courte que les deux autres : j'ai désiré fixer cet exemple et je l'ai employé dans mes planches, sous le n°. 40.

Cependant c'était une circonstance où ne menaient pas les données de l'analogie, et je ne pouvais m'arrêter à l'idée de rejeter ce qu'elle offre de défavorable à la doctrine des analogues, sur l'influence et l'action si souvent perturbatrices de la domesticité dans l'organisation. Nous poursuivîmes nos recherches, M. Serres et moi : elles nous donnèrent la préparation qui est représentée sous le n°. 32.

Dans cette nouvelle modification observée sur le crâne d'une femme fort âgée, le styloïde proprement dit, ou le styllfyal, est un os fort, robuste, et long de 12 millimètres : le cératohyal, qui termine la longue apophyse styloïde composée de la réunion de ces deux pièces, formait un os plus court, plus mince, arrondi, lisse et d'une consistance si frêle, qu'il est vraisemblable que son entière ossification était récente. Un ligament de sept millimètres de longueur séparait ces deux pièces. J'ai examiné avec la plus grande attention la structure de ce ligament, et je l'ai vu parsemé de granulations osseuses en plus grande quantité du côté du cératohyal. Il n'y a pas de doute que, si l'ossification eût fait plus de progrès, tout ce cartilage intermédiaire, déjà à-demi transformé, n'eût fini par être entièrement durci et n'eût ainsi donné lieu à la formation d'une troisième pièce, semblable à l'osselet du milieu, que j'ai, *fig.* 40, indiqué par la lettre *o*: cette troisième pièce, aperçue par Monro, et que j'ai revue dans le sujet provenant des Catacombes de Ténériffe, n'est donc qu'un produit de l'âge, dont on ne saurait arguer, pour l'opposer aux généralités où je me crois parvenu.

Dans le désir d'arriver à une explication plus précise et plus satisfaisante, j'ai donné une nouvelle attention au long styloïde du crâne de Ténériffe; ce n'est pas trois pièces, mais deux seulement qu'indique la théorie des analogues.

Servi par ce pressentiment, je me suis aperçu que la pièce intermédiaire *o* n'est décidément qu'un ligament durci, ayant la consistance, mais non l'organisation des os. Les pièces des deux bouts sont opaques, et celle-là est demi-transparente; c'est un tout autre tissu; ce qui porterait à croire que l'endurcissement des ligamens et des cartilages dans la vieillesse, attribué jusqu'ici aux progrès de l'ossification, pourrait bien tenir à un travail différent de celui par lequel l'os s'organise et croît dans la jeunesse.

Quoi qu'il en soit, cette observation me donne la clef de toutes les variations de l'apophyse styloïde, qu'on a assez légèrement considérées comme tenant à de simples accidens fortuits.

Tantôt un crâne est retiré de la macération sans apophyse styloïde; c'est quand celle-ci s'unit à l'apophyse vaginale par un ligament, comme dans l'exemple n°. 42; tantôt l'apophyse styloïde ne forme qu'un os de moyenne taille, comme dans l'exemple n°. 32, et il n'y a dans ce cas de négligé et de perdu dans les chairs que le cératohyal : et tantôt enfin l'apophyse styloïde étonne par une longueur excessive, comme dans l'exemple n°. 40, ce qui a lieu par la transformation du ligament stylo-cératoïdien en un corps dense et compacte, et par le moyen de la pièce intermédiaire *o*, en raison de la réunion et de la soudure des trois parties, dont l'apophyse styloïde se trouve composée.

Présentement, il y aurait à remarquer que ces choses ne sont pas l'effet d'un pur hasard, et, si l'on est autorisé à comprendre l'apophyse styloïde parmi les dépendances de l'hyoïde, il conviendrait de rechercher, si toutes les variétés observées jusqu'ici ne seraient pas relatives à l'influence des différens états de la société et à l'emploi que chacun fait, selon sa situation dans le monde, de son organe vocal. Je me borne à donner cette indication, ma position ne me permettant pas d'en suivre l'application.

Bien que l'on retrouve dans l'homme tous les os dont se compose l'appareil de l'hyoïde dans les mammifères, les cornes styloïdiennes y sont toutefois rendues nulles, en tant qu'elles ne forment pas une chaîne continue d'un temporal à l'autre (1). Elles n'y existent véritablement que

(1) *Observation servant de complément à ce qui précède.*

M. le docteur Serres, que sa position comme professeur d'anatomie humaine et comme chef des travaux anatomiques des hôpitaux, met à même de vérifier, dans les dissections nombreuses qu'il fait et qu'il dirige, les propositions générales que j'expose, et qui veut bien, par son empressement à seconder mes efforts, me témoigner l'estime qu'il accorde à mes nouvelles vues, m'avait, dans le temps, en prenant connaissance de mes mémoires sur le sternum, m'avait, dis-je, paru frappé d'une proposition qui y est énoncée ; j'y donne, page 130, comme un fait général, à l'occasion des deux sortes de sternum humain, qu'il n'arrive jamais à une combinaison organique, d'abandonner dans quelques individus son état habituel à l'égard d'une espèce, que cette modification ne retombe dans une combinaison consacrée et ne reproduise les formes d'un autre sous-type.

Quand je m'occupai, avec M. le docteur Serres, à repour l'anatomie philosophique ; que pour rappeler par quelques vestiges ce qui est si pro-

---

trouver, dans l'espèce humaine, les pièces qui, dans tous les autres mammifères, composent *invariablement* la chaîne hyoïdienne étendue d'un temporal à l'autre, nous fûmes persuadés que nous ne devions pas, quelqu'infructueuses que furent nos premières recherches, nous en tenir aux observations faites jusqu'à ce jour. Monro nous avait appris que l'apophyse styloïde est dans des conditions assez variables, et l'analogie nous préparait à croire que si l'ossification de l'appareil hyoïdien devait, dans quelques individus, acquérir plus d'extension que dans les cas ordinaires, nous verrions se renouer les bouts de la chaîne, et celle-ci se rétablir sans interruption d'un temporal à l'autre.

Comme nous nous arrêtions sur cette idée, M. Serres crut se rappeler d'avoir vu autrefois un appareil à peu près dans ce cas, et ses notes qu'il consulta le lui confirmèrent. M. Serres, tout-à-fait remis sur la voie, me revit quelques jours plus tard, pour m'assurer qu'il ne tarderait pas à rencontrer et à me fournir *un exemple, dont je pourrais m'appuyer pour donner une nouvelle démonstration de ma doctrine.*

Je n'ai pas attendu long-temps l'effet de cette promesse; mon savant confrère vient de m'adresser la préparation que je vais décrire, et dont je suis encore à temps de placer la figure dans ma planche des hyoïdes. (*Voyez pl. 4, fig. 87.*)

L'hyoïde humain, qui est l'objet de cette préparation, n'eût été considéré dans l'ancienne manière d'apprécier noncé et si nécessaire ailleurs; et que pour satisfaire en quelque sorte à ce besoin de la nature

---

les cas rares de l'organisation de l'homme, que comme une monstruosité, ou l'on se serait borné à décrire une alliance bizarre des petites cornes avec le crâne par l'intermédiaire de l'apophyse styloïde et à constater cette autre singularité des petites cornes, devenues démesurément les plus grandes.

Ce cas extraordinaire est au contraire accueilli par le naturaliste porté par la recherche des analogues aux études philosophiques, comme une anomalie qui cesse d'avoir lieu, et, de plus, comme un renseignement établissant par un nouveau fait qu'une exception à la règle, quand cet état habituel ne se soutient plus dans la même espèce, ne perd ce caractère d'exception que pour rentrer dans les conditions auxquelles tous les parens de cette espèce se trouvent assujettis.

En effet, la pièce ostéologique employée dans mes planches, sous le n°. 87, au lieu de montrer les cornes styloïdiennes dans l'état restreint et rudimentaire où elles sont amenées chez l'homme par l'effet de sa station verticale, les présente, du moins d'un côté, reconstituant cette chaîne hyoïdienne que nous avons vu s'étendre dans tous les mammifères d'un temporal à l'autre : cette chaîne est reproduite avec tous ses caractères, comme dans les onguiculés, je puis ajouter, avec ceux même que fournissent les proportions respectives de ses matériaux. Il est aisé de s'en convaincre, en comparant cet exemple avec les parties analogues de l'appareil hyoïdien dans le chat. (*Voy. fig.* 35).

Le *styloïde* du sujet que nous examinons forme un os

de tout dériver d'un seul et même type. Mais l'état appauvri et rudimentaire de ces cornes

---

long, épais et gros, au point que je ne sache pas qu'on en ait vu de plus fort : sa surface raboteuse et une apparence de torsion le présentent aussi sous un aspect assez singulier. Les deux autres pièces de la chaîne, le *cératohyal* et l'*apohyal*, sont deux os longs, plus menus, droits, lisses et renflés aux deux bouts. L'apohyal, qui d'ordinaire constitue à lui seul la corne antérieure et la plus petite des deux (ce qui alors le réduit à la petitesse et à la configuration d'un os sésamoïde), est dans ce cas-ci plus long d'un quart que le cératohyal. Ces osselets paraissaient fraîchement soudés l'un à l'autre, et il en était de même du styloïde à l'égard de l'apophyse vaginale, bien que l'individu de chez qui on avait extrait cet hyoïde comptât à sa mort 56 ans. Pour le surplus, la chaîne se continuait au moyen d'attaches ligamenteuses, très-souples, et répandues du styloïde sur le cératohyal, et de l'apohyal sur le corps de l'hyoïde.

Les glossohyaux ou les cornes thyroïdiennes étaient devenus minces et étaient rendus très-tranchans par un bord aigu, surtout du côté gauche. Un autre caractère les montre, sous un autre point de vue, également dignes d'intérêt, c'est leur écartement plus évasé, écartement qui répond à celui d'un angle de 45°., quand ces branches sont ordinairement à peu près parallèles.

Le corps hyoïdien, ou le basihyal, avait enfin une étendue très-remarquable. En effet, la fossette, qui est produite par un repli de la lame centrale, rappelait, à beaucoup d'égard, la forme de cette partie dans les singes amén'en est pas moins évident : et s'il s'en fait une dislocation (une partie étant retirée vers le

---

ricains ; c'est-à-dire, cette concavité, dont les dimensions, quand elles deviennent de plus en plus exagérées, conduisent enfin à la poche si ample et si profondément caverneuse des singes hurleurs.

Averti par l'histoire de l'organisation que des os n'acquièrent jamais un développement extraordinaire, qu'il ne soit occasionné par un violent exercice des muscles qui y ont leur attache, je me persuadai que les dimensions de l'hyoïde que j'avais sous les yeux pouvaient tenir à la profession de l'individu qui avait fourni cette préparation. Je fis prier M. Serres de consulter les registres des hôpitaux et de vouloir bien vérifier si, comme je le supposais, l'hyoïde qu'il m'avait envoyé ne provenait pas d'un crieur public ; je transcris ici sa réponse.

« L'homme dont je vous ai fait remettre l'apophyse « styloïde était un marchand d'habits et de vieux galons, « ayant succombé à une phthisie laryngée, maladie très-« commune à cette classe de marchands. »

Cette réponse m'apprit que je ne m'étais point abusé dans mon pressentiment.

La chaîne styloïdienne ne se trouvait reconstituée, dans le sujet qui nous occupe, que du côté droit : il n'en existait de l'autre côté que les élémens, comme on les observe habituellement, c'est-à-dire, distribués, partie au crâne et partie à l'hyoïde. L'apohyal, quoique double de ce qu'il est dans l'état ordinaire, n'avait cependant que le tiers de la longueur de son congénère, et l'apophyse styloïde était une des plus longues que j'aie encore vues.

crâne et une autre concentrée sur le corps de l'hyoïde), cela ne suit pas même une combinaison

---

Elle était formée de trois parties, le styloïde soudé au crâne, le cératohyal qui en formait la pointe, et une pièce moyenne, qui n'est autre que le ligament durci, plutôt qu'ossifié : j'ai précédemment expliqué comment cela arrive. Je n'ai pas cru devoir figurer cette portion de l'appareil hyoïdien dans le sujet de ma dernière observation; il y aurait eu double emploi, le n°. 40, dessiné d'après la tête apportée de Ténériffe, en étant une copie assez exacte.

Au surplus, l'événement que cette note fait connaître aurait dû bien avant ce jour être l'objet d'une prévision et le sujet d'une recherche; car il était facile de le conclure, tant de la disposition des granulations osseuses dont Bichat a vu fréquemment parsemé le ligament stylo-hyoïdien, que de la conformation uniforme des hyoïdes chez les mammifères.

Comme ces accidens reviennent sans cesse, et qu'avant que des habitudes eussent été prises et qu'elles eussent été consacrées par la nomenclature, on s'était beaucoup occupé à observer et à décrire, il se pouvait que ces considérations eussent été en partie publiées : ainsi sur la voie, je suis parvenu à savoir qu'Eustache a figuré dans sa 47e et dernière planche, nos. 14 et 15, deux exemples d'hyoïdes, dont les cornes antérieures sont du double plus longues que les postérieures : mais on n'en était pas moins resté attaché aux anciennes dénominations; une partie de la chaîne hyoïdienne était définitivement prise pour les petites cornes, et l'autre considérée comme un prolongement du crane.

Mais je me persuade aujourd'hui que la manière dont je

usitée pour beaucoup d'ovipares : l'exception est toute et uniquement pour l'homme.

Au surplus, c'est le contraire de ce résultat qui nous eût paru extraordinaire, parce qu'il n'arrive jamais à une anomalie de se montrer qu'elle ne le fasse *encore* avec un caractère clas-

---

viens d'embrasser la question et dont je l'ai liée à des considérations applicables à tous les animaux vertébrés, en présentera dorénavant une idée plus juste que celles qu'on en a données jusqu'à ce jour dans les cours d'anatomie humaine.

Je crois utile de faire connaître et je rapporte ci-après les dimensions des deux hyoïdes humains qui sont figurés dans mes planches.

Dimensions exprimées en millimètres des pièces des deux hyoïdes humains, sous la désignation ci-après, planche 4, n°. . . .	41	87
Longueur du glossohyal droit.	26	32
——— ——— gauche.	27	27
——— de la corne styloïdienne droite. .	50	78
——— de l'apohyal droit.	3	21
——— du cératohyal, *id.*	18	17
——— du stylhyal, *id.*	22	35
——— du ligament stylo-cératoïdien, *id.*	5	5
——— de l'apohyal gauche.	3	7
——— du cératohyal, *id.*	7	6
——— du ligament stylo-cérat., durci, *id.*	16	20
——— du stylhyal, *id.*	16	15
——— du basihyal.	20	24
——— de la queue du basihyal.	3	1
Largeur du basihyal.	9	12
Écartement des pointes des glossohyaux. . .	35	50

sique. Ainsi les chauve-souris, qui viennent partager avec les oiseaux l'empire des régions éthérées, et les cétacés cohabitans des poissons dans le vaste Océan, ne deviennent susceptibles de ces allures si différentes des habitudes de locomotion des quadrupèdes leurs congénères, qu'au moyen d'une modification vraiment très-singulière de leurs extrémités antérieures. Mais quoiqu'à cet égard le type primitif et classique tombe dans le plus violent écart, cela ne va pas jusqu'à rendre l'origine *classique* de ces animaux méconnaissable : leur bras devient une aile ou une nageoire, sans reproduire les arrangemens et la combinaison qui font les caractères distinctifs de l'aile de l'oiseau et de la nageoire du poisson.

§ VI.

De quelques Hyoïdes en particulier.

Nous venons de pressentir que les diverses situations des hommes dans les combinaisons sociales pouvaient avoir assez d'influence sur leur hyoïde, pour en modifier les parties constituantes et pour présenter ces matériaux sous l'apparence de variations inexplicables (1). Nous pou-

(1) Ce sont là des cas pathologiques, soutient et m'objecte M. de Blainville; et il est si commun d'en observer !...— Envisager de la sorte l'observation que j'ai donnée au sujet de

vons presque arriver à la démonstration de cette proposition, en suivant les métamorphoses de cet

---

l'hyoïde humain figuré n° 87, c'est vouloir la reléguer derrière un titre de chapitre. Mais cependant n'aurai-je pas été compris? Essayons de mieux rendre notre pensée.

Pour que l'espèce humaine ne fût pas à l'égard de l'hyoïde, dans un cas différent de l'état normal des mammifères, il fallait que les cornes styloïdiennes fussent composées de trois pièces; je les montre dans tous les individus. Mais la station verticale de l'homme ayant eu pour effet d'avoir descendu, et par conséquent d'avoir écarté davantage du crâne le centre de l'appareil hyoïdien, il en est résulté une distance proportionnellement plus grande de ce point à l'os temporal: comme la matière osseuse à déposer en ce lieu ne sort pas d'un fond inépuisable, ces os ne se trouvent plus nourris et prolongés, au point de former une chaîne non interrompue. Le ligament stylo-hyoïdien y pourvoit et remplace cette chaîne, toutefois avec l'assistance des trois noyaux osseux, que nous nous sommes attachés à distinguer, lesquels se répartissent habituellement; le stylhyal, à un bout en s'articulant par diarthrose ou par synarthrose avec le crâne; l'apohyal, à l'autre bout, en devenant ce qu'on est dans l'usage de désigner sous le nom de petite corne; et le cératohyal au centre, qu'on y aurait, théoriquement parlant, toujours méconnu : celui-ci, ou reste flottant sur la longueur du ligament stylo-hyoïdien, ou, s'il y cherche un plus solide appui, le trouve en se confondant avec le stylhyal.

Dans des cas extraordinaires, comme dans l'exemple n°. 87, la nature, en y appliquant le maximum de ses ressources, et probablement en amaigrissant comme par une sorte d'emprunt quelques os du voisinage, n'a fait qu'opérer appareil dans les animaux d'une même classe, en les rapportant à des causes appréciables, et surtout en voyant comment elles sont exposées à de moindres variations dans les espèces sauvages, selon que les habitudes de ces animaux sont assujetties à plus d'uniformité.

Pour cela faire, il y a d'abord à remarquer que l'hyoïde ne doit pas être seulement considéré comme un des élémens de l'organe vocal : les glossohyaux, ou les cornes thyroïdiennes, à titre d'uniques pièces du service de la langue, sont tout au plus dans ce cas. Et en effet la fonction plus réelle de cet appareil est de servir de charpente et de fournir un très-solide appui aux organes de la déglutition. Or, s'il en est ainsi, nous devons nous attendre à trouver l'hyoïde plus homogène dans les animaux dont la nourriture est plus spéciale.

Considérons-le premièrement dans les carnassiers, où il me paraît le mieux répondre à l'idée qu'en général je me fais de l'hyoïde des mammifères, surtout en ce qui concerne la pièce impaire, ou le basihyal : la tête du chat, par exemple, a d'autant plus de largeur, qu'elle est plus courte d'avant en arrière : son hyoïde (*voyez*

---

une reconstruction : aussi, où l'on s'est plu à n'apercevoir qu'une déviation pathologique, je vois l'achèvement d'une œuvre, privée ordinairement de sa perfection par un incident, qui est d'ailleurs appréciable.

pl. 4, *fig.* 35), que l'écartement des branches maxillaires met plus à l'aise, ou du moins la principale partie de l'appareil, est étendue en travers dans toute la largeur que permet cette disposition. Le basihyal est en effet un os fort alongé : il est mince en même temps et d'un égal diamètre ; aussi n'y trouve-t-on plus de trace d'apophyse sur le centre.

C'est en suivant sa formation dans l'embryon, que je l'aperçois établi avec le plus de latitude et de la manière la plus naturelle : il est composé originairement de deux ou de trois parties qui, n'étant repoussées ni à droite ni à gauche, croissent côte à côte, et ne tardent pas à se réunir et à se confondre. Tels sont les deux osselets que nous avons décrits dans les oiseaux : mais dans ceux-ci, les branches maxillaires sont trop rapprochées l'une de l'autre pour permettre à ces deux points osseux, lors de leur formation, de croître et de s'étendre en travers. Ne rencontrant point les mêmes obstacles chez les carnassiers, ils profitent de l'aisance qu'ils trouvent en ce lieu pour se développer sur la même ligne dans l'autre sens ; comme dans les mêmes circonstances, cela arrive aussi aux os du sternum.

Je n'ai point de remarque à faire sur les cornes thyroïdiennes et styloïdiennes : elles sont dans la mesure générale. Notre planche, *fig.* 35, indique le mode d'union des glossohyaux avec le thyroïde et montre bien les rapports de toutes ces parties, sauf que tout l'ensemble offre l'inconvénient d'être dans une situation renversée.

Si, pour le second exemple, nous nous reportons de suite à un hyoïde dans des conditions absolument différentes, nous apprécierons là encore mieux le but et les moyens de la nature.

Cet exemple nous est fourni par le cheval. Il y a peu de mammifères qui ait la tête plus longue et qui n'ait en revanche plus étroite à sa base. Ces conditions deviennent celles de son hyoïde.

La longueur du styloïde est en raison directe de la profondeur du pharynx : les autres pièces des branches styloïdiennes qui sont privées sur le côté de l'emplacement nécessaire à leur déploiement, sont réduites à des dimensions très exiguës, et l'une d'elles surtout, le cératohyal, est si petite, qu'elle n'a plus l'apparence que d'un os sésamoïde : elle donne aussi l'idée d'une rotule ou d'un axe de charnière en raison de l'appui qu'elle procure à ses deux pièces extrêmes, ou de leur mouvement de bascule qu'elle favorise.

Ce service n'est pas tellement nécessaire qu'il ne puisse se supprimer dans quelques sujets. J'ai en effet présentement sous les yeux deux hyoïdes pris sur des chevaux âgés de vingt ans; dans l'un, le cératohyal était aussi libre et aussi flottant qu'il l'est dans la jeunesse, quand il était confondu dans l'autre et soudé avec l'apohyal.

Le corps de l'hyoïde est encore plus impérieusement soumis à la résistance des parois des deux maxillaires inférieurs : il ne saurait effectivement échapper à l'obligation de se développer en dedans de ces insurmontables barrières; et alors il arrive à la matière osseuse, qui à son tour oppose à ces obstacles la nécessité où elle est de se dégager du fluide nourricier dans une proportion déterminée et relative à la quantité des molécules du sang; après avoir éprouvé qu'elle ne peut céder à l'impulsion qui dans les autres mammifères l'entraîne à droite et à gauche, il arrive, dis-je, à la matière osseuse de se détourner, ainsi que les barrières qui lui sont opposées lui en font une loi, et, en se concentrant vers le milieu du basihyal, de donner naissance à la longue apophyse, qui dans les jeunes chevaux, est partagée en deux pièces. (*Voyez les pl. 4, fig. 33*, sous l'indication des lettres *e* et *u*).

Ainsi se trouve reproduite dans cet exemple une conformation nécessairement comprise dans le système organique des poissons : nouvelle preuve du principe que nous avons signalé plus haut, et où nous avons vu qu'un animal ne sort des règles assignées à ses congénères, qu'afin de retomber dans une conformation consacrée, et de demeurer soumis à d'autres règles en vigueur dans une autre classe.

Si l'on a saisi ces effets d'actions et de réactions, on appréciera facilement les différences peu importantes que nous montre l'hyoïde du bœuf. (*Voy. pl.* 4, *fig.* 34.) Cet animal a la tête moins longue et le crâne plus large que le cheval; d'où il suit, pour premier effet, que le styloïde a moins de longueur, et le pharynx moins de profondeur : secondement, les deux autres osselets des cornes styloïdiennes dirigées de côté sont plus à l'aise pour leur développement. Dès-lors il n'est plus de pièces dans l'état rudimentaire; et comme dans ce cas la matière osseuse, en s'y répandant sans difficulté, se trouve avoir son écoulement naturel, il arrive que n'étant plus forcée de refluer sur l'apophyse du basihyal, celle-ci est bien moins longue et ne consiste qu'en une tubérosité, ou tout au plus qu'en un manche très-court.

Ce qui précède s'applique à l'hyoïde du castor, *pl.* 4, *n°.* 43, que j'ai figuré pour en montrer la grosse apophyse centrale : je n'ai pu donner que les trois principales pièces de la langue, c'est-à-dire, le basihyal et les glossohyaux : on peut remarquer combien ces os sont ramassés et épais. J'en conclus que les cornes styloïdiennes sont maigres et grêles; du moins je le suppose, ne les ayant pas vues dans le sujet qui m'a servi, et n'ayant pas eu une autre occasion de les observer.

Je n'ai point la prétention de donner une histoire détaillée et comparative de toutes les modifications dont l'hyoïde est susceptible dans les subdivisions de chaque classe : c'est à l'Anatomie zoologique à recueillir et à présenter ces résultats. Ces détails existent déjà pour la plupart dans la 18e. leçon de *l'Anatomie comparée*, *vol.* 3, *page* 226 *et suivantes*. Je ne me suis proposé, dans ce paragraphe, que de donner une explication des objets que j'ai pris pour exemples et que j'ai choisis dans les conditions les plus opposées. Sans quoi je n'abandonnerais ce sujet qu'après avoir décrit les diverses configurations des hyoïdes chez les mammifères, en des genres où leurs singularités mènent aux formes non moins irrégulières des hyoïdes des reptiles (1). Tels sont, pour en citer un exemple,

(1) Je m'occupe d'un travail sur cette question : *de quelle manière les conditions trouvées pour les ovipares en général, s'appliquent aux diverses manières d'être de l'hyoïde chez les reptiles*. Il en est de l'hyoïde, pour eux, comme du sternum : l'hyoïde varie même encore davantage dans les diverses familles. Les sujets m'ont manqué pour donner en ce moment un travail aussi complet sur ce point, que la matière le comporte.

les hyoïdes du fourmilier et du kanguroo; dans le premier, les branches antérieures, le corps et les branches postérieures forment trois rangs de pièces qui, recourbées en demi-cercle, figurent ensemble un bouclier, comme celui du thyroïde; et dans le second, où la construction est inverse, l'hyoïde est entièrement composé de pièces applaties et larges : les branches forment de chaque côté deux bras qui s'appuient sur une tranche du basihyal, et qui, entr'elles, diffèrent peu par le volume et par la forme.

J'ai ajouté à mes planches les dessins de l'hyoïde d'un mammifère et celui d'un oiseau, considérés dans un jeune âge et comparés avec les mêmes dans un âge plus avancé. Ces dessins montrent comment chaque os commence au centre d'une aréole pour s'étendre peu à peu et aller s'articuler avec d'autres os du même appareil. On peut remarquer, *pl.* 4, *fig.* 34 *bis*, dans l'hyoïde d'un veau, le premier noyau du basihyal, et particulièrement celui du cératohyal; mais c'est moins pour donner cette indication, qui est une chose bien connue, que j'ai fait représenter cette pièce, qu'à raison de la distinction très-apparente que montrent les aréoles cartilagineuses : les limites de ces matrices sont réglées, qu'il n'y a encore de noyau osseux qu'à leur centre.

Le n°. 45, représentant l'hyoïde d'un jeune canard, offre le même genre d'intérêt. En comparant ses pièces à celles du n°. 39, on en trouve la forme très-différente : mais cependant on aperçoit comment avec les progrès de l'ossification, l'une se change en l'autre.

L'urohyal qui dans le canard adulte est soudé, de façon qu'il n'y reste pas la moindre trace d'ancienne séparation, est chez le jeune, dans un état particulier et mou, que je répugne à désigner par l'expression trop vague d'état cartilagineux, m'étant aperçu que la portion prétendue cartilagineuse qui doit être changée en substance osseuse est d'un travail et d'un tissu différens de la portion du bout libre, portion réellement cartilagineuse et qui ne perd jamais son caractère primitif.

§. VII.

Dernière considération.

Je n'insisterai pas davantage sur ces détails, qui, je le sens, m'ont déjà entraîné beaucoup trop loin : je me bornerai à rapporter une dernière observation qui se rattache aux premières considérations présentées dans ce Mémoire.

Nous avons vu comment les cornes antérieures ou styloïdiennes, qui s'articulent dans les poissons avec les annexes sternales, trouvent dans les mammifères à reformer la chaîne, en s'étendant jusqu'au pédicule qui la soutient à l'autre bout.

Nous plaçons à côté de ce fait une considération du même ordre non moins étrange et non moins attendue. Le sternum et les côtes sternales manquent dans les poissons en arrière des os du bras, et y laissent les côtes vertébrales sans articulation à l'une de leurs extrémités : c'est ce qu'on trouve en effet chez la plupart. Mais dans d'autres exemples de pareilles anomalies, un autre arrangement vient nous surprendre : les côtes vertébrales et les clavicules coracoïdes, ou celles-ci seulement, se prolongent jusqu'à leur mutuelle rencontre, et elles finissent par reproduire, dans le *zeus vomer*, le *centriscus scolopax*, le *scarus siganus*, etc., par exemple, un véritable coffre. Quand elles ne sont appellées dans les mammifères et dans les oiseaux à entrer avec les os de la colonne épinière que pour moitié dans la formation du coffre pectoral, elles font tous les frais de celui-ci, lequel au surplus offre seulement une ressemblance apparente du premier, et se trouve, comme usage, borné à servir d'enveloppe aux organes abdominaux.

COROLLAIRES.

Les considérations contenues dans ce Mémoire nous conduisent aux propositions suivantes :

1. L'appareil hyoïdien est au fond le même dans tous les animaux vertébrés.

2. L'hyoïde, généralement parlant, est composé de *neuf* pièces (1) dans les poissons, de *huit* dans les oiseaux, et de *sept* dans les mammifères ; non compris les os styloïdes.

3. Cette différence numérique porte seulement sur le corps de l'hyoïde : concentré et unique dans les mammifères, plus long et double dans les oiseaux, considérablement accru et triple dans les poissons, il est composé dans les premiers du seul basihyal ; dans les seconds, du basihyal et de l'urohyal ; et dans les derniers, du basihyal, de l'entohyal et de l'urohyal.

4. Ces pièces s'élèvent au rang des matériaux indispensables de l'organisation et sont effective-

---

(1) De huit seulement, en ne comptant que pour une pièce les branches antérieures agglomérées et soudées dans les poissons.

ment justifiées par une utilité grande et évidente dans les seuls poissons : en série sur le centre des arcs branchiaux, elles forment alors la quille d'un second sternum intérieur.

5. Il n'y a position transversale de l'appareil et subdivision en quatre bras, cornes ou branches, (les branches antérieures ou thyroïdiennes, et les branches postérieures ou styloïdiennes) que dans les mammifères : car dans les ovipares, les branches antérieures ramenées sur la ligne médiane, ou même soudées le plus souvent l'une à l'autre, font partie et deviennent le premier osselet de la chaîne dont nous venons de voir que se compose le corps de l'hyoïde.

6. Les branches antérieures ou les *glossohyaux* appartiennent entièrement au service de la langue et deviennent ainsi l'un des moyens les plus efficaces des organes de la déglutition. Cette destination des glossohyaux décide de la place qu'ils occupent immédiatement à la suite du palais, et les met dans le cas de *toujours* triompher des efforts que font en beaucoup d'occasions, pour les en déloger, les autres dépendances de l'hyoïde.

Un autre caractère distingue encore, sous le rapport des branches antérieures, les animaux ovipares de ceux qui enfantent leurs petits vivans: les glossohyaux sont dans ceux-là spécialement et exclusivement consacrés à la langue, quand dans ceux-ci ou les mammifères, sans renoncer à ce même office, ils partagent leurs soins et les étendent au larynx, en soutenant aussi cet appareil.

7. Les branches postérieures ou cornes styloïdiennes ont d'abord pour seul attribut constant d'être, chacune, composées de deux pièces, le *cératohyal* sur les ailes et l'*apohyal* sur le centre.

En série dans tous les vertébrés, comme autant d'anneaux d'une même chaîne, ce sont dans les poissons des os forts, ramassés et concentrés sur eux-mêmes, à quatre pans dans le confluent de deux appareils, en action sur tous les bords et formant avec leurs congénères (en même temps qu'ils s'appuient sur la chaîne hyoïdienne de la ligne médiane) comme une seconde mâchoire inférieure inscrite dans l'autre.

Élémens obligés d'une des plus grandes compositions organiques, ils lient à l'hyoïde dont ils font partie les annexes sternales, pièces à l'autre bout suspendues et accrochées au crâne au moyen des styloïdes : ils emploient ainsi, au profit et pour l'articulation de ces dépendances du sternum, leurs flancs extérieurs, partout ailleurs, laissés sans affectation, quand leurs flancs opposés demeurent adossés l'un à l'autre; arrangement d'où il résulte que les cornes styloïdiennes, en se prêtant ce mutuel appui, deviennent sur le centre comme une sorte de culée autour de laquelle sans réaction, et au contraire avec toute facilité, s'exécutent tous les mouvemens de la déglutition.

Os alongés dans les mammifères, ces pièces sont réduites à n'offrir de facettes articulaires qu'à leurs extrémités, et contribuent seulement à former une autre chaîne hyoïdienne, la grande chaîne étendue chez ces animaux d'un temporal à l'autre. Dans cette chaîne se trouvent compris le basihyal, son lien principal sur le centre, et les os styloïdes, dont se composent ses moyens de suspension et d'attache au crâne.

Au contraire, sans emploi fixe et classique dans les oiseaux, les cornes styloïdiennes ne sont plus que de longs filets libres à l'une de leurs extrémités : vaguantes en quelque sorte et sans destination bien arrêtée, elles sont, sous le rapport de la forme et des fonctions, assez souvent modifiées de famille à famille.

8. En toutes occasions d'ailleurs, l'hyoïde forme la charpente d'une cloison utile à la fois à l'arrière-bouche et au vestibule de l'organe respiratoire.

9. C'est par conséquent un appareil porté dans

les poissons au *maximum* de développement et de fonctions; et au *minimum* dans les oiseaux : l'hyoïde existe dans un état moyen, sous l'un comme sous l'autre de ces rapports, chez les mammifères.

10. Enfin ses services s'appliquent de préférence et l'associent plus essentiellement aux organes de la déglutition dans les mammifères et les oiseaux, et aux organes pectoraux dans les poissons.

N. B. Ce Mémoire, à une lecture publique que j'en fis, a donné lieu à une observation. L'auteur de l'article (MAMMIFÈRES, *organisation*), article destiné à paraître dans une des prochaines livraisons du *Dictionnaire d'Histoire naturelle*, imprimé chez Déterville, a annoncé avoir fait des travaux sur l'hyoïde, où il serait de son côté arrivé aux mêmes résultats que moi. Je dois supposer que c'était une manière délicate et complimenteuse de me parler de mes recherches.

Ce savant n'ayant encore communiqué à personne que je sache cet article *mammifères*, où ses nouvelles idées doivent être insérées, j'ignore les rapports qu'elles ont avec les miennes; quand il a au contraire cet avantage sur moi. Il connaît mes travaux sur les hyoïdes par la communication que j'en ai faite à l'Académie des Sciences, dès le 8 septembre 1817.

C'est à cause de cette réclamation, qu'ayant eu tout récemment à décrire l'hyoïde humain figuré n°. 87, je l'ai fait dans une note supplémentaire, m'étant interdit de rien changer à un texte consacré par mes lectures.

(*Cette feuille et les précédentes ont été déposées, imprimées* ne varietur, *à l'Académie des Sciences, en sa séance du* 9 *mars* 1818).

QUATRIÈME MÉMOIRE.

Des os intérieurs de la poitrine, contribuant à diriger le fluide ambiant sur les vaisseaux pulmonaires,

Et comprenant, dans les animaux à respiration aérienne, les pièces du larynx, de la trachée-artère et des bronches,

Et, dans les poissons, celles des arcs branchiaux, les dents branchiales et les lames cartilagineuses des branchies.

Ce qui n'a paru encore à personne, même susceptible d'être mis en question, je suis entraîné par mes précédens travaux à le considérer comme un problème et à m'en proposer la solution. Je ne me dissimule point les dangers d'une pareille entreprise. J'ai à parcourir une route toute semée d'écueils, et je ne m'en aperçois que trop dès ce début, en rencontrant, pour premier obstacle, la difficulté d'énoncer avec simplicité et dans toute sa généralité l'objet de ce nouveau Mémoire.

En traitant du sternum et de l'hyoïde, j'ai déjà donné la détermination d'un grand nombre de pièces qui concourent au mécanisme de la respiration ; il en est d'autres logées plus profondément, qui portent le poumon et sont une sorte de charpente pour les vaisseaux de cet organe. Tels sont les os, ou les cartilages, qui, placés immédiatement après les hyoïdes, sont en outre employés à l'introduction du fluide destiné à élaborer le sang.

Sur les considérations que ces pièces ont fournies dans l'anatomie humaine sous le rapport de leurs fonctions et de leur figure, on s'en est formé une opinion qui n'est applicable, avec des idées aussi déterminées, qu'à l'homme et aux espèces qui ont avec lui la plus grande ressemblance. Entraîné par ce premier point de départ et privé par conséquent de la faculté de puiser quelques vues générales dans la comparaison du même appareil chez tous les vertébrés, on a trop souvent donné une attention semblable à de simples accidens et à des choses d'une plus grande importance. Nos institutions sociales ont même quelquefois été consultées, plutôt que la nature intime des corps, comme, lorsque l'influence du langage dans l'ordre moral a fait prendre le change sur le larynx et porté à méconnaître en cet appareil un démembrement de l'organe pulmonaire.

C'est dans ces circonstances que j'ai à annoncer un système de recherches, qui pourra peut-être, au premier aperçu, paraître tenir du paradoxe, mais que je crois cependant basé sur les vrais principes de la physiologie. Il n'y a ni larynx, ni trachée-artère, ni bronches dans l'organe respiratoire des poissons, je le sais; et toutefois, je ne suis pas sans le pressentiment que ce qui s'y trouve en objets dépendans du système osseux n'appartienne aux mêmes sources. Quelques données à cet égard nous sont fournies, si, considérant ces appareils d'un point de vue plus élevé, nous ne nous attachons qu'à leur situation et à leur principale fonction. Les os ou cartilages dont ils sont formés ne sont-ils pas, dans tous les vertébrés, répandus des hyoïdes aux vaisseaux pulmonaires, et ne fournissent-ils pas également, dans tous, les moyens de soutènement de ces vaisseaux? Ces rapports sont évidens et m'ont persuadé que je ne m'engageais pas dans un labyrinthe inextricable. J'ai donc conçu l'espoir de ramener les arcs branchiaux des poissons aux arcs des conduits aériens des oiseaux.

Long-temps je me suis mépris sur le fil à saisir: le tiendrais-je en ce moment. C'est à la réponse de cette question que je consacre ce Mémoire.

§. I.

Considérations préliminaires.

La respiration ou l'oxigénation du sang veineux serait un phénomène simple et partout identique, si l'immersion des vaisseaux sanguins se faisait toujours dans un milieu homogène : mais il n'en est pas ainsi ; l'élément respirable est au contraire disséminé dans deux fluides de nature et de densité bien différentes. De là, pour les animaux, de la part de leur monde extérieur une ordonnée qui entre dans les conditions de leur organe respiratoire ; de là deux modes pour la respiration, et par conséquent deux groupes d'animaux, selon qu'ils respirent dans l'air et dans l'eau.

Toutefois cette influence du monde extérieur, si elle fut jamais appelée à devenir une cause perturbatrice de l'organisation, a dû être nécessairement renfermée dans des limites assez étroites : les animaux ont dû lui opposer plusieurs données inhérentes à leur nature, l'existence des mêmes matériaux dont ils sont un assemblage et une tendance manifeste à se rapprocher les uns des autres pour reproduire invariablement le type primordial. Si l'on peut voir là un engagement d'actions et de réactions, on ne tarde pas à se convaincre que cette lutte n'a pu manquer que de se terminer à l'avantage de l'organisation, qui a des droits contre lesquels rien ne peut prévaloir, et sur lesquels il ne peut être fait d'empiétemens que le principe de l'unité ne soit attaqué et que la machine en définitive ne soit totalement désorganisée.

Ces considérations eussent pu guider dans l'observation directe. Mais il eût fallu les rattacher à quelques idées de physiologie, et l'on fut longtemps sans en avoir les moyens. Nos théories sur l'oxigène ne datent que de quelques jours, quand les observations sur les poissons peuvent se rapporter aux plus anciennes époques de la civilisation. Les hommes recherchèrent de bonne heure tout ce qui pouvait être compris dans leur régime diététique. C'est dans cette vue qu'à l'origine des sociétés on s'attacha aux poissons, qu'on examina leurs ouies, qu'on prit de ces organes une idée assez vague, et dans ce cas seulement qu'on les nomma à l'aventure. Ces noms transmis d'âge en âge furent enfin consacrés par le temps et firent dans la suite supposer qu'ils avaient été imaginés pour des choses bien constatées, bien distinctes, et, comme nous sommes aujourd'hui dans le cas de l'exprimer, pour des choses qui n'ont point d'analogues.

Cependant la marche philosophique des sciences vint donner plus de solidité à ces connaissances pratiques : de ces idées de détail, on s'éleva à des vues générales. Duverney, méditant sur ce que les branchies des poissons lui offraient de merveilleux, prononce à leur aspect le nom de poumons : délaissant tout langage vulgaire, ce grand anatomiste nomme de même des appareils consacrés à de semblables fonctions ; et si, après lui, la force de l'habitude fit revenir aux dénominations anciennement usitées, il en a du moins changé et fixé la signification, jusqu'à ce qu'enfin de nouvelles observations sur la structure intime de ces parties aient démontré, jusqu'à l'évidence, leur analogie avec les poumons à air, et aient donné lieu à cet article aussi clairement exposé que profondément pensé, qu'on lit dans la 26e. leçon de l'Anatomie comparée, t. 4, p. 347.

Un pas restait à faire et l'on touchait le but : c'était d'appliquer aux parties solides qui soutiennent les vaisseaux pulmonaires les considérations aperçues pour ces derniers. Mais trop de disparité dans les formes et trop de différence dans les dimensions respectives en imposèrent. On préféra attribuer une plus grande part à l'influence du fluide ambiant. L'air doué d'élasticité pouvait se répandre au fond d'une bourse et s'insinuer dans ses plus petites cavités, et l'on regarda comme une très-grande perfection que l'importante fonction de la respiration pût s'exécuter au centre de l'animal et sous l'abri des cerceaux ou des côtes du thorax. L'eau au contraire, pour les animaux qui respirent dans ce fluide, ne pouvait suivre la même route et se trouver établie au centre des principaux organes qu'en y causant du désordre. La petitesse et la délicatesse des vaisseaux pulmonaires n'eussent pu là s'accommoder de la présence d'un fluide incompressible et d'une pesanteur si disproportionnée avec le poids des plus lourdes parties de l'animal. Cet état de choses, en ce qui concerne les poissons, ramenait l'organe pulmonaire à la gorge : nous verrons plus bas, s'il convenait de voir en cette circonstance une nécessité fâcheuse et qui dût beaucoup restreindre les facultés de l'être.

Une réflexion pouvait prémunir contre l'extension accordée à l'influence du fluide ambiant, et montrer que l'organisation n'abandonnait à cette action que les moindres parties de ses matériaux. Les poumons propres à respirer dans l'eau, ou les branchies, ne se rencontrent pas uniquement dans une classe, chez les seuls poissons, mais se trouvent aussi dans un petit nombre de reptiles et dans les mollusques. L'existence des branchies, en quelqu'animal qu'elles se trouvent, ne gouverne donc pas l'organisation de façon à tout soumettre aux branchies, mais celles-ci ne seraient qu'une manière d'être, une simple modification d'un seul organe pulmonaire, toutes les autres parties de l'animal concourant entre elles et dans une indépendance parfaite à reproduire fidèlement un des sous-types des vertébrés. Puisqu'il n'y a que l'organe pulmonaire d'affecté, de modifié et d'approprié à la nature du fluide ambiant, l'organisation seule fournit donc à cette modification des matériaux qui lui sont propres, indépendamment de toute action extérieure. Nous avons vu plus haut qu'on a trouvé la loi de différence des deux classes de vaisseaux pulmonaires, nous en marcherons avec moins d'inquiétude à la découverte de celle des os ou des cartilages qui supportent ces vaisseaux.

Mais il ne suffit pas d'établir *à priori* que quelque soit la nature des deux fluides à respirer, ces parties solides proviennent des mêmes matériaux, et que leurs deux manières d'être se bornent à de simples différences dans les formes; il faut montrer comment l'une des formes dérive de l'autre et faire voir que, dans tout état de choses, les relations de ces parties, leurs connexions et leurs fonctions sont invariables.

On connaît ces appareils dans les poumons à air : ce sont des canaux de formes variées, débouchant dans la cavité buccale, commençant par un tronc commun et servant à conduire le fluide ambiant au fond d'une bourse, laquelle est plus ou moins divisée en branches et plus ou moins tapissée de vaisseaux sanguins. Les plus minutieuses particularités, touchant cet organe d'une construction si parfaite, ont été remarquées : on a surtout insisté sur les différences de ses parties extrêmes et de son centre. qu'on a appréciées au point de les avoir rapportées à trois systêmes distincts, et qu'on a conséquemment embrassées sous trois noms, le larynx, la trachée-artère et les bronches.

Je ne redirai point sur cela ce qui est si bien connu de tout le monde : il me tarde d'arriver aux appareils des animaux qui respirent dans l'eau, aux arcs branchiaux, où j'aperçois les analogues de ces longs conduits aériens.

§. II.

Des Arcs branchiaux.

A leur égard, je ne puis de même me contenter de ce qui en est dit dans les ouvrages des icthyologistes.

On ne s'est occupé de connaître et on n'a décrit les arcs branchiaux qu'en raison de leur influence *in-globo* dans la déglutition et la respiration. Voici ce qu'on trouve à leur sujet dans les ouvrages les plus considérables sur cette matière.

« Les arceaux des branchies soutiennent les » séries des lames sur lesquelles s'étalent les vais- » seaux pulmonaires; on les trouve composés de » pièces en *nombre variable*; ils s'articulent vers » le bas à une suite d'os ou de cartilages, dont le » nombre, la forme et la disposition varient » beaucoup dans les différens poissons, et ils sont » suspendus vers le haut, tantôt sous les pre- » mières vertèbres, et tantôt sous le crâne, en » même temps que, dans ce dernier cas, ils sont » unis à des os dits pharyngiens : d'autres os » terminent en bas cet appareil du côté de l'éso- » phage. » *Leçons d'anatomie comparée, tome* 4, *page* 371.

Avant de songer au parti qu'on pouvait tirer de ces pièces pour en combiner les rapports, et de chercher à leur trouver des analogues dans les poumons à air, il fallait les connaître autrement que sur quelques indications de forme. Je les trouvai d'abord en *nombre invariable*, et je m'aperçus ensuite que ces pièces avaient chacune une destination particulière et toute aussi constante. Ce qui a fait prendre le change à leur égard est une circonstance seulement propre aux branchies, dont les séries de lames sont (elles seulement) susceptibles de quelque variation, en ce quelles ne se contentent pas toujours de l'appui de leurs propres pièces, mais qu'elles cherchent quelquefois en-deçà comme au-delà à y ajouter celui de quelques auxiliaires.

En annonçant ce plan invariable, je dois m'expliquer et dire qu'il est tel, seulement dans les vrais poissons, c'est-à-dire, dans les poissons osseux : car pour les autres à branchies fixes et à squelette cartilagineux, ce sont des êtres qui me paraissent dériver d'un autre type, et auxquels il me semble qu'on doive appliquer les considérations que j'ai présentées au sujet des reptiles. Linnéus en avait déjà pris cette opinion, quand, dans de premières éditions, il les avait isolés sous la dénomination d'*amphibia nantes*.

Or voici l'idée que je me suis faite des arcs branchiaux : ils se composent de quatre arceaux de chaque côté.

Un arceau est essentiellement formé de deux pièces, composées comme les branches d'une fourche, l'une au-dessus de l'autre, jointes à l'une de leurs extrémités et susceptibles d'une articulation mobile restreinte à des mouvemens de charnière : l'osselet supérieur est toujours plus court que l'inférieur. Sa courbure est aussi plus prononcée. La convexité de tous deux est creusée en canal où logent les principaux troncs des vaisseaux pulmonaires, et la saillie de chaque bord est employée à porter les franges filamenteuses qui s'en écartent comme autant de rayons; c'est-à-dire, les deux rangs de lames, plus particulièrement désignés par le nom de branchies. La partie concave est hérissée d'épines ou de denticules, plus petites et en moindre quantité aux osselets supérieurs. Ceux-ci offrent en outre une considération qui leur est propre. La saillie postérieure de leur convexité se prolonge en une lame apophysaire, peu prononcée à la première pièce, ayant plus de relief à la seconde, et devenant très-grande aux deux dernières : ainsi accrues, ces apophyses s'appuient l'une sur l'autre, et leurs pointes sont même articulées, mais sans gêner l'écartement des deux pièces, qu'elles favorisent au contraire par un mouvement de charnière.

Tels sont les osselets qui me paraissent former les bases fondamentales du système osseux des branchies : comme pièces d'un haut rang, leur forme est assez constante; car ce que j'en ai dit m'a paru convenir, à très-peu de chose près, à tous les poissons osseux que j'ai observés. Comme dénominations et dans le nom d'arcs branchiaux, on ne les a encore employés que groupés avec des os qui sont susceptibles de considérations différentes. Appelé à en traiter isolément, je ne puis le faire qu'en les désignant sous un nom qui leur soit réservé en particulier : je propose celui de *pleuréal*, de *pleura*, c'est-à-dire, côtes de la poitrine. (*Voy. pl.* 8, *fig.* 81, 82, 83, 84 *et* 85).

Des pièces auxiliaires existent au bout de chaque pleuréal, agrandissent l'arceau et sont autant de bras qui suspendent l'appareil des branchies au crâne et l'appuient sur les os hyoïdes : fournissant à ces os le même soutien qu'elles en reçoivent, elles entrent dans une enchevêtrure qui retient chaque chose en place, en procurant à toutes la mobilité nécessaire au mécanisme de la déglutition et de la respiration.

§ III.

Des Os du Pharynx.

Décrivons d'abord les pièces de la voûte du crâne. A raison d'un de leurs usages, M. Cuvier les a nommées *os pharyngiens*. Je les emploierai sous le même nom, en me permettant toutefois un léger changement dans la terminaison de ce nom, pour me conformer en cela à un principe dont on me paraît être convenu et dont l'application est d'un grand avantage dans la pratique.

Les quatre arceaux des branchies sont prolongés sur le crâne et complettés, non par quatre pièces en ligne, mais seulement par trois qui sont les *pharyngéaux*. (*Voy. fig.* 83 *et* 85, *ces os sous les indications x, y, z.*) Ce défaut de correspondance en nombre, fait qu'une des pièces pharyngiennes, la dernière *x*, est occupée seule à porter les deux pleuréaux postérieurs : comme la plus robuste, sans être la plus longue, elle forme une sorte de noyau sur lequel ses deux autres congénères s'appuient et s'artienlent : ces dernières, pour atteindre et accrocher chacune leur pleuréal, sont munies de manches dont le plus long, à raison de la distance à parcourir, est celui de la pièce antérieure.

Pour rendre raison de ce que deviennent les pharyngéaux, qui varient dans la même raison que tout l'ensemble de l'être, c'est-à-dire, suivant que le corps est ou comprimé ou déprimé, je les compare à trois clous, qui seraient associés par la tranche de leur tête ou de leur couronne. Ce qui de ces os demeure toujours visible dans le palais et s'y voit recouvert d'une épiderme âpre ou hérissé de denticules, répond à la couronne des clous : de la partie opposée naît le manche, comme la tige du clou naît de sa couronne. Ce manche est la portion apophysaire qui s'articule en entier par suture écailleuse, ou seulement en artie, avec le pleuréal qui lui correspond. Dans les poissons à tête étendue en hauteur, le manche fait un peu le coude avec sa partie coronaire et visible; mais dans les poissons à tête déprimée et toute aplatie, il est tout à fait coudé, ou plutôt il est renversé et couché dessus, au point que l'apophyse et la tubérosité terminale ne forment plus qu'une seule et même lame; de même que, pour en revenir à notre comparaison, serait un talon dont la tête aurait été renversée et écrasée sur le travers de sa tige.

Les trois pièces pharyngiennes éprouvant à la fois et le même sort et l'action progressive de l'ossification, sont promptement soudées et finissent par n'être plus apparentes que sous la figure d'une large plaque. (*Voy*. *x*, *y*, *z*. *pl*. 8, *fig*. 81). L'unique pharyngéal qui en résulte présente alors une étendue superficielle très-considérable, et comme son usage pour maintenir, diriger ou écraser la proie, augmente en raison de sa superficie visible dans le palais, et que c'est de plus sur le bord postérieur et la tranche de cette table que la portion supérieure du canal ésophagique est attaché, on a dû naturellement regarder cette large pièce comme une dépendance du pharynx et la considérer comme en étant la charpente osseuse. On voit de ces plaques larges et minces dans l'anguille, le congre, le *silurus anguillaris*, et, dans divers degrés d'aplatissement, chez la plupart des poissons.

Mais les pharyngéaux, comme par exemple dans le *zeus faber*, sont-ils dans l'autre condition et forment-ils des osselets à longs manches terminés par une tubérosité en manière de têtes de clous? leur arrangement paraît alors tout changé. Les manches de ces os ne donnent plus l'idée que de simples brins, ou de petites côtes ajoutées aux pleuréaux, pour agrandir l'arc dont ceux-ci font la principale partie. Entraînés par les pleuréaux, ils participent aux mêmes mouvemens, en sorte que n'ayant jamais un repos assez durable, pour, avec le temps et l'action du système osseux, opérer leur jonction, eux et leurs tubérosités restent toujours dégagés: celles-ci sont réduites à n'être plus que trois petits points linéaires; et, sous cette autre condition, ont peu de prise sur la proie prête à s'engager dans le col de l'ésophage. Cette considération mérite attention, comme pouvant jeter quelques doutes sur les fonctions que nous avons plus haut attribuées aux pharyngéaux, ou du moins comme pouvant nous conduire à leur trouver d'autres fonctions plus importantes.

En effet il n'est point de lame osseuse qui à raison de ses deux surfaces ne soit susceptible d'une double utilité ; nous n'avons encore considéré les pharyngéaux que dans leurs rapports avec l'éso-phage et le bol alimentaire, n'ayant décrit que leur face, plus ou moins hérissée de petites dents, et toujours visible au fond du palais. Il nous faut de plus tenir compte de ce qui intéresse la face opposée, de la manière dont les pharyngéaux sont attachés et engagés dans les chairs, de leur situation à l'égard des parties environnantes, de ce qu'ils y recouvrent, et surtout de leur influence comme pièces communes à la tête et à la poitrine.

Que les pharyngéaux soient rapprochés et convertis en une plaque unique et large, ou qu'au contraire, plus ou moins séparés, ils aient leurs branches au-delà de la partie dentaire du palais, ils se conduisent de la même manière comme face supérieure et forment une sorte de couvercle plus ou moins concave. Aux aspérités produites par la jonction des parties apophysaires s'attachent plusieurs muscles qui ayant au crâne leurs seconds points d'insertion sont ainsi les moyens qui suspendent les pharyngéaux et les fixent à la base du crâne : ces os sont logés derrière le globe de l'œil, sur les côtés du sphénoïde, et par conséquent dans l'enfoncement que ferme à l'extérieur l'os de la caisse. Dans cette situation, ils couvrent, mais à distance, et protègent dans leur sortie du crâne les nerfs trijumeaux, nerfs d'une dimension extraordinaire dans les poissons.

Si ces connexions et ces usages dérivent de la nature des os pharyngéaux; si, placés au devant de l'ésophage, ils fournissent toujours un de leurs bords pour l'assujettir; si, pièces de la voûte du crâne, ils portent toujours le voile du palais; si, plastron pour les nerfs trijumeaux, ils les entourent toujours d'un abri tutélaire; si enfin ils sont en relations constantes avec plusieurs dépendances de l'organe auditif, nous ne pourions pas nous refuser à les considérer comme pièces de la tête osseuse.

Mais cependant les pharyngéaux ont un autre usage que nous avons déjà signalé; ils portent encore les pleuréaux, c'est-à-dire, des pièces qui ne peuvent être méconnues pour appartenir à l'organe pulmonaire.

Ici nous sommes arrêtés par une considération. Ce devenait, il est vrai, un amalgame possible dans les poissons, qui, selon l'expression de Duverney, ont la poitrine dans la bouche; mais dans les autres animaux vertébrés, où cette association est rompue, que deviendront, que sont les os pharyngéaux? Qui auront-ils suivi, de la tête ou du thorax? A qui auront-ils continué la faveur de leurs services? — Mais, dira-t-on, pourquoi se permettre ces suppositions? Il pourrait fort bien arriver que, pour une famille aussi disparate, à l'égard des vertébrés, que l'est le groupe des poissons, il y ait certains attributs à la seule convenance de ces animaux? Ailleurs, où les organes de la respiration ne sont plus entés sur ceux de la déglutition, ailleurs les pharyngéaux existeraient-ils? — Oui, sans doute, ils existent, n'hésiterai-je pas à répondre. Fondé sur mon principe *à priori*, je ne doute point qu'un organe qui est ici, ne soit là; qu'il ne soit dans tous les êtres du même embranchement. Je dis mieux, il est trouvé du moment où l'analogie l'a signalé, dès qu'il a été aperçu quelque part.

Je vais développer cette proposition : je ne pourrais trouver une occasion plus favorable d'en appliquer les principes. Je préviens que tout en poursuivant pour le moment le développement de ma pensée, je n'oublie pas que c'est des arcs branchiaux qu'il s'agit : la route que je suis va m'y ramener, éclairé par de nouveaux rapports et avec plus de moyens d'en apprécier les usages.

Je prie qu'on veuille bien se rappeler les considérations que j'ai publiées en 1807 sur les os dont se compose la tête des oiseaux. J'avais dès-lors remarqué une plaque triangulaire étendue sur toute la base du crâne : je l'avais vue, recouvrant si exactement la pièce médiane du sphénoïde, que n'imaginant pas qu'elle pouvait avoir ailleurs ses analogues, je l'avais prise pour une dépendance de cet os. Il se pouvait en effet que le vide que j'avais aperçu entre les deux lames parallèles, lesquelles ne sont réunies que par quelques piliers osseux, provînt de l'absence de la partie réticulaire. Je m'arrêtai, faute de mieux, à cette idée; mais n'y trouvant pas toute la justesse désirable, je pris le parti de ne rien décrire concernant cette circonstance. (*Voyez planche sixième, fig.* 64, 68, 70, *et pour la plaque à part, le* n°. 69). On n'a point, non plus, oublié que c'est à l'organisation des oiseaux que je compare celle des poissons. Je viens de signaler dans ceux-ci des os suspendus à la voûte du crâne : si le principe qui me dirige dans mes recherches n'admet point d'exceptions, je dois retrouver les mêmes élémens dans les oiseaux. Mais s'il me les faut chercher attachés à la base du crâne, au-devant du sphénoïde, servant de soutien au voile du palais, précédant l'ésophage et tout dévoués au service du pharynx; toutes ces circonstances mènent à les trouver dans la lame triangulaire, *fig.* 69, que nous venons de voir coiffant dans les oiseaux tout le sphénoïde. L'unique différence, laquelle se rapporte à la forme des deux sphénoïdes, en table chez les oiseaux et en cône dans les poissons, et qui devient ainsi le trait caractéristique des deux classes, consiste, en ce que les deux plaques pharyngiennes des poissons ont prolongé leurs bords intérieurs et se sont rencontrées et unies dans les oiseaux en une seule et large table (1). Mais, il ne faut pas se le dissimuler, l'union de ces plaques entr'elles, et encore avec le sphénoïde, forme une circonstance qui prive tellement la table pharyngienne des oiseaux de sa physionomie primitive, qu'on n'aperçoit que le fil qui a dirigé dans la recherche, et qu'on pourrait souhaiter que cette détermination fût acquise au moyen de preuves plus évidentes. Je puis et je vais y faire concourir deux considérations dont le témoignage paraîtra sans doute irrécusable.

Premièrement; il n'y a encore de rigoureusement appréciés que les faits de l'histoire anatomique de l'homme. Devons-nous trouver, dans les mammifères faits sur le même modèle, les analogues de la table pharyngienne des oiseaux, nous

---

(1) Quelques oiseaux pourraient bien rentrer à cet égard dans les conditions générales des autres vertébrés, et avoir la table pharyngienne partagée en deux plaques : une remarque que j'ai faite sur la corneille adulte me le fait croire : je ne pourrai savoir qu'au printemps prochain ce qui en est, par l'observation de jeunes sujets.

serons dans le cas alors de faire profiter et d'éclairer cette question de tous les documens que tant de travaux ont jusqu'à ce jour accumulés sur une même espèce? Cherchons, comme nous l'avons fait relativement aux oiseaux, quels os dans les mammifères sont attachés à la base du crâne, placés au-devant du sphénoïde, servant de soutien au voile du palais, précédant l'ésophage, étant tout dévoués au pharynx et ayant en même tems de constantes relations avec plusieurs dépendances de l'organe auditif: et, l'attention fixée sur cette question, il devient évident que les parties osseuses du conduit d'Eustache satisfont à toutes ces conditions.

Il y a mieux, tout rentre dans les règles observées pour les poissons : il y a disjonction de la table, plaque séparée de chaque côté et engagée comme dans les poissons entre la caisse et le sphénoïde. Mêmes situations de parties, mêmes connexions, mêmes fonctions; l'identité des tables ou plaques pharyngiennes et des os ou cartilages du conduit d'Eustache me paraît un fait établi. A l'égard des poissons, on retrouverait jusqu'au nombre des pièces, s'il arrive, comme quelques anatomistes, M. le docteur Serres entr'autres, l'ont observé, qu'en outre de la portion osseuse qui est engagée dans l'ouverture communiquant à l'oreille, la portion cartilagineuse du conduit d'Eustache s'ossifie dans la vieillesse, en se développant premièrement par deux points osseux.

Je prie qu'on donne attention à une considération qui me paraît de quelque importance : j'ai décrit les pharyngéaux d'abord dans les poissons, puis dans les oiseaux, et enfin dans les mammifères. La marche de mon travail m'a ainsi conduit à les voir d'abord là où ils sont dans tout leur développement, bien séparés et très-distincts, là où j'ai pu prendre de leurs usages une idée d'autant plus certaine qu'elle repose sur un plus grand nombre de données. Comment se fait-il cependant que, n'ayant pu rien accorder à la théorie, et que toujours appuyé sur des observations, je ne me sois point rencontré avec les anatomistes humains sur les principaux usages qu'ils ont reconnus, ou attribués au conduit d'Eustache? Serait-ce que la communication des pharyngéaux avec l'oreille et leur disposition en canal, tiendraient à une simple circonstance, pour être tombés dans les conditions rudimentaires, et n'auraient nullement révélé le rang et le but de ces os dans l'ensemble de l'organisation?

Quoi qu'il en soit, cette circonstance tient de si près à l'essence d'un organe important, qu'on doit s'attendre à la rencontrer dans les oiseaux, chez qui les os de l'oreille sont, au fond du canal auditif, encore plus rentrés et plus profondément logés que chez les mammifères. Cette circonstance, si elle est également retrouvée dans les oiseaux, peut être en effet regardée comme une vraie pierre de touche, qui ne laissera plus le moindre doute sur la nature et l'identité de leur table pharyngienne. Or j'ai remarqué sur la ligne médiane au palais des oiseaux, tantôt une seule et longue fente, et tantôt deux fentes en ligne et réunies par un léger sillon. C'est l'entrée d'une ou de deux fosses, sans largeur appréciable, car leurs parois se touchent, mais d'une certaine profondeur, puisque ces fosses pénètrent et s'étendent dans le crâne aux deux bouts. La fosse antérieure ou la portion antérieure de la fosse unique correspond aux arrières-narines, et la postérieure se prolonge dans le vide existant entre le sphénoïde et la table pharyngienne, en pénétrant de chaque côté dans le canal auditif.

Telle est dans les oiseaux la communication cherchée de leur oreille avec la bouche. Les oiseaux ont conséquemment, quoique sous une forme assez singulière, le conduit guttural de l'oreille nommé trompe ou conduit d'Eustache. C'est tout à fait comme dans les mammifères, chez lesquels les conduits d'Eustache aboutissent aux mêmes sinus que les arrières-narines. Ces observations n'avaient point échappé aux naturalistes qui nous ont précédés dans ces recherches.

M. Cuvier, dans ses *Leçons d'anatomie comparée*, les a données pour la plupart, en quoi ce savant anatomiste a été suivi par M. Nitzsch dans une *Ostéologie des oiseaux* que celui-ci a imprimée à Leipsick en 1811.

Mais si déjà cette considération, qui nous montre les organes de l'ouïe et ceux de l'odorat en contact et en communication, est un fait qui appelle l'attention, nous ne croyons pas moins dignes du même intérêt physiologique la correspondance et les rapports de la glotte avec ces fentes. L'ouverture de la glotte s'applique exactement, bord pour bord, sur la fente qui verse dans les conduits d'Eustache, tandis que le promontoire qui saille au-devant de la glotte, et que nous ne pouvons en ce lieu plus amplement désigner (sa détermination devant être donnée plus bas), s'enfonce dans la fente antérieure et ferme complètement les arrières-narines (1).

(1) J'ai consacré toute ma sixième planche à représenter les diverses circonstances rapportées dans ce paragraphe. On peut y voir d'abord ce qu'est le conduit d'Eustache sans les parties molles, en consultant les trois exemples figurés sous les numéros 64, 68 et 70, exemples que j'ai choisis dans les conditions les plus différentes. Un stylet *o*, *o*, *o*, a été introduit dans le canal d'Eustache pour en indiquer la direction. Ce canal est vers le bas sans cloi-

Secondement ; dernière remarque sur les pharyngéaux. Il me reste à faire connaître dans les poissons l'existence d'une pièce osseuse dont je ne sache point qu'on se soit occupé jusqu'à ce jour, d'un intérêt tout icthyologique, dans ce sens qu'elle complète le système des pharyngéaux, qu'elle les lie décidément au crâne, et

---

son sur toute sa longueur, dans l'aigle figuré n°. 68, parce que la plaque pharyngienne n'y est ni assez prolongée ni assez rentrée du côté du sphénoïde ; et parce qu'au contraire les choses sont différemment dans les deux autres exemples numérotés, 64 et 70, le conduit d'Eustache n'a que ses ouvertures indispensables, celles des extrémités, consistant extérieurement dans le trou auriculaire, et intérieurement dans la fente qui s'ouvre sur le milieu du palais ; cette fente est représentée, bâillante outre mesure, sous l'indication de la lettre *e*, *fig.* 65, 66 *et* 67.

L'autruche, n°. 64, montre une disposition qui la fait sortir sous ce rapport de la condition normale des oiseaux pour la replacer dans celle des autres animaux vertébrés ; c'est la moindre étendue en longueur du conduit d'Eustache : celui de droite ne se porte pas à la rencontre de l'orifice de l'autre ; un large diaphragme les sépare. Je suppose que chacun de ces trous du crâne verse dans la cavité de la bouche par une issue particulière à travers les parties molles : je me réserve d'y regarder quand l'occasion s'en présentera.

J'ai aussi fait représenter le palais de quelques oiseaux, numéros 65, 66 et 67, pour montrer les relations du

qu'elle est pour ces pièces, les plus élevées de celles qui composent les arcs branchiaux, ce qu'est le styloïde à l'égard des annexes sternales; un osselet mitoyen et alongé, dérivant du crâne et cherchant emploi à son autre extrémité. C'est de chaque côté un petit os filiforme qui naît des parties latérales et antérieures du sphénoïde. Il

---

méat *e* du conduit d'Eustache avec les ouvertures des arrières narines, et, de plus, pour avoir sujet d'insister sur les nombreuses papilles ou petites dents cornées qui entourent ces orifices. Celles-ci, aussi bien que les franges *b*, *d*, qui, *fig.* 71 *et* 72, bordent l'entrée de l'ésophage, rappellent les dents pharyngiennes des poissons; et, à leurs dispositions et situations tout à fait semblables, s'en montrent effectivement les vestiges rudimentaires. Tantôt, comme dans le dindon et le goéland, l'orifice du conduit d'Eustache existe au fond du même sinus que les arrières ouvertures des narines, et tantôt chaque organe a son entrée distincte; mais quoiqu'il arrive, rien n'est changé dans leurs relations et dans leurs distances respectives.

Enfin je crois devoir insister de nouveau sur la remarque que j'ai faite de la coïncidence et de la jonction des ouvertures de la glotte et du conduit d'Eustache. Il est impossible, je le repète, que cette communication existe, sans qu'il n'y ait versement d'un canal dans l'autre, soit de mucosités, soit de fluides élastiques. Qui sait si un jour l'on ne découvrira pas que ces relations, qui ne nous paraissent que bizarres aujourd'hui, tiennent à quelque chose de grand et d'important dans l'économie des êtres?

descend verticalement, longe l'os palatin et va s'articuler sur le premier arc branchial, au point de jonction des deux pièces supérieures, le pharyngéal et son pleuréal : il est à la fois pivot et régulateur; pivot, en favorisant la rotation et le jeu de la masse pharyngienne; et régulateur, en l'empêchant de comprimer les nerfs qu'elle recouvre, et de s'écarter trop de la voûte palatine: mais plus essentiellement, il forme le noyau qui arc-boute et attache les pharyngéaux au crâne. Cet os varie peu; filiforme dans la plupart, dans les trigles et notre perche de rivière, par exemple, il est long, comprimé, arrondi à son extrémité palatine et carré à l'autre bout dans l'holocentre mérou : ou bien, plus raccourci, il est quelquefois joint aux trois pharyngéaux, et compte comme un quatrième point osseux dans la plaque que forment les trois pharyngéaux par leur réunion chez les êtres à tête déprimée. (*Voy. fig.* 83, *lettre v.*).

Sa situation à la base du crâne et ses connexions connues nous donnent son analogue dans les oiseaux : il n'est besoin que du plus simple coup-d'œil pour apercevoir que c'est l'os grêle de Petit, l'omoïde d'Hérissant, et les *ossa communicantia*, de Wiedemann et de Nitzsch, que dans mon Mémoire sur le crâne des oiseaux j'ai nommés, avec Schneider, l'os palatin postérieur, et dont l'analogue dans les mammifères est employé sous le nom d'apophyse ptérigoïde interne. La mobilité de cet os (1), articulé seulement par diarthrose, était une circonstance en ce lieu sans objet et tout à fait inexplicable : présentement nous pouvons considérer ces résultats, comme simplement conservés dans une pièce, qui s'efface déjà chez les oiseaux et qui devient rudimentaire et plus insignifiante encore dans les mammifères. Aurait-on déjà remarqué plus haut que si les parties de la tête des poissons sont plus essentiellement en rapport avec celles de la tête des oiseaux, elles le sont davantage, eu égard à leur forme, aux pièces du crâne des mammifères ? Le palatin postérieur des poissons nous en offre un nouvel exemple dans sa position verticale relativement à la voûte du palais.

De la discussion de cette première partie de mon travail, il résulte que nous voilà présentement éclairés sur la nature et le véritable emploi des os pharyngéaux, et que, connaissant une des portions des arcs branchiaux, nous avons fait ce

---

(1) Le nom de *ptéréal* (os alaire), rappelant sa racine, (*l'apophyse qui ressemble à une aile*,) dans le mot *ptérigoïde*, lui convient dans les animaux dont nous venons de traiter, et mieux encore dans les reptiles, le crocodile notamment.

pas important, de comprendre comment un appareil qui provient du thorax est parvenu à se combiner avec des os de la tête et à s'en appliquer l'usage.

Ce que nous venons de faire pour la portion supérieure des arcs, nous allons l'essayer à l'égard de sa portion inférieure, c'est-à-dire, de celle qui s'appuie sur l'hyoïde.

§. IV.

Des pièces Laryngiennes chez les poissons.

Les pièces appuyées sur l'hyoïde se composent d'un nombre invariable; de quatre os de chaque côté rangés en ligne d'avant en arrière : elles correspondent à autant de pleuréaux, et sont, examinées d'abord sous ce premier point de vue, à l'égard de ceux-ci vers le bas, ce que sont à ces os les pharyngéaux supérieurement; c'est-à-dire, des osselets pour la suspension des pleuréaux, en même temps que, par leur adjonction en ligne, ces osselets contribuent à donner aux arcs plus d'ouverture et de longueur. Mais ceci, qui ne s'applique qu'au caractère de ces os comme pièces alongées et qu'à l'emploi de leurs extrémités articulaires, ne nous les fait connaître que sous un de leurs rapports. Bien qu'avec celle même et commune destination, ils diffèrent pourtant de forme les uns à l'égard des autres; et de plus, à la forme comme aux nouvelles relations de chacun sont attachées des fonctions différentes et assez compliquées. Il nous les faut donc connaître séparément, et nous allons en conséquence les décrire, chacun en particulier, en les examinant dans l'ordre de leur situation respective et en suppléant, jusqu'à ce que nous puissions mieux faire, à leur défaut de noms par des désignations numériques (1).

Le *premier os*, faisant partie de l'arc antérieur, est toujours une longue pièce de même forme que les pleuréaux et paraissant en être la continuation : appartenant à l'arceau qui circonscrit les autres, et qui a par conséquent le plus d'étendue, c'est de la longueur de cette première pièce, et non de celle des pleuréaux égaux entre eux, que dépend ce résultat. Cet os est donc tou-

(1) Je ne puis me permettre d'opinion sur ces pièces qu'après en avoir donné une détermination rigoureuse : mais le lecteur, qui n'est pas tenu à la même réserve, pourrait à ce moment la supposer donnée, et s'aider, pour ce passage, des figures numérotées 81, 82, 84 et 85. J'y ai représenté les parties des poissons correspondantes aux pièces du larynx, savoir : le *premier os* par *tq*, le *second* par *sp*, le *troisième* par *ar*, et le *quatrième* par *cr*.

jours plus long que le second, et par suite le second l'est plus que le troisième. On peut le considérer relativement, d'abord à ses deux extrémités ; l'une, terminée par un biseau élargi pour son insertion dans une cavité articulaire, formée latéralement par la jonction du basihyal et de l'entohyal, et l'autre tronquée net pour son articulation avec le pleuréal dont ce premier os est l'annexe : et en second lieu, quant à ses deux surfaces; la supérieure lisse et convexe, rendue plus ou moins chagrinée par les aspérités du derme qui la recouvre, et l'inférieure creusée en canal pour diriger les vaisseaux pulmonaires dans leur distribution. Les branches se prolongent quelquefois sur les bords du canal, c'est quand les pleuréaux, traitant en auxiliaires les pièces de la rangée inférieure des arcs, les admettent à partager leur destination.

La *seconde pièce* ressemble à la première, sauf qu'elle est plus courte et parfois un peu plus massive : elle s'articule dans la même cavité, mais en s'appuyant davantage sur l'entohyal.

La *troisième* est d'autant plus rapprochée de sa congénère, que l'urohyal qui les sépare est plus aminci et se termine plus subitement en pointe. Ces pièces ensemble forment un bassin élargi où se fait le partage des principaux troncs pulmonaires. Elles protégent en outre la distribution de ces vaisseaux par un arrangement tout particulier : en effet, elles sont généralement disposées sous la figure d'un triangle dont le sommet est dirigé en avant et en dedans. Or il arrive à ces deux portions de se couder de manière à se rencontrer et à former une sorte d'arche, dans laquelle s'engagent et sont très-solidement maintenus les troncs qui se portent sur les premiers feuillets pulmonaires. La forme triangulaire de cette pièce contribue à écarter sur les côtés et rejeter les arcs branchiaux, et aussi à procurer plus de largeur à sa base pour suffire à l'articulation, non seulement du pleuréal du troisième arc, mais encore de celui du quatrième, qui a son insertion plus en dedans.

Cet os varie; sa variation dépend de la forme des parties latérales : il est plus petit dans les poissons à tête comprimée; mais même alors, il se soutient mieux que les première et seconde pièces, puisqu'il est déjà, ou qu'il se maintient constamment dans un état avancé d'ossification, quand les autres sont encore ou doivent rester cartilagineux.

La *quatrième* pièce offre un exemple de plus grande anomalie : les arcs inscrits sont nécessairement plus courts que ceux qui les circonscrivent. Pour qu'à ce titre le quatrième arc devînt le plus petit, il s'offrait divers moyens, et le plus simple en apparence était une diminution proportionnelle de tous ses composans. Mais nous avons vu plus haut que tous les pleuréaux étaient d'égale longueur, comme nous venons d'observer tout à l'heure, que c'étaient les pièces auxiliaires inférieures qui étaient successivement et graduellement diminuées. Il ne restait plus de prise à cette diminution pour la quatrième pièce; les pleuréaux des quatre arcs, en se portant sur la jonction de ces os avec leurs antécédens, se sont faits jour entre ceux-ci, les ont séparés, et, ainsi établis entre le troisième et le quatrième auxiliaire, sont parvenus à s'appuyer l'un sur l'autre, le pleuréal de gauche sur le pleuréal de droite. Les auxiliaires du quatrième arc, rejetés par là en arrière, n'ont pu conserver leurs connexions qu'en se rangeant en retour et en s'adossant chacun sur son pleuréal : mais par suite, il est arrivé que n'étant plus contenus à leur centre et par des pièces osseuses, comme le sont leurs analogues des premiers arcs, qui sont autant d'anneaux d'une chaîne continue, ils ne sont ni assujettis à une forme constante, ni restreints dans leur développement.

Les causes que je viens de rapporter n'ont pas influé seules sur ces divers résultats. L'auxiliaire du quatrième arc par sa position entrait nécessairement dans d'autres relations : terminant inférieurement le pharynx, ainsi que font les pharyngéaux à la région supérieure, il remplit le même office et fournit son bord postérieur aux attaches de l'ésophage : et comme tout dans l'organisation est actions simultanées et devoirs réciproques, ces connexions de l'ésophage auront contribué à mettre cet os hors de ligne et auront aidé à le ranger en retour et en arrière du pleuréal, auquel cependant il appartient et continue toujours d'appartenir.

Ces quatrièmes auxiliaires n'avaient jusqu'à ce jour été envisagés que dans ces rapports avec l'ésophage et le palais. Ils existent chez le poisson le plus commun de nos rivières, et conséquemment le plus souvent consulté, *la carpe*, dans un état de si grande anomalie et se trouvent si remarquables que c'est seulement ce qui a fixé sur eux l'attention. « Ce sont dans la carpe et tous les autres cyprins, deux os très-grands, très-forts, courbés en arc, qui se rapprochent par leur extrémité inférieure et qui tiennent par l'autre extrémité à la base du crâne au moyen de muscles très-puissans. Leur portion moyenne, beaucoup plus épaisse que le reste, forme en dedans un angle saillant qui supporte de véritables dents, simplement osseuses, de manière qu'elles opposent leur surface triturante à la base du crâne. » *Leç. d'anat. comp.*, 3, *p.* 292.

Des os couverts de dents, comme les pharyngéaux, qui bordent l'ésophage à son entrée inférieurement, comme font les pharyngéaux à l'égard de la voûte du palais, et qui se portent simultanément les uns au-devant des autres, pour agir sur la proie prête à s'engager dans le col de l'ésophage, la maintenir, la diriger et l'écraser de concert, ont dû paraître et ont paru en effet des os placés dans la même catégorie; on les a tous considérés comme autant de dépendances du pharynx, et les pièces dont nous nous occupons prirent de-là le nom d'os pharyngiens inférieurs.

Cependant tout me prouve qu'ils ne sont que dans une relation accidentelle avec le pharynx: leurs connexions et leurs services concernent l'ésophage seulement, tandis qu'à d'autres égards ils se montrent pièces de l'appareil branchial.

Ceci arrive, quand, par l'autre surface, ils servent de couvercle au cœur, logé dans un sinus vers la jonction des deux clavicules. Enfin ils sont creusés dans le sens de leur longueur en une très-large gouttière, qui favorise la distribution des principaux vaisseaux.

Nous avons dit plus haut que rendus plus indépendans par leur position excentrique à l'égard des arcs branchiaux, ils subissaient beaucoup de variations. Il n'est pas de mon sujet d'en donner ici le tableau ; mais je ne dois pas cependant omettre la plus importante pour l'objet de ce Mémoire. Quelquefois, comme par exemple dans l'espadon, l'orphie, les chétodons et les labres, au lieu des deux auxiliaires du quatrième arc, il n'en est plus qu'un seul, sur la ligne médiane, de forme triangulaire, prolongeant ses ailes sur les côtés, ayant sa surface supérieure hérissée de dents, et frottant contre une surface semblable que lui présentent et que lui opposent les deux plaques pharyngiennes de la base du crâne.

Telles sont les pièces, quatre de chaque côté, huit au total, qui, combinées avec les osselets impairs de l'hyoïde, composent le sternum intérieur qui porte les pleuréaux et les branchies.

Présentement, ces pièces sont-elles susceptibles de nous fournir de plus amples documens? Serions-nous dans le cas d'en retrouver quelques traces dans les autres animaux vertébrés? Y auraient-elles en effet leurs analogues? C'est parce que j'ai compté sur une réponse affirmative que je viens de les décrire avec ce détail.

§. V.

Des pièces Laryngiennes chez les mammifères.

Nous resterions sans renseignemens, si nous nous bornions à consulter la seule forme de ces os : mais nous serons sans doute plus heureux, si, saisissant le fil qui nous a jusqu'à présent dirigés dans ces recherches, nous prenons confiance dans les résultats fournis par les connexions et les fonctions.

Or les connexions des pièces auxiliaires, et même à beaucoup d'égards leurs fonctions, nous ramènent vers les hyoïdes d'une part, et vers l'œsophage de l'autre : le champ de notre recherche se trouve donc tout-à-fait circonscrit.

Voyons dans cet esprit les animaux des classes supérieures. Existerait-il chez eux des os ou des cartilages entre l'hyoïde et l'ésophage? Il n'est personne, pour le peu qu'on soit au courant de l'anatomie, qui ne le sache. Là est le larynx formé d'un même nombre de pièces, utiles auxiliaires de l'organe respiratoire. Nous pouvons donc nous croire sur la voie, et nous demanderons au larynx des oiseaux en particulier de nous y servir de guide.

Mais ce ne sera toutefois qu'après en avoir pris une connaissance approfondie : car si nous nous en rapportions à ce qu'on en a publié dans ces derniers temps, nous croirions que le larynx supérieur des oiseaux ne ressemble pas au larynx des mammifères; qu'il n'y a chez les oiseaux, ni *cartilage arythénoïde*, ni *thyroïde*, ni *épiglotte*, et qu'en définitive, leur larynx se compose de quatre ou de six os, dont un seul aurait son analogue dans le cricoïde de l'homme et des mammifères (1). Nous aurions ainsi, pour marcher à la connaissance de pièces inconnues, à opérer sur d'autres inconnues. Cette circonstance nous oblige à remonter plus haut dans l'échelle des êtres et à aller puiser nos renseignemens à la source des connaissances anatomiques, c'est-à-dire, à revoir ce que nous enseigne à cet égard l'anatomie médicale.

Le long tube membrano-cartilagineux, qui sert de manche et de canal à l'organe pulmonaire, est terminé dans les mammifères par une cavité à pièces mobiles qui occupe la région antérieure et supérieure du col, ou par le larynx. Ces pièces sont dites les *cartilages du larynx*, et données pour des *cartilages*, de ce qu'elles conservent long-temps leur premier état cartilagineux. Elles

(1) Je trouve que plus anciennement Vicq-d'Azir était entré dans l'esprit de ces recherches. Il est fâcheux qu'il n'ait point approfondi davantage son sujet et qu'il se soit borné aux indications suivantes : « La glotte des « oiseaux ressemble assez à celle des quadrupèdes ; la pièce « triangulaire, qui est placée au-devant, répond, non au « cricoïde, comme Perrault l'a dit, mais au thyroïde, « et les ligamens latéraux aux arythénoïdes. » *Mémoire sur la voix, Acad. des Sciences, année* 1779.

ne prennent en effet de consistance osseuse chez l'homme que dans sa vieillesse (1). Elles suivent un autre mode, s'ossifient plutôt et acquièrent ainsi des droits à être comprises parmi les dépendances du squelette dans nos grands animaux, le cheval, le cerf, le taureau et le sanglier.

Cette remarque n'avait pas échappé à Bichat, qui cependant n'a emprunté ses vues que de travaux anatomiques sur l'homme. La couleur grisâtre et non éclatante des cartilages du larynx,

(1) Quelquefois beaucoup plutôt, quand c'est à la suite d'un accroissement extraordinaire de tout l'organe vocal, comme dans l'exemple que j'ai cité plus haut à l'occasion de l'hyoïde figuré n°. 87. Le larynx de *notre marchand d'habits* était arrivé à un développement et à une ossification en proportion aussi considérables que l'hyoïde. Ce développement était plus fort d'un côté, et c'est une objection dont on s'était étayé pour attribuer à une circonstance de pathologie la cause de la singulière observation que j'ai rapportée. Mais alors il faudrait donc frapper de la même objection tous les développemens extraordinaires qui tiennent à un emploi plus fréquent de quelques membres, et par exemple comprendre dans cette même catégorie celui de la main droite, généralement mieux disposée et plus forte que la gauche. Les crieurs des rues, dont le même couplet revient sans cesse, prennent l'habitude de le chanter du même côté; ce qui suffit pour donner à une partie de l'organe vocal une extension plus grande qu'à l'autre.

leur tissu épais et très-solide, des points rougeâtres comme on en voit dans tous les noyaux d'une ossification commencée, une substance aréolaire d'où il avait exprimé une quantité sensible d'huile analogue à celle des os; toutes ces considérations avaient suggéré à Bichat l'idée que c'étaient-là des os à demi-formés.

On a donné à ces cartilages les noms suivans: à celui qui occupe la partie antérieure et latérale de l'appareil, le nom de *thyroïde*, de sa forme en bouclier; celui de *cricoïde* à une autre pièce plus solide et qui soutient tout ce long vestibule, de sa disposition annulaire; et le nom d'*arythénoïdes*, c'est-à-dire, en manière d'aiguières, à deux pièces pyramidales et triangulaires placées sur le cricoïde, qu'elles débordent en dedans.

C'est de quoi seulement se compose le larynx en pièces d'une ossification plus ou moins avancée: on a aussi compté au nombre des matériaux qui le constitue un cartilage impair, mou, et qui est attaché sur le bord antérieur de la face interne du thyroïde, *l'épiglotte*, que j'ai, dans les cerfs seulement (*voy. lettre h*, *fig.* 54, 55 *et* 56), trouvée parsemée de points osseux, et deux cartilages pairs, aussi peu consistans, les *tubercules*, ou les cartilages *cunéiformes* (*lettres* gl, *mêmes numéros*, *et aussi numéros* 59, 61 *et* 63), tubercules que Santorini, qui les a connus le premier, a appelés *capitula cartilaginum arythenoïdearum*, les sommets ou les appendices des arythénoïdes : ils occupent l'intervalle existant entre l'épiglotte et les arythénoïdes.

Je n'insisterai pas davantage sur ces pièces, qui sont parfaitement connues par l'anatomie humaine : leur nombre et leurs relations respectives étaient seulement ce qu'il nous importait de rappeler en ce moment.

§. VI.

Des pièces Laryngiennes chez les oiseaux.

C'est encore ici le lieu de le redire; les mammifères et les oiseaux se suivent de trop près, pour que ces mêmes considérations n'appartiennent pas aux uns comme aux autres. Ayant trouvé, ce que j'ai développé dans le Mémoire précédent, la cause qui avait fait varier leurs hyoïdes, et fait connaître ce qui avait rendu leur identité méconnaissable, c'était un premier pas de fait pour arriver à l'identité de leur larynx.

L'hyoïde à l'égard du larynx occupe une position, transversale dans les mammifères, et longitudinale dans les oiseaux. Les petites cornes, nos glosschyaux, qui suspendent le larynx des mammifères, en y employant des cartilages prolongés sur les ailes du thyroïde, sont dans les oiseaux reportés en avant et deviennent les os et les cartilages de leur langue. C'est l'hyoïde tout entier qui a fait un quart de conversion, et ce mouvement a ramené en arrière le corps et la queue de cet appareil. La queue de l'hyoïde ou l'urohyal, ainsi substitué aux petites cornes, ou plutôt les remplaçant pour porter le larynx, n'a pu y procéder en y employant les mêmes tendons, qui, comme nous venons de le dire, ont déjà quitté prise et sont entrés dans la contexture de la langue. Il a donc fallu que le thyroïde, atteint à son centre par l'urohyal, pourvût par lui-même à cette absence de cordes cartilagineuses et y affectât les membranes qui se trouvent sur ce centre. Or ce qui dans les mammifères existe là de vacant, pour ainsi dire, qui fasse saillie à la partie antérieure, et qui par sa position se trouve en contact avec l'urohyal, c'est l'épiglotte. Telle est en effet la lame fibro-cartilagineuse qui dans les oiseaux attache et suspend le larynx à la queue sur la partie médiane de l'hyoïde. L'épiglotte ne manque donc point dans les oiseaux (1), elle n'a fait qu'y pas-

(1) J'ai figuré l'épiglotte dans mes planches de deux manières; d'abord pl. 5, numéros 60, 61 et 63, où elle est dégagée de ses liens et où elle forme une lame propre à la suspension du thyroïde; et de plus, pl. 5, numéros 71

ser à un autre service ; ses usages, mais non ses connexions, ont changé : et elle est en effet tellement entrée dans son nouveau rôle, qu'on peut dire que quelquefois elle ne s'y épargne pas, puisqu'elle devient dans certaines espèces, le héron par exemple, un très-long ruban, qui porte la trachée-artère à une très-grande distance de l'hyoïde.

L'épiglotte des oiseaux n'ayant point été reconnue sous cette métamorphose, on s'est cru autorisé en conséquence à conclure de son absence présumée à la non conformité des deux larynx. Je ne partage point ce sentiment, et je crois que, la métamorphose de l'épiglotte appréciée, il n'est rien de plus facile que de ramener les larynx des deux classes aux mêmes considérations.

De ce que les pièces du larynx des oiseaux paraissent souvent dans un état assez avancé d'ossification, nous ne verrons point là une objection, s'il est vrai que, dans les mammifères, elles tendent à devenir des os achevés, et si nous avons été fondés à reconnaître, avec Bichat, que c'est à la suite d'observations qui n'avaient pas été assez réfléchies et qui n'avaient été appliquées

---

et 72, où elle est réunie aux tégumens communs, et où, en se plissant, elle devient un épais bourrelet qui s'étend sur la glotte.

qu'à de premiers progrès de l'ossification, que l'on s'est servi de la dénomination de cartilages.

§. VII.

Correspondance des pièces Laryngiennes des mammifères et des oiseaux.

Toutes les parties du larynx dans ces deux classes se correspondent entièrement;

D'abord, par leur situation : Dans l'une et l'autre est, en devant ou en bas du cou, selon que la situation est verticale ou horizontale, une très-large pièce en forme de bouclier, le *thyroïde*; et en arrière ou au-dessus, cinq pièces qui constituent un autre ensemble, et qui, ayant leurs points d'appui du côté de la trachée-artère, font la bascule à l'autre extrémité et s'enfoncent plus ou moins dans la concavité du thyroïde, selon qu'il est nécessaire de donner moins ou plus d'ouverture à la glotte.

Secondement, en nombre : Des cinq pièces, une première paire est toujours dans l'état mou et de fibro-cartilage : ce sont les tubercules de Santorini qui soutiennent les lèvres de la glotte, et qui dans les oiseaux, à raison de l'éloignement de l'épiglotte et pour embrasser toute l'entrée du conduit aérien, sont des filets alongés. Au-dessous et en arrière, sont d'abord la seconde paire, les os arythénoïdes, et en second lieu, tout à fait derrière et posé sur la trachée-artère, l'os cricoïde. Ce dernier est la seule partie de ces larynx qui ait été embrassée sous le même point de vue et qu'on ait nommée de même; bien que dans les oiseaux ce ne soit plus un os annulaire, mais de ce que cette analogie était indiquée avec certitude par la situation de l'ésophage, qui pose et s'attache sur le cricoïde. Cette analogie présente un plus grand caractère de certitude, si, comme je le pense, le cricoïde des mammifères ne diffère de celui des ovipares que pour s'être adjoint vers le bas le premier anneau de la trachée-artère. Toute sa portion annulaire ne serait que ce premier cercle. Je lui ai donné un autre signe, la lettre *o*, *pl.* 5, *fig.* 55 *et* 56; reservant les lettres *cr* pour le corps du cricoïde, ou plutôt pour cet os lui-même.

En troisième lieu, sous le rapport des connexions: Les arythénoïdes sont placés entre les tubercules de Santorini et le cricoïde, et atteignent également le thyroïde sur ses bords, ou pénètrent dans sa concavité, selon les mouvemens qui leur sont imprimés. Le cricoïde occupe invariablement la même place : il est appuyé d'une part sur le premier anneau du conduit aérien (dans les mammifères, ce serait sur le second), et de l'autre il s'articule par le bas avec les ailes du thyroïde, et supérieurement avec les arythénoïdes, en même temps qu'il fournit tout aussi constamment une portion de sa surface extérieure aux attaches de l'ésophage. Le thyroïde, qui tient par sa base au cricoïde, a toute sa face concave constamment occupée par les pièces du pourtour de la glotte, et toute sa surface convexe par ceux des os de l'hyoïde qui sont dirigés de son côté. Enfin les tubercules de Santorini doivent à leur forme alongée dans les oiseaux d'y être restés compris entre l'épiglotte et les arythénoïdes.

Quatrièmement, sous le rapport des fonctions : Chaque pièce les a toutes invariablement conservées; chacune, jusqu'à l'épiglotte elle-même, puisque, formée en partie dans les mammifères par une duplicature de la membrane thyro-hyoïdienne, sa continuation contribue à attacher le larynx au corps de l'hyoïde, et que dans les oiseaux le boursouflement de la lame épiglottique, qui a lieu quand la trachée-artère est refoulée en avant, forme un *veru-montanum*, et même quelquefois un repli très-prolongé au-dessus de la glotte, et empêche de cette manière les alimens de s'introduire dans les voies respiratoires, quand s'opère la déglutition.

L'épiglotte est ainsi fidèle à ses deux usages, mais dans une proportion différente dans chaque classe : elle porte dans les mammifères, mais trèssecondairement, le larynx, et agit avec plus d'efficacité à l'égard de la glotte en s'abaissant dessus à la manière d'un couvercle à charnière; et dans les oiseaux, où, pour fixer le larynx, elle n'est plus soulagée par les petites cornes ou les cartilages des ailes du thyroïde, elle se déplisse afin de soutenir, à elle seule, tout le poids du conduit aérien, en même temps que par un boursouflement, ou même par un repli qui ne laisse pas de s'étendre et de se prolonger à volonté et dans le besoin, elle agit avec plus ou moins d'efficacité sur la glotte et amène dessus, quand se fait la déglutition, le plus souvent, au lieu d'un couvercle de toute son étendue, un simple obstacle, et dans quelques oiseaux, une lame qui se prolonge jusque sur la moitié de la glotte.

Cinquièmement, enfin *eu égard à la forme*, mais avec les restrictions suivantes. Ce qui diffère le plus dans les deux classes est l'épiglotte, ainsi que nous venons tout à l'heure de le remarquer. Mais cette différence n'est pas aussi grande qu'on le supposerait au premier aperçu et surtout n'a rien d'essentiel, si d'abord la saillie que forme dans les mammifères l'épiglotte vers le haut du thyroïde ne provient que d'un repli plus ample de la membrane thyro-hyoïdienne; et que dans les oiseaux, à raison de la plus grande longueur de leur cou, le repli n'est qu'effacé; et si en dernier lieu le tissu (1) de ce fibro-cartilage est le même dans les uns et dans les autres. Or c'est exactement ce qu'on observe; car, dans le premier cas, le repli n'est jamais si absolument effacé qu'il n'y en reste par fois quelques indices. Le bécasseau, entr'autres, m'a montré une bulbe qui est réellement un vestige permanent d'épiglotte; et dans le second cas, l'épiglotte est également, dans les deux classes, recouverte de sa membrane muqueuse, et se trouve de même parsemée de glandes logées au fond de trous si petits que, faits par des piqûres d'épingle, ils ne pouraient l'être davantage.

La partie du larynx qui, par sa situation et une même disposition générale, correspond chez les oiseaux au thyroïde des mammifères, en diffère par sa séparation en trois pièces : c'est qu'alors les ailes thyroïdiennes sont détachées de la pièce médiane.

C'était une indication pour retrouver un arrangement analogue dans les mammifères. J'y ai regardé et j'ai trouvé exactement la même chose dans les lièvres (*voy. fig.* 58). Le thyroïde des

(1) Le tissu de l'épiglotte est généralement homogène; il n'y a guères d'exception à cet égard que dans les animaux ruminans. Leur épiglotte *h*, *fig.* 54, 55 *et* 56, est toute couverte de parcelles de matière osseuse.

mammifères, pièce unique comme cartilage, se transforme en un ou trois os solides, commençant à se développer par cinq points osseux, principalement au centre où cette portion devient une grande et large plaque, et sur les ailes qui forment deux appendices ayant pour origine quatre petits points écartés. Cette donnée étant constante, pour le surplus, le thyroïde varie beaucoup. La plaque impaire se compose de deux cœurs adossés par leurs pointes dans le bœuf : ce n'est, dans le cheval, qu'un petit osselet d'où sortent deux ailes longues et étroites, et c'est un disque elliptique bien plus ossifié dans le cerf que partout ailleurs. Ainsi pour des voix différentes, sont des thyroïdes d'une structure différente.

Le cricoïde varie de même, mais non au même degré que ce dernier. C'est une large platine adossée à l'ésophage, et à laquelle je suis persuadé qu'un premier anneau de la trachée-artère s'est joint en devant. Un cerf de trois ans (*voy. fig.* 55) m'a montré l'ossification de cette pièce commençant aux deux points où s'attache l'ésophage : il n'y aurait dans les oiseaux que la large platine ci-dessus, et point les deux apophyses qui se répandent dans les portions annulaires.

Les arythénoïdes sont assez semblables chez les animaux des deux classes, et j'ai déjà dit en quoi consistaient les modifications survenues dans les oiseaux aux tubercules de Santorini.

Les détails dans lesquels je viens d'entrer établissent, ce me semble, que le larynx des oiseaux est, sous tous les rapports, comparable à celui des mammifères, et nous montrent ses différences bornées aux seules considérations suivantes. Le thyroïde chez les oiseaux est constamment formé de trois pièces : le cricoïde se trouve réduit à un osselet trapu et aplati ; les arythénoïdes paraissent en être une dépendance, comme les tubercules de Santorini, prolongés en filets, semblent être la continuation des arythénoïdes ; enfin l'épiglotte n'est plus qu'une lame alongée, qui est quelquefois terminée par une très-petite bulbe, au-devant de la glotte.

Il m'a suffi pour donner le type du larynx des oiseaux, des deux exemples représentés dans mes planches, l'un n°. 63, figuré d'après l'oie, et l'autre que j'ai pris de la sarcelle d'hiver et que j'ai employé sous les numéros 60, 61 et 62. Afin de rendre plus sensibles toutes les parties de ces larynx, j'ai fait dessiner ces appareils au double de leur grandeur naturelle. Les points osseux s'y distinguent des cartilages où ils se sont développés par plus de relief.

Nonobstant cet avis, je crois encore utile, à l'égard du n°. 61, de prévenir que la pièce marquée *ár* n'est pas subdivisée, comme une certaine apparence le pourrait faire supposer, mais que ses deux aspects dans la gravure s'appliquent à ses deux différens états, et fournissent ainsi les moyens d'apprécier distinctement l'ossification de la partie postérieure et la nature cartilagineuse de la partie antérieure.

§. VIII.

De la portion de trachée-artère, nommée Larynx inférieur dans les oiseaux.

Il nous faut présentement aborder une autre question. Qu'est-ce dans la théorie des analogues et comment y doit figurer le larynx inférieur des oiseaux? C'est à cette théorie elle-même à nous donner sa réponse.

Vous apercevez là un appareil considérable, un organe autant compliqué dans sa composition, qu'il est admirable pour l'empire qu'il exerce sur les sens. Cherchez-le donc partout, et faites que s'il vous paraît peu développé et sans influence, du moins bien manifestée, dans quelques animaux, vous l'y suiviez néanmoins de trace en trace sans hésitation. « Mais dans ce cas, *di-*« *rez-vous*, il faudra donc revenir sur une pro-« position qui a l'assentiment général, et re-

« connaître que tous les animaux vertébrés, et « non les seuls oiseaux, comme on l'a cru jus- « qu'ici, sont pourvus d'un larynx inférieur. » Sans doute; ou bien si l'observation ne mène point à ce résultat, croyez qu'il n'y a nulle part de larynx inférieur, et que si dans les oiseaux on a remarqué quelque chose dont on ait cru pouvoir s'autoriser pour en établir un, c'est-à-dire, pour placer sous ce nom sur la ligne des premiers matériaux de l'organisation un prétendu appareil, il est là une difficulté inaperçue et très-probablement une circonstance susceptible de diverses interprétations. On est si souvent dans le cas d'accepter de confiance une explication, sur le motif qu'on n'en avait pas imaginé de meilleure.

Ainsi la doctrine des analogues nous prescrit de douter et nous donne une direction nouvelle. Nous assurerons encore mieux notre marche, en recherchant comment s'est introduit le système de nomenclature présentement en usage.

L'anatomie humaine, en consacrant le nom de larynx pour désigner l'entonnoir cartilagineux qui est placé en tête de la trachée-artère, s'en est servi sans le définir d'une manière bien précise. Si d'abord elle l'a appliqué à la chose même, elle y a rattaché l'idée des fonctions de cet organe : et comme les choses nous intéressent encore plus par leur usage que par leur composition, on en vint à ne plus songer qu'à celui de ces rapports qui avait le plus préoccupé. Les anciens, Galien entr'autres, nous en donnèrent l'exemple, et le larynx fut définitivement et généralement considéré comme le principal organe de la voix.

C'est sur ces entrefaites que Perrault vint à découvrir que la voix des oiseaux se formait à la base et au point de partage de la trachée-artère. Ce célèbre anatomiste, croyant apercevoir en ce lieu les élémens et toutes les conditions d'un vrai larynx selon la définition adoptée de son temps, ou du moins ne pouvant méconnaître que ce qu'on prenait pour la principale fonction du larynx s'y exécutait, y transporta l'organe lui-même ; ce qu'il appela *larynx interne*. (*Voyez sa Mécanique des animaux, tome 2, page* 394).

Vicq-d'Azir alla beaucoup plus loin pour faire moins bien, ce me semble. « Il n'adopte pas les « deux larynx de Perrault ; le larynx *interne* et « celui *d'en haut*, préférant faire deux parts de « l'unique larynx des mammifères, qu'il place « à chaque bout de la trachée-artère, la glotte « en haut, et le reste de *l'organe de la voix* au « bas et vers la division des bronches. » (Mémoire sur la Voix ; Académie des Sciences pour l'année 1779; et encore, tome 1, page 173 de l'édition dont nous sommes redevables aux soins de l'estimable M. Moreau, *de la Sarthe*).

Il paraît que Perrault se repentit plus tard d'avoir fait une innovation dont on pourrait abuser par la suite : car dans ses belles monographies d'anatomie comparée, ayant eu à décrire les mêmes choses dans un oiseau *dit* la demoiselle de Numidie, il se borna à la remarque suivante : « Au bas de l'aspre-artère, il y avait « un nœud osseux, ayant la *forme* d'un larynx, » ajoutant plus bas un essai de détermination des pièces du véritable larynx (le larynx d'en haut), qu'il jugea *composées d'un cricoïde et d'un arythénoïde; comme en l'oie*, ajouta-t-il; détermination qui ne fut pas goûtée de Vicq-d'Azir, comme nous l'avons déjà rapporté en la note de la page 243.

Mais quoique fît Perrault sur la fin, l'impulsion était donnée et un nouvel appareil sous le nom de larynx inférieur fut attribué aux oiseaux.

En effet, Hérissant (Mémoire de l'Académie des Sciences pour l'année 1753,) s'empara des idées de Perrault, et alla même jusqu'à lui adresser le reproche de ne les avoir pas constamment et assez complètement généralisées; et depuis tous les auteurs, notamment le célèbre icthyologiste Bloch, dans les mémoires de la Société des naturalistes de Berlin pour 1782, tous les auteurs qui décrivirent l'organisation générale des oiseaux se rangèrent à cette opinion; laquelle reçut enfin une bien mémorable sanction par le grand et important travail de M. Cuvier, intitulé, *du Larynx inférieur des oiseaux*. Ce travail, qui parut en 1795, est imprimé dans le Magasin encyclopédique, tome 2, page 330; il fut le prélude d'un ouvrage plus considérable, ayant pour titre, *des Instrumens de la Voix des oiseaux*, dont la publication a eu lieu en 1801, dans le Journal de Physique, cahier de prairial an 8.

Cette direction des esprits fut cause que ce n'est plus à un ensemble de parties posées sur la trachée-artère, suspendues à l'hyoïde, s'épanouissant comme les pétales d'une corolle pour l'introduction de l'élément respirable dans les bronches, ou se rabattant comme les ailes d'un pont-levis pour le passage du bol alimentaire; que ce n'est plus à des pièces présentant un caractère tellement déterminé que chacune a son nom et sa fonction distincte; que ce n'est point enfin à des pièces, dans des conditions aussi spéciales, qu'on donne aujourd'hui le nom de larynx : il est évident que ce nom, qui du temps de Perrault n'avait déjà qu'une signification trèséquivoque, changea d'acception depuis que, transporté aux oiseaux, il a été adopté pour un tout autre système d'organes.

Depuis, en effet, dans tous les livres et par tous les professeurs d'anatomie, le larynx a été défini et donné comme l'organe de la voix proprement dit. Je lis cette définition dans un ouvrage qu'on regarde comme la rédaction la plus récente des meilleures doctrines sur la science de l'organisation, dans l'excellent *Précis* sur la physiologie de M. le docteur Magendie. Bichat lui-même, qui ne suivit que les inspirations de son génie, et qui se fraya une nouvelle route à travers les sentiers battus des anciennes théories, inséra son chapitre du *larynx* ou *des appareils de la voix*, dans un volume différent de celui où il traite de la poitrine et des organes respiratoires.

Si c'était sans un grave inconvénient dans l'anatomie humaine qu'on eût agi ainsi, parce que rien ne s'opposait à ce qu'en considérant le larynx comme un ensemble donnant lieu au phénomène de la voix, on ne vit aussi en cet organe un appareil propre à favoriser et la déglutition de l'air au profit de la poitrine, et celle du bol alimentaire en faveur de l'ésophage, il n'en était pas de même en anatomie comparée. Il ne pouvait être également indifférent d'employer le mot *larynx* dans un sens aussi détourné de sa primitive acception : car alors ce nom cessait d'être le signe indicatif d'une chose substantielle et fixe, pour devenir celui de toute réunion de parties où la voix pouvait être engendrée.

Ainsi, bien que dans le précédent paragraphe, j'eusse démontré que la première couronne de la trachée-artère des oiseaux se trouve formée des mêmes parties que celle des mammifères, et qu'en outre je les eusse vues concourant au même but et composant de même une porte à plusieurs battans, qui s'ouvre pour le passage de l'air et qui se ferme aux approches de toute autre substance, ce n'était plus là un larynx, dans ce sens que la voix ne se produisait plus en ce lieu. Toutefois on lui en conserva le nom; et si on le fit par l'emploi du mot *larynx supérieur*, ce fut par extension et en dérogeant évidemment au principe qui avait présidé à l'adoption du nom de *larynx inférieur*. C'est ce que reconnut si bien Vicq-d'Azir, que, sans doute pour rester conséquent à ses premières vues, il préféra partager le larynx lui-même et en transposer quelques pièces, plutôt que d'adopter un aussi vicieux système de nomenclature.

Nous venons de voir comment le nom de larynx inférieur s'est introduit dans le langage des anatomistes, et comment, n'étant d'abord qu'une locution commode pour exprimer le lieu d'une fonction analogue à la fonction supposée du larynx, ce nom a pris peu à peu assez de consistance pour qu'on ait considéré la base de la trachée-artère comme un appareil à opposer pour son importance au larynx d'en haut. La nécessité de désigner une chose qu'on trouvait remarquable et l'usage, bien plus que la réflexion, ont décidé de l'adoption de ce nom.

Puisque nous ne voyons pas qu'on se soit occupé *ex professo* de comparer ce prétendu larynx au véritable, nous allons essayer de le faire, en suivant avec exactitude dans cette recherche ce que nous enseigne la théorie des analogues.

La question se pose ainsi : existe-t-il, à la base du tuyau introductif de l'air et à son point de partage, un organe spécial, dont la nature se rapporte à celle du larynx, qui soit du même rang et qu'on doive également comprendre parmi les premiers matériaux de l'organisation ? C'est à regret que j'examine cette proposition, craignant par-dessus tout de m'exposer au soupçon de donner dans les manières et d'affecter les prétentions d'un novateur.

En commençant les travaux nécessaires et en faisant nombre de dissections pour parvenir à connaître et à déterminer tout l'appareil des arcs branchiaux, j'étais imbu des principes de l'école et je ne doutais nullement qu'il n'y eût chez les oiseaux un larynx inférieur, au même titre et du même rang que le larynx supérieur. Ce fut donc pour faire cadrer ma croyance à cet égard avec la doctrine des analogues, que je me mis à chercher dans les oiseaux, *d'abord*, quels étaient les attributs constitutifs et essentiels de ce système d'organisation, et *ensuite*, dans les autres animaux vertébrés, quelles traces en restaient chez eux visibles.

N'entendant rien encore à la composition des arcs branchiaux, je les examinai dans un grand nombre de sujets, et multipliai mes anatomies, espérant toujours que les poissons me montreraient en grand et me feraient enfin concevoir un système que je n'apercevais ou que je croyais n'apercevoir, même chez les oiseaux, qu'en traces fugitives. Toutes ces recherches furent vaines dans cette direction, et je ne saurais dire combien elles m'ont coûté d'efforts et fait perdre de temps.

Obligé de revenir sur mes pas, je rentrai dans les limites de l'observation, et je me mis à considérer (sans préjugé cette fois) ce qui constituait l'objet qu'on avait jusqu'alors regardé comme le larynx inférieur des oiseaux.

J'aperçus d'abord que l'immobilité de leurs poumons encastrés dans les côtes formait une circonstance qui entrait pour quelque chose dans les élémens du problême. Les poumons des oiseaux n'arrivent ni ne peuvent arriver audevant de la trachée-artère, et c'est à celle-ci à prolonger ses doubles branches, selon l'emplacement et une certaine convenance, pour gagner la poitrine. Cette plus grande extension à partir de la bifurcation de la trachée, cette extension dont on ne saurait méconnaître la cause, se rapporte donc à une modification légère du tuyau introductif de l'air, et est effectivement une modification bien légère de ce qui existe dans les mammifères, si c'est dans cette classe qu'on doive considérer l'état normal de ce systême d'organisation.

Mais pour n'être qu'une variation du plus au moins, et pour ne valoir en conséquence que bien peu comme caractère zoologique, cela n'empêche pas que cette modification n'amène un immense résultat comme fonction. En effet, pour peu que sur cette membrane, à qui M. Cuvier a accordé une certaine importance, puisqu'il l'a désignée sous un nom particulier, celui de *tympaniforme* (*Anat. comp.*, *t.* 4, *p.* 465); pour le peu, dis-je, que sur cette membrane, d'une étendue superficielle plus grande, soient répandus des moyens qui la tendent fortement et qui là puissent mettre en position de vibrer, on a sous les yeux un ordre de choses, qu'on sera d'autant plus porté à prendre pour un organe vocal, qu'on sera plus sensible à l'effet prodigieux qui résulte d'un pareil arrangement.

Car autrement, cette membrane, qui existe dans tous les animaux à respiration aérienne, n'y est plus que la suite et le complément nécessaire du tuyau introductif de l'air dans les poumons, et seulement un appendice, dans des dimensions variables et calculées sur la distance que le premier partage de la trachée met à parcourir pour se convertir et se subdiviser en bronches. Ainsi cette membrane n'est profitable et n'acquiert véritablement de fonction, de la même manière que si elle constituait un organe vocal, que dans un assez petit nombre d'oiseaux.

C'est ce qu'on trouve dans les espèces où la membrane tympaniforme est tapissée de fibres musculaires. Ces fibres sont exactement à son égard ce que sont les tirans d'un tambour à la peau qui coiffent cet instrument. En effet, toute peau qui ne serait que placée sur son cylindre ne pourrait ni vibrer, ni résonner : mais elle redevient sonore dès qu'elle est fortement tendue. Tel est l'objet des tirans et le motif qui porte à agir sur cette sorte de garniture avant de battre la caisse.

Ces muscles qui recouvrent la membrane tympaniforme correspondent donc à cette garniture : ils sont un moyen mis à la disposition des oiseaux, pour faire qu'un appendice nécessaire du tuyau introductif de l'air dans les bronches, soit exactement tendu et puisse momentanément servir à résonner. Plus ces muscles auront de volume et de puissance, plus ils seront nombreux ; ou mieux, plus ils seront diversifiés relativement à la direction de leurs fibres, et plus aussi la membrane tympaniforme prendra d'aptitude pour la production du son. C'est ce qu'a parfaitement reconnu M. Cuvier, qui a décrit jusqu'à cinq paires de muscles dans les oiseaux, dont la voix a le plus d'intensité, ou se prête le mieux aux accens les plus variés et les plus enchanteurs.

Mais quand ces muscles seraient la seule chose en plus, au bas du conduit aérien des oiseaux, et conséquemment la seule considération dont on aurait pu s'étayer pour ériger la bifurcation de leur trachée-artère en un larynx inférieur, lequel n'existerait pas dans les autres animaux, ces muscles seraient-ils, pour cela seul, de nature à être considérés comme un organe à part ?

Pour qu'il en soit ainsi, il faudrait d'abord qu'ils se fussent fait remarquer par leur constance, surtout dans une famille aussi naturelle que l'est le groupe des oiseaux : or c'est ce qui n'est pas. Une partie des oiseaux en est, dit-on, privée, et les autres en ont ou une paire, ou trois paires, ou cinq paires. Il faudrait aussi que dans leur manière de se simplifier, ils eussent été soumis à la même loi, c'est-à-dire, qu'ils eussent conservé la même direction et les mêmes points d'attache ou d'insertion ; et cela n'est pas davantage. Les six muscles du perroquet diffèrent dans leur tirage et dans leur fonction des dix muscles du larynx des grives. Il faudrait enfin que si les cinq paires de muscles sont par leur nombre dans le cas de contribuer à la perfection du larynx inférieur, les êtres pourvus des mêmes moyens fussent de la famille de ces oiseaux, que nous appelons *chanteurs* par excellence. Mais si telle est l'organisation de ceux-ci (les rossignols, les fauvettes, les grives, les chardonnerets, les pinsons, les serins, les linottes, les alouettes, etc.), c'est aussi celle des oiseaux dont le chant est uniforme, tels que les hirondelles, les étourneaux, les gros-becs, les moineaux, etc., comme c'est encore celle d'oiseaux dont la voix est décidément désagréable et ne se compose que de cris aigus ou de croassemens sourds, tels que les geais, les pies et les corneilles. (*Anat. comp.*, *t.* 4, *p.* 482).

Mais, dira-t-on, du moins ces muscles ne surviennent pas à la naissance des bronches, sans y produire un événement important. Oui, sans doute, je ne l'ai point dissimulé, dès que j'ai reconnu qu'ils y rendent la membrane tympaniforme propre à résonner. Mais ce serait par trop étendre cette conséquence que de voir en ces muscles des organes créés *ad hoc*, et finalement des organes vocaux; cette conséquence pouvant conduire à la fausse supposition que les animaux qui en seraient privés, seraient nécessairement et essentiellement muets. On sait positivement que ce n'est point le cas de certains oiseaux qui diffèrent de leurs congénères par la privation de ces muscles. La plupart des espèces du genre *anas* n'en ont souvent qu'une voix plus criarde, qu'elles doivent à un autre mécanisme. Les cerceaux cartilagineux du bas de la trachée-artère sont plus développés et y forment une sorte de goître. Si ces oiseaux veulent crier, ils fléchissent le cou d'une certaine manière, d'où il résulte que le goître est tiraillé en tout sens et que les membranes répandues entre ses parties sont fortement tendues.

Si nous admettons les règles, à cet égard positives, de la zoologie pour apprécier la valeur de ces considérations, et qu'à cet effet nous recourions à la loi *dite* de la subordination des caractères, nous n'apercevrons là que de fort légères modifications. En effet, on n'y trouve aucune apparence de fixité. Des muscles sont, dit-on, ajoutés en cette partie du tube aérien des oiseaux ; mais ils n'y sont pas de même forme, ou ils varient par leur nombre, ou ils manquent chez la plupart ; et s'il y a une circonstance qui supplée à leur absence, elle se rapporte à un développement très-irrégulier des cerceaux bronchiques, avant qu'ils pénètrent dans les poumons. Ainsi, lorsque les circonstances les plus fugitives de l'organisation, comme les couleurs, par exemple, se reproduisent encore assez constamment dans les séries naturelles, les voies respiratoires sont dans l'état le plus variable : elles varient d'espèce à espèce, dans quelque genre qu'on les considère, et ce qui est enfin d'une toute autre conséquence, elles varient de sexe à sexe dans la même espèce : tout le monde sait en effet que beaucoup d'oiseaux mâles, tout aussi bien que dans leur plumage, diffèrent en ce point de leurs femelles.

C'est dans cette suite d'observations que j'ai pris l'opinion qu'il n'y a d'appréciable chez les oiseaux à la naissance des bronches, qu'une réunion fortuite des circonstances dépendantes de causes très-variables. Je ne puis donc voir dans cet aggrégat accidentel un *larynx inférieur*, tel qu'il a été admis jusqu'à ce jour, puisque des moyens organiques d'une composition aussi simple, quoique suffisans pour donner lieu à la formation de la voix, ne peuvent, à eux seuls, constituer un organe de premier rang et ne sauraient être placés sur la même ligne, et, encore moins, opposés au véritable appareil laryngien, vestibule de l'organe respiratoire, formé de pièces ayant toutes un caractère déterminé et des fonctions également distinctes et importantes; à un organe, enfin, aussi remarquable par le mérite et le service de chacun de ses élémens, que par leur commun accord et l'appui qu'ils se prêtent mutuellement.

Mais si l'on s'est bien pénétré de toutes les conséquences de la doctrine des analogues, on aura à objecter contre ce résultat, qu'il ne saurait rien intervenir chez les oiseaux, bien que dans des conditions très-variables, qu'on en doive apercevoir quelques traces dans les autres classes d'animaux vertébrés. La théorie des analogues voulant impérieusement qu'on retrouve de même chez ceux-ci quelques paquets de fibres musculaires à la partie postérieure de la bifurcation de la trachée-artère, j'y ai donc regardé; et ces recherches faites de concert avec M. le docteur Serres, nous ont présenté une considération en tout point conforme à notre prévision.

Nous avons vu dans le taureau, dans le lapin,

et, puis ensuite, autant de fois que nous avons voulu en renouveler l'épreuve, sur l'homme, à la région indiquée ci-dessus, un réseau de fibres musculaires étendu transversalement d'un bout de chaque cerceau à l'autre. C'est un épanouissement de fibres disposées comme celles des muscles peaussiers : leur contraction rapproche les extrémités des cerceaux et diminue au total le diamètre de la trachée. Ce large muscle a été aperçu par la plupart des anatomistes anciens. Il est décrit par Wohlfahrt, dans le recueil des dissertations qu'Haller à publiées, *tome* 7, *partie* 2, *page* 239; par d'Heister, *tome* 2, *page* 78, etc. Mais il aurait été méconnu par quelques modernes: Gavard et M. le professeur Boyer en parlent sans paraître y croire, et comme ils le font dans les mêmes termes, l'un a copié l'autre. M. Cuvier décrit cette structure non-seulement dans l'homme, mais dans certains mammifères où quelques differences d'insertion lui ont paru remarquables. C'est enfin à cette conformation que se rapportent, dans une autre combinaison, des petits faisceaux de fibres musculeuses que Morgagni a appelés du nom de *lacerti*, et qu'il a vus employés à lier et à rapprocher les cartilages.

Il ne se retrouve de cet arrangement dans les oiseaux que ce qui y était compatible avec la conformation de leur trachée-artère. Les anneaux entiers de celle-ci excluaient tout ligament membraneux à la partie postérieure, de façon, que ne se trouvant plus là d'emplacement où les fibres musculaires pussent se répandre comme dans les mammifères, ces fibres se sont réunies et comme entassées dans le seul lieu chez les oiseaux où existe un large segment membraneux, c'est-à-dire sur la membrane tympaniforme. C'est ainsi qu'on peut concevoir l'origine et l'objet des trois, ou des cinq paires de muscles qui doivent véritablement paraître une chose très-surprenante à quiconque les aperçoit sans en avoir suivi les transformations.

Ces mêmes muscles sont d'un bien autre intérêt dans la théorie des analogues, s'il est vrai (ce dont je ne doute pas) qu'ils n'interviennent dans la plupart des oiseaux que comme y offrant les vestiges rudimentaires d'un système musculaire ailleurs plus complet, plus essentiellement utile et parvenu à son *maximum* de développement. Je regarde ces muscles dans les oiseaux comme les analogues dessinés en petit de muscles beaucoup plus grands, qui dans les poissons écartent ou ramènent les osselets dont se composent les arcs branchiaux. Mais je m'arrête m'étant déjà trop appesanti sur des réflexions auxquelles on peut justement reprocher d'être étrangères à l'objet de ce premier ouvrage.

Toutefois il suffit de ces aperçus pour montrer l'identité de composition des trachées-artères des mammifères et des oiseaux. Dans les deux classes, nous avons membrane et muscles : ce qui se rapporte nécessairement au plus ou moins de longueur des cerceaux cartilagineux, puisque de cette ordonnée dépend l'étendue superficielle de la membrane et de ses muscles.

La conséquence à déduire de cette observation est que, s'il fallait continuer à se servir de la dénomination de larynx inférieur, on devrait ce nom aussi bien à la subdivision de la trachée-artère des mammifères qu'à celle du tube aérien des oiseaux.

Mais nous croyons l'avoir démontré plus haut, ce nom est entièrement à rejeter, comme s'appliquant à une chose qui n'a point rang d'appareil, comme renfermant un mot détourné de sa véritable acception, comme embrassant sous un point de vue général des circonstances d'organisation étrangères les unes aux autres; et comme attribuant enfin à une organisation spéciale et rapportant *faussement* à une création *ad hoc* des résultats organiques qui font partie d'une toute autre composition.

§. IX.

Du Larynx, considéré d'abord comme formant la première couronne du tuyau introductif de l'air dans les poumons, et ensuite comme offrant dans beaucoup d'animaux une réunion de moyens favorables à la formation de la voix.

Nous avons vu dans le précédent paragraphe que tous les anatomistes se sont accordés à traiter des organes de la voix dans des articles séparés; que sous ces titres de chapitres, ils ne se sont occupés que du larynx et de ses dépendances; qu'ils ont indifféremment et tour-à-tour employé comme termes synonymes les expressions de larynx et d'organes de la voix; et qu'ayant trouvé que le cri des oiseaux était produit, non vers le haut, mais à l'extrémité inférieure de la trachée-artère, ils ont eu recours, pour désigner cette modification sans rien changer au système de nomenclature en usage, à la même dénomination de larynx, croyant seulement donner, dans ce dernier cas, plus de rapidité à leur langage, en substituant à la périphrase, *organes inférieurs de la voix*, le nom de larynx interne ou de larynx inférieur.

Mais d'après ce qui précède aussi, nous sommes encore informés que le larynx inférieur est un être de raison dans l'acception particulière de ce mot, qu'il n'y a point à la base de la trachée-artère d'appareil spécialement constitué pour la formation de la voix, mais que les moyens organiques, d'où cette fonction résulte quelquefois et dont l'existence constatée avait fourni le prétexte de ces suppositions premières, ont un tout autre but, puisqu'il n'y a, à l'extrémité du tuyau introductif de l'air dans les poumons, d'objets essentiels et conséquemment d'objets à embrasser sous un point de vue général, que ce qu'il en faut en membranes aponévrotiques, en parties cartilagineuses et en fibres musculaires, pour former les cloisons du double embranchement dont les bronches sont la prolongation.

Nous avons vu pareillement que c'est pour avoir été guidé par des sentimens puisés plutôt dans l'ordre moral et dans nos rapports de société, que dans de solides et véritables considérations, qu'on a présenté le larynx proprement dit, ou le larynx d'en haut, comme destiné à la voix, comme l'organe principal de la voix.

Cependant nous ne ferons pas difficulté de le redire; en nous dépouillant de tout préjugé pour nous en rapporter au témoignage de nos sens, nous ne pouvons apercevoir dans cet organe qu'une première couronne de la trachée-artère, à la vérité, dans un ordre si régulier et dans un système si bien combiné, que toutes ses parties tendent à devenir au profit de l'appareil respiratoire le vestibule de celui-ci.

Telles sont les fonctions réelles et essentielles du larynx, que je désignerais volontiers par le nom de fonctions vitales, à raison de leur immédiate application à l'entretien de la vie. Je ne puis en effet concevoir d'organe respiratoire plongé dans l'air, et par conséquent d'économie animale, sans le larynx comme il est conformé, sans l'utile intervention de ses pièces, sans ce développement de moyens qui agissent distinctement et avec discernement pour admettre les fluides, qui, circulant dans les deux sens, s'engagent et se dégagent dans l'acte de la respiration, et pour repousser, sentinelle avancée et toujours prête en cas d'événement, pour repousser, dis-je, toutes choses étrangères et contraires aux intérêts de l'organe pulmonaire.

Des fonctions aussi déterminées et aussi importantes font donc du larynx un organe de premier rang. C'est l'opinion qu'on est aussi disposé à en prendre, en le considérant sous un autre rapport, c'est-à-dire, en lui appliquant nos lois zoologiques connues sous le nom de la subordination des caractères. Car s'il doit nous paraître d'autant plus considérable, qu'il joue un plus grand rôle dans l'organisation et qu'il se reproduit suivant une combinaison plus constante, nous serons dans le cas de remarquer que peu d'organes devront lui être préférés, à raison de ces avantages. Non-seulement le larynx existe dans tous les animaux vertébrés, mais il s'y montre avec une constitution fixe, du moins quant à l'essentiel de ses attributs; ce qui embrasse le nombre, la distribution, les connexions et les fonotions des matériaux qui le composent.

Le thyroïde forme la carène ou le ventre de l'édifice : maintenu par l'hyoïde, il sert de point d'appui (1) aux pièces de la couche supérieure et leur offre en dedans de sa partie concave les avantages d'un bassin. Ces pièces y demeurent soutenues sans difficultés, comme elles y existent sans le besoin d'une articulation par engrénage. La couche supérieure, composée du cricoïde et de ses suffragans, est susceptible d'un mouvement général, au moyen duquel cette

---

(1) Le docteur Magendie l'a ainsi exprimé avant moi: « Le thyroïde est fixe relativement au cricoïde, ce qui « est contraire à ce qu'on croit généralement. » (*Précis de Phys.* 1, *p.* 202.

Cette circonstance est surtout bien manifeste dans les oiseaux.

couche s'abaisse sur le thyroïde, en même temps qu'elle se porte un peu en avant chez les mammifères, et en arrière chez les oiseaux; espèce de mouvement de *va* et *vient*, dont la quantité est proportionnelle à la grandeur des membranes et des ligamens qui attachent les deux couches.

Entre-t-il dans les convenances de l'animal de fermer son larynx, ce mouvement par abaissement est déjà un premier produit pour en diminuer la capacité? Les arythénoïdes, qui ne sont évidemment qu'une dépendance et comme les ailes du cricoïde, ajoutent à cet effet, en se portant l'un au-devant de l'autre : puis s'ajoutent aussi efficacement les résultats fournis par les cartilages de Santorini, qui, formant vers le le haut et en dehors les lèvres d'une seconde glotte, se rapprochent, se touchent et adhèrent pour ainsi dire ensemble; et, comme si ce n'était assez de ce concours d'actions et de l'emploi de ces moyens, il reste encore l'épiglotte, qui, retombant à la manière d'un couvercle à charnière, se pose sur l'orifice de l'appareil, et contribue ainsi à le fermer hermétiquement.

Toutes ces pièces, soit pour ouvrir, soit pour fermer le larynx, sont mises en jeu par plusieurs muscles, sur divers points de leur surface extérieure. Il n'est pas de mon sujet d'en traiter ici et je renvoie à leur égard aux ouvrages qui s'en sont occupés.

Mais ce que je ne puis de même omettre de faire remarquer, c'est l'accord parfait qui règne entre tant de parties si diverses, l'enchaînement des circonstances qui établissent leurs relations, la propriété distincte de chacune, et la fonction générale et importante qui en résulte pour l'ensemble. Dans une composition d'un si grand effet sur l'appareil respiratoire, dans un assemblage de parties si constantes, quand tout d'ailleurs est susceptible des plus étranges variations, et dans des soins donnés avec une prédilection aussi marquée, je ne puis ne pas voir une destination primitive. Le larynx est le lieu des vouloirs de l'organe respiratoire, ou mieux il est la réunion de ses plus zélés serviteurs. Il n'y a rien là d'accidentel; tout me paraît au contraire marcher parfaitement à son but; de telle sorte que si j'avais à donner une définition du larynx, où je dusse plus particulièrement faire entrer l'expression de sa fonction, je ne me ferais pas de difficulté de le présenter comme un cornet cylindrique, formant à propos le vestibule de l'appareil pectoral et conformé de façon à pouvoir permettre, à l'exclusion de toute autre chose, une libre entrée et eur sortie, aux gaz qui circulent dans les voies respiratoires.

Mais, dira-t-on, dans ce qui précède, il n'est nullement question des ligamens de la glotte, dont Ferrein a fait ses *cordes vocales* dans un ouvrage justement estimé et imprimé parmi les Mémoires de l'Académie des Sciences pour l'année 1741, et on n'aurait pas mentionné davantage les replis laryngés et les ventricules de la glotte, sur lesquels plus anciennement dans les mêmes Mémoires, en 1700, Dodart a principalement insisté, et dont il a cru que se composait l'organe vocal de l'homme.

Je n'ai point oublié, mais j'ai négligé ces circonstances, parce que, dessinant les traits généraux de l'appareil laryngien, je ne devais pas encore m'arrêter à ces détails minutieux, bien qu'ils soient utiles dans quelques espèces et qu'ils y deviennent les traits caractéristiques de certaines familles. Les oiseaux n'ont ni ces replis, ni ces ligamens; ce qui provient de ce que chaque pièce de leur larynx est complètement articulée bord pour bord, qu'il n'y a rien là d'indécis, qu'aucune membrane n'excède la ligne des sutures, et que la couche supérieure est par rapport à l'inférieure, comparativement à ce qui se voit dans les mammifères, plus descendue et beaucoup plus reculée en arrière.

Rappelons-nous que le cricoïde est dans les mammifères plus élevé et plus saillant en avant, et que ses articulations avec le thyroïde ont lieu par arthrodie et seulement sur quelques points. Quel résultat ces circonstances auront-elles amené ? rien de plus, ce me semble, qu'un développement et un engorgement des membranes répandues sur les deux couches, développement d'autant plus grand et replis d'autant plus abondans, que le cricoïde aura été entraîné plus avant; et rien de plus aussi, que de forts tendons qui se seront prolongés d'une couche sur l'autre, pour y devenir des ligamens propres à les attacher l'une à l'autre. Ainsi ces moyens sont, finalement dans les mammifères, des résultats obligés de la principale modification de leur larynx, et ils se bornent à donner à celui-ci le caractère d'une œuvre où tout a été prévu, tant pour faciliter le jeu de chacune de ces pièces, que pour en prévenir la désunion.

En insistant sur cette dernière conséquence, ce n'est pas que je répugne à examiner les moyens organiques qui s'y rapportent sous les mêmes points de vue que l'ont fait les grands maîtres dont je viens de rappeler les travaux; et bien moins encore, que je songe à nier l'influence et l'usage de ces moyens dans la formation de la voix. Je me suis, en cela, tout simplement proposé d'arriver à ces considérations par une marche plus méthodique, de me défendre de toute idée systématique, et, en ayant toujours à la pensée que dans tout ceci il ne doit être question que d'organisation, de ne m'en point laisser imposer dans une explication des phénomènes de la voix par l'autorité accablante de leur importance dans l'ordre moral.

Rappelons-nous d'abord qu'il n'est rien dans la formation de la voix qu'on puisse et qu'on doive rapporter aux propriétés de la vie, si ce n'est une action générale des muscles sous le rapport d'une première impulsion et de la durée de la tension des parties. On sait que Ferrein a établi cette proposition par une expérience directe et positive, en remplaçant l'action musculaire par un procédé mécanique : il est parvenu, en souflant dans des trachées-artères, à faire résonner le larynx.

Il existerait donc dans le larynx des mammifères un ensemble de circonstances qui, sans préjudicier au but principal de l'appareil et sans contrarier le cours de ses hautes fonctions, en appliquent en outre toutes les parties à un autre usage et les rendent propres à produire du son. Dès que cette influence n'agit que dans certains animaux, lorsque tous ont l'organe respiratoire également pourvu de la même embouchure, il suit que ces circonstances, qui rendent ainsi certaines parties du larynx aptes à devenir un excellent instrument musical, tiennent à fort peu de choses comme détails organiques, et n'y réussissent que par un accord et un concours de choses bien difficiles à rencontrer. En effet, aussitôt qu'une des plus petites de ces circonstances, favorables à la formation de la voix, vient à manquer, le timbre de l'instrument perd de sa qualité, et comme ces altérations deviennent fréquentes et que dans le vrai l'instrument vocal varie dans la même espèce selon l'âge, le sexe et la constitution habituelle ou momentanée des individus, il faut bien que ces modifications n'affectent que les choses les plus fugitives de l'organisation.

Quelles sont-elles? ou plutôt examinons sous quelles conditions particulières le larynx des mammifères, dont nous venons de décrire les pièces et d'indiquer les usages, acquiert une nouvelle fonction et devient un instrument pour la voix.

§. X.

Du son et des conditions nécessaires pour sa production dans les instrumens de musique.

Reprenons les choses de plus haut et ne craignons pas d'aller puiser nos renseignemens aux sources mêmes d'où se répandent les rayons sonores.

Y a-t-il, ou non, une matière propre du son? Sachons d'abord quelle idée nous en donne la physique dans l'état présent de ses connaissances. Le son, suivant que l'expose mon respectable maître et savant collègue, M. Haüy (1), dans sa *Physique*, *t.* 1, *p.* 230, nait d'un mouvement vibratoire imprimé par la percussion aux molécules des corps. On conçoit comment une corde qui a été pincée, va et revient alternativement au-delà et en-deçà de sa première situation par un mouvement de vibration qui provient de son élasticité : puis l'on regarde comme certain que les molécules de l'air contiguës aux différens points de la corde prennent des mouvemens

(1) La fortune, dans sa bizarrerie, a fait que je suis devenu le collègue de M. Haüy dans ses trois emplois, à l'Académie des Sciences, au Jardin du Roi et à l'École Normale; mais c'est ce que ma respectueuse déférence pour ce savant si célèbre et si justement admiré de l'Europe n'a jamais pu admettre. Je respecte et j'honorerai toujours en lui mon premier maître, qui, de son propre mouvement et par suite de son inépuisable bienveillance pour tous ceux qui ont le bonheur de l'approcher, voulut bien assurer mes premiers pas par ses conseils et m'introduire, en me facilitant l'étude de la minéralogie, dans la carrière des sciences naturelles.

semblables à ceux de ces points ; et cette dernière hypothèse admise, on suppose que chaque molécule communique du mouvement à celle qui est derrière, celle-ci à une troisième, et ainsi de suite, jusqu'aux molécules qui sont en contact avec le tympan de l'oreille. Mais si c'est l'air, par un enchaînement de vibrations, qui s'en vient agir sur cette membrane et par contre-coup sur le nerf auditif, quelles sensations croit-on qu'il en résulte ? le son à l'égard de l'oreille, répondent unanimement les physiciens.

Cependant je ne vois pas que c'en soit la conséquence immédiate : je ne puis, dans l'hypothèse donnée, qu'avoir la sensation des vibrations de l'air, c'est-à-dire, celle de vibrations fortes ou faibles, rapides ou lentes ; mais rien, dans cette hypothèse, n'indique, ce me semble, de changemens dans les molécules de ce fluide, et de modifications dans sa nature, autres que celles d'un mouvement ondulatoire : or, il y a loin de ce résultat à celui réellement acquis par l'oreille, la perception nette et précise des sons propres à tous les timbres.

En même temps, je suis, à l'égard de cette théorie, effrayé de tous les transports d'air qu'il faut admettre, et je cherche à m'expliquer comment tous ces déplacemens peuvent se croiser et résister à la direction, donnée par le vent régnant, à toute la masse atmosphérique. Si les vibrations des corps sonores se propagent par suite de déplacemens d'air, comment concevoir en effet que dans un concert de plusieurs voix et de plusieurs instrumens, qui rendent à la fois des sons de divers dégrés, ces déplacemens de l'air ne se détruisent et ne se déroutent point par leur choc mutuel ?

On paraît persuadé que toute production du son est l'effet de vibrations de l'air, et on croit démontrer que l'air est décidément le véhicule du son par l'expérience d'un mouvement d'horlogerie qu'on fait résonner alternativement dans l'air et dans le vide. L'expression de véhicule du son appliquée à l'air s'est donc trouvée consacrée du moment qu'on fut informé, par cette expérience, que la percussion des timbres était d'un effet nul pour l'oreille dans le vide : cependant on en vint depuis à savoir que le son était aussi transmis par les corps solides.

Qu'on frappe à l'extrémité d'une poutre avec une tête d'épingle, ce choc est entendu à l'autre bout. Des mineurs, s'ils veulent faire communiquer deux portions de galeries se dirigent respectivement sur le bruit de leurs marteaux. Enfin, une seule percussion dans des carrières produit, suivant M. Hassenfratz, deux sons distincts, l'un plutôt arrivé, transmis par la pierre, et l'autre par l'air : c'est cette expérience que M. Biot a répétée sur une certaine longueur de tuyaux métalliques, et d'où il a conclu qu'avec un pareil conducteur, le son circulait dix fois plus vite que dans l'air. (*Précis de Physique, tome* 1, *page* 321).

D'après cette indication, je suis moi-même revenu à l'expérience du mouvement d'horlogerie dans le vide, en variant l'expérience ainsi qu'il suit. J'y ai procédé, en faisant usage d'une cloche pénétrée par une tige métallique que j'étais le maître de soulever ou de descendre sur les timbres. Le mouvement dont je me suis servi était composé de six timbres qui sont successivement frappés par six marteaux correspondans. A chaque application de la tige sur un timbre, celui-ci transmettait au-dehors le son fourni par son battant : ce son y parvenait avec tout le caractère et surtout avec la même intensité que si l'événement se fût passé dans l'air libre, c'est-à-dire, qu'on entendait le son d'une cloche cassée, l'application de la tige sur le timbre ayant pour effet d'intercepter tout mouvement vibratoire, et par conséquent de procurer cette qualité défectueuse du son. Si je venais à soulever la tige, le son ne se manifestait plus, en sorte que tout se passait comme s'il se fût agi d'un fluide qu'il était en mon pouvoir ou de soutirer ou de délaisser. Il n'était pas nécessaire que j'approchasse l'oreille de la verge métallique; le son amené par ce conducteur se répandant dans l'atmosphère et se manifestant à l'oreille en suivant cet autre conducteur.

Ce n'est point ici le lieu d'entrer dans plus de développement à ce sujet : je ne pourrais que répéter et redire alors d'une manière bien moins lumineuse ce que mon savant collègue M. de Lamarck me paraît avoir si victorieusement établi dans son Mémoire sur le son, imprimé en l'an 10. (*Voyez son Hydrogéologie, page* 235).

On est forcé de reconnaître avec ce célèbre naturaliste que les vibrations de l'air sont inadmissibles comme formant l'unique cause des perceptions dont on sait notre oreille susceptible, et qu'il existe, pour nous donner l'idée des sons divers qui nous affectent à chaque moment, un produit matériel à part, une sorte de fluide qui a le même mode de circulation, que tous les fluides élastiques qui se manifestent dans les phénomènes de l'électricité, du magnétisme et du galvanisme.

Mais quelle est cette matière? je vais avoir le courage de dire ce qu'il m'en semble. Je sais que je ne suis point placé pour faire autorité dans de pareilles questions et que j'ai, dans cette entreprise, bien plus à craindre qu'à espérer : je ne m'aveugle donc point et en cédant à l'entraînement de mon sujet, je ne me dissimule point tous les motifs que j'ai de demander grâce pour tant de témérité.

Je crois à une matière du son; je la vois tantôt fournie par l'air atmosphérique uniquement et tantôt par l'air et le concours des fluides interposés entre les molécules des corps solides; et de plus, dans l'un et l'autre cas, elle me paraît susceptible d'être ramenée à une même considération, ces fluides se trouvant avoir le calorique pour dissolvant commun.

Ayant long-tems médité sur les causes de la contraction musculaire, j'en ai trouvé une explication, ainsi que de beaucoup d'autres phénomènes du même rang en physiologie, en admettant comme un fait que le calorique est un corps composé de sept élémens primitifs, différemment et pondérables et oxigénables, pondérables en raison directe et oxigénables en raison inverse; que la lumière est du calorique faiblement oxigéné; etc., etc.

Je ne puis ici faire connaître les nombreuses recherches qui m'ont conduit à ces hypothèses: je reste dans mon sujet et ne parlerai que de la matière du son.

Tous les corps la peuvent produire : mais il en est qui la donnent sous des conditions, d'où résulte une harmonie qui plaît à l'oreille, c'est-à-dire, sous des conditions précises qu'on peut apprécier et que par conséquent il nous importe d'examiner : tels sont les instrumens de musique.

L'un de ces instrumens, la flûte, a fait dire avec raison à M. Biot (phys. 1, p. 359), que l'air se conduisait à son égard, comme si ce fluide en était le corps sonore : comme c'est aussi l'air qui propage le son, il en résulte (ce qui simplifie beaucoup le problême), que tout se passe d'air à air et qu'un instrument à vent de ce genre n'est qu'un moyen à notre disposition, pour diriger des portions d'air sur d'autres, et pour mettre par-là les unes et les autres dans des rapports favorables à la production du son.

S'il en est ainsi, la question se réduit à rechercher sous quelles conditions ces instrumens à vent exécutent leurs fonctions.

Or l'observation nous fait connaître qu'il y a production du son, si de l'air est d'abord condensé et trouve ensuite à se briser. Tel est effectivement l'objet de la flûte. Sa première portion offre une fente en lame ayant deux issues, et la seconde, un tuyau perforé et coupé en biseau à son commencement, de façon que le biseau corresponde précisément à l'issue par où l'air est chassé.

La mise en jeu de l'instrument donne ceci en résultat : il est soufflé plus d'air que n'en peut librement contenir la fente. L'impulsion y en accumule au-delà de sa capacité, et remplit ainsi l'une des conditions cherchées : la fente contiendra une lame d'air d'autant plus condensée que l'impulsion pour l'y introduire aura été plus grande. Mais à l'autre issue de la fente, cette lame d'air rencontre le tranchant d'un biseau : dans le mouvement rapide qui l'entraîne, elle vient se briser sur cet obstacle.

Les physiciens ont observé que la matière de l'instrument était indifférente : une flûte de bois, de cuivre, de verre ou de papier, donne le même son : une flûte en effet tient de sa forme son existence. Cette forme est ce qui importe dans un pareil instrument, parceque tout l'événement qu'il produit se passe dans l'air, et que l'instrument n'est lui-même qu'un procédé, pour captiver plusieurs colonnes d'air et pour les gouverner les unes à l'égard des autres.

Mais après avoir raconté ce qui se passe réellement, quand l'air, condensé au point de départ, se brise plus loin sur le taillant d'un biseau, il reste à établir comment ce concours de circonstances donne lieu à la formation du son. Je sais qu'on croit avoir, par-là, excité, en un des points de la colonne d'air contenue dans le tuyau de la flûte, une succession rapide de condensations ou de dilatations alternatives, qu'on suppose se convertir en ondes sonores : mais tout cela est allégué sans preuves. Il est visible que si l'on commence par condenser de l'air, il y a tout aussitôt dilatation par son brisement; expression au surplus dont Dodart, un des premiers, s'est très-à-propos servi, puisqu'elle exprime un fait qui se manifeste à nos sens.

Ce brisement de l'air entraîne une désunion des molécules : il achève de faire ce que la condensation avait déjà commencé. Mais ce trouble dans la superposition ou dans l'arrangement des molécules, à quel phénomène le rapporter? je n'hésite pas de répondre; à une polarisation, comme celle de la lumière, c'est-à-dire, et en tous points, au même phénomène, dès que la polarisation de l'air, et celle de la lumière, sont dues à l'action et à la subdivision du même élément, le calorique (1).

Une masse d'air dans l'état naturel est donc,

---

(1) Le mot de *polarisation* a également été consacré pour expliquer un état particulier de l'eau soumise à l'action de la pile : dans cette expérience, annonce M. Grotthuss, des particules d'eau se *polarisent* de manière que leurs molécules d'hydrogène deviennent positives et que leurs molécules d'oxigène deviennent négatives. M. Thénard adopte cette théorie en son article *Électricité*, Traité de Chimie, *tome* 1, *page* 108.

si je ne me trompe, un fluide formé des molécules O, O, O, etc., dissoutes par le calorique, corps lui-même, d'après ma donnée hypothétique, composé de sept principes, *a*, *b*, *c*, *d*, *e*, *f*, *g*; et cette masse d'air dans sa polarisation serait ce même fluide dans l'état de désunion des molécules caloriques, c'est-à-dire, serait sept fluides distincts, qui, si nous continuons à nous servir des indications nominatives ci-dessus, seraient exprimés par les lettres O *a*, O *b*, O *c*, O *d*, O *e*, O *f*, O *g*, pendant le court moment de leur séparation, c'est-à-dire, autant que dure le phénomène de leur polarisation. Chacun d'eux, s'ils sont tous renfermés dans un tube, s'y arrangent parallèlement, selon un ordre qui est réglé par leur diverse attraction pour les parois de ce tube, ou ce qui revient au même, par leur capacité de pondération.

La colonne d'air étant ainsi changée en colonnes partielles de diverses longueurs, il en résulte qu'une de ces colonnes a plus d'aptitude pour s'échapper par l'un des trous du tuyau : si une telle ouverture correspond au fluide O *a*, je suppose, ce fluide s'échappe seul et frappe notre oreille d'un son, qui se trouve être l'un de ceux de l'échelle musicale.

Dans ce cas, l'oreille a un terme de comparaison. En effet, si l'air est dans son état naturel; c'est-à-dire, s'il est dissous par un calorique entier, l'oreille plongée dans son fluide habituel reste dans l'indifférence : rien ne l'excitant, elle ne ressent rien dont elle puisse être impressionnée. Au contraire, les impressions lui arrivent, quand il lui parvient une subtance fractionnée, un fluide modifié, une chose enfin dont par comparaison elle puisse acquérir une connaissance distincte.

Cependant ce n'est point par un simple écoulement de la matière O *a*, dans le cas supposé, et uniquement par un acheminement à l'oreille, favorisé par l'air général agissant comme corps conducteur, que la perception de ce fluide peut être acquise par les nerfs acoustiques : il se passe en outre, entre le départ de O *a* et la pereception du son par l'oreille, un événement dont je ne saurais rendre compte qu'en traitant des phénomènes de l'électricité : je ne le puis ici, et je me borne à poser en fait, qu'une union de l'air extérieur et de l'air polarisé qui sort par un des trous d'un tuyau de flûte, forme la matière du son.

On m'objectera peut-être que je reproduis une ancienne opinion et que je ne fais en cela qu'adopter l'idée de Mairan, qui supposait l'air formé de particules d'une infinité de grosseurs différentes, dont chacune n'était capable que de recevoir ou de transmettre les perceptions relatives à un ton particulier. Ainsi, lorsque plusieurs sons concouraient dans une même harmonie ou de toute autre manière, chacun d'eux ne s'adressait qu'aux particules qui étaient à son unisson et exerçait sur elles une action indépendante de celle que subissaient les molécules d'un diamètre différent : Mairan, il est vrai, expliquait de cette manière le croisement des sons dans tous les sens.

Je ne nie point la ressemblance des deux suppositions : mais la mienne a du moins sur l'autre, l'avantage de donner un aperçu plus précis et plus rigoureux des variations moléculaires de l'air.

Quoiqu'il en soit, la connaissance de ce qui précède nous donne une idée des conditions (1) qu'il faut nécessairement rencontrer dans une flûte pour la rendre propre à la production du son. La flûte traversière offre le même système que la flûte à bec, sauf que dans celle-là le biseau est en dehors à l'ouverture même nommée *embouchure*, et que la première partie de

(1) Condensation, brisement et isolement d'une colonne d'air, telles sont, je le répète, ces conditions dépendantes de la fente, du biseau et du tuyau de la flûte à bec.

la flûte à bec, destinée à opérer la condensation de l'air, est suppléée dans la flûte traversière par les lèvres du joueur.

Les conditions pour la production du son dans les instrumens à cordes dépendent d'autres causes et en même temps de causes plus facilement appréciables. On s'est donc beaucoup plus occupé de ceux-ci que des instrumens à vent, et l'on est aussi arrivé, à leur sujet, beaucoup plus vîte à une théorie explicative des faits.

Le son dans les instrumens à cordes dépend d'un mouvement vibratoire imprimé aux cordes de l'instrument. Toutes les parties du corps vibrant éprouvent alors un léger mouvement d'oscillation, dont l'effet est de porter à la surface du corps une grande partie du fluide interposé entre ses molécules. Ce fluide essentiellement constitué, comme dans tous les cas d'attraction moléculaire, par des élémens assimilés et combinés sur ceux du corps vibrant, et composé par conséquent de calorique dans son état de subdivision, se mêle aux molécules de l'air environnant et en opère la polarisation. Une corde en vibration a cette action sur de l'air polarisé, qu'elle change l'ordre de superposition des molécules des couches environnantes pour les disposer tout le long et autour du corps vibrant dans l'ordre de leur pondération respective : dans cet état de choses, tous les segmens longitudinaux du cylindre d'air polarisé, dont le corps vibrant forme l'axe, peuvent être considérés comme autant de séries de molécules, qui, de même que si elles formaient autant de cordes à part, suivent le mouvement du corps en vibration. Mais dans les considérations de ces effets, il ne faut pas oublier qu'elles ne peuvent toutes le faire avec une égale vîtesse. Le corps vibrant, entraîné par sa première impulsion a un mouvement plus accéléré que les ondes auxquelles il a communiqué son mouvement oscillatoire, celles-ci étant naturellement retardées par l'attraction qu'exercent sur elles les couches d'air situées en dehors du lieu de la scène. De là, il arrive qu'il est un moment, où des files d'air polarisé, se portant de gauche à droite, rencontrent, allant au contraire de droite à gauche, non-seulement le corps vibrant, mais de plus, dans la même direction, d'autres files d'ondes polarisées, plus voisines de la corde en vibration et par conséquent moins retardées par l'attraction presque nulle de l'air ambiant. Différentes parties d'air polarisé, venant ainsi à se croiser, donnent lieu au même phénomène, dont j'ai dit plus haut que je ne saurais rendre compte qu'en exposant de nouvelles vues sur l'objet de l'électricité. Je me borne donc, comme précédemment, à énoncer un fait : ce phénomène rend l'air sonnant, parce que la matière du son est alors produite.

La quantité de ce produit pour une seule corde est fort peu considérable : mais elle augmente, si cette corde est placée sur ce qu'on est dans l'usage d'appeler un corps sonore. Celui-ci est toujours un corps très-élastique et qui doit à cette propriété celle de ressentir en quelque sorte et de répéter les vibrations d'un autre corps placé dans son voisinage. Dans le violon, le corps sonore est la couche supérieure du corps même de l'instrument : c'est la table dans un forté-piano ; et dans les harpes, ce sont les lames intérieures de la grosse partie du cadre.

Ces lames minces et éminemment élastiques, frémissent, comme on le dit vulgairement, sous l'influence des cordes voisines mises en vibration. Il se passe sur le corps sonore le même événement qu'à l'égard des cordes : le corps sonore devient un autre foyer, d'où rayonnent des molécules d'air polarisées ; et comme deux masses de ces molécules ne peuvent être en présence sans céder à l'attraction que des molécules toutes semblables et se présentant par les mêmes faces, ont essentiellement les unes pour les autres, elles courent chacune au-devant de sa semblable : elles donnent ainsi lieu au phénomène, d'où résulte la matière du son. Cela se passe alors avec d'autant plus d'efficacité pour l'intensité du son, que plus d'élémens concourent à la formation du phénomène.

Je crois en avoir assez dit pour qu'on ne puisse se méprendre sur les conditions indispensables à observer dans la construction des instrumens à cordes. On voit qu'il ne suffit pas de se procurer des cordes, et de fournir à celles-ci un point d'appui pour les recevoir et des chevilles pour en opérer la tension : un corps sonore n'est pas moins nécessaire ; il est l'objet principal de l'instrument, celui dont la construction exige le plus d'art : il sert à augmenter les masses d'air amenées à l'état de polarisation, et, en multipliant les produits, il renforce le son.

De la qualité du corps sonore dépend la qualité de l'instrument ; il en donne le *timbre*. En effet chaque violon parle diversement : une oreille exercée distingue les sons propres à chacun. C'est que les molécules caloriques de l'intérieur des tables polarisent l'air à leur manière et suivent une combinaison relative à la nature des corps où elles sont distribuées.

L'oreille, à l'égard des instrumens à cordes, a donc deux perceptions distinctes, quoique simultanées, à acquérir ; savoir, la connaissance des propriétés particulières de l'instrument qui rend des sons, ou de son timbre, et celle de la pondération respective des molécules transmises aux nerfs acoustiques, qui répondent par leurs variétés aux divers degrés de l'échelle diatonique, ou la connaissance du ton particulier du son. Au contraire l'oreille, au sujet des instrumens à vent, n'a réellement à distinguer que le ton particulier, le timbre, quelque soit la matière de ces instrumens, étant le même pour tous : nous avons fait plus haut la remarque que ces instrumens n'ont pas de ressort en eux-mêmes et n'exercent d'influence que pour gouverner des colonnes d'air et les diriger d'une certaine manière sur l'air ambiant.

L'instrument à anche forme une troisième espèce, qui tient des deux que nous venons d'examiner, mais qui cependant rentre plus particulièrement dans l'instrument mis en jeu par un mouvement vibratoire. En effet une clarinette existe sous les mêmes conditions qu'un instrument à cordes : l'air qui remplace l'archet, fait vibrer la languette de l'anche, comme l'archet, les cordes d'un violon. Le corps de l'anche et le corps du violon se correspondent exactement sous les rapports de situation et de fonction.

Comme il y a deux espèces de flûtes sous le rapport du porte-vent, il y a de même deux instrumens à anche relativement à leur embouchure. En effet l'anche n'est pas toujours constituée, ainsi que dans les jeux d'orgue, par une *languette* qui vibre au-devant de son *échalotte*, demi-tuyau plus épais et plus résistant, ou le premier corps sonore de l'instrument : elle est quelquefois, comme dans le cas d'une anche de basson, formée par deux languettes semblables ou deux lames rectangulaires légèrement concaves, évasées extérieurement, plus étendues en largeur, et d'une épaisseur, pour chaque languette, qui répond à la demi-épaisseur des deux parties réunies des anches de l'orgue. Ces deux lames, du côté par où elles sont adaptées au porte-voix, sont attachées l'une à l'autre, et de façon que leur concavité soit en rapport.

Dans cet état de choses, l'anche du basson se ramène à un mode plus général de conformation : je trouve effectivement à en rapporter les deux lames à deux *tables d'harmonie*, elles-mêmes susceptibles d'être considérées sous deux aspects : car, d'une part, ces lames correspondent aux deux pièces des anches de l'orgue et se servent respectivement et alternativement de languette et d'échalotte, et d'autre part, elles rappellent jusqu'à un certain point une partie des matériaux dont se composent les instrumens à cordes, se présentant comme deux plans de fibres longitudinales, ou comme une réunion de cordes, susceptibles, d'une lame à l'autre, d'éprouver des vibrations analogues et de renforcer le son par cette communauté d'efforts.

Ainsi, l'anche présenterait les considérations d'un instrument à cordes sous le rapport des vibrations qui naissent à la suite d'une percussion, et celles d'un instrument à vent sous celui de l'action de l'air, en tant que le ressort de l'air tient lieu d'archet pour exciter les vibrations (1).

L'instrument à anche serait donc un être mixte, tenant de la nature de l'instrument à cordes et de l'instrument à vent proprement dit, et tenant peut-être un peu plus du premier, quant à la production du son.

---

(1) M. Dutrochet, dans sa thèse inaugurale, ayant pour titre : *Essai d'une nouvelle théorie sur la Voix*, imprimée dans le Recueil des thèses de la Faculté de médecine de Paris, en juin 1806 ; s'est d'abord occupé des instrumens de musique et l'a fait avec la sagacité et la précision qui distinguent le talent de cet habile physiologiste. « Tous nos instrumens de musique sont, suivant lui, uniquement composés de corps vibrans ou de tuyaux sonores : ce qui forme deux classes distinctes d'instrumens de musique. »

Les mêmes principes sont dans Euler : ce savant ramène aussi tous les instrumens de musique à ces deux considérations. (Voyez *Tentamen novæ theoriæ musicæ*, cap. 1, § 7.

J'ai dû entrer dans ces détails et chercher à ramener à des principes communs toutes ces modifications des instrumens de musique, avant de passer aux considérations qui vont faire l'objet du paragraphe suivant.

Je n'ai point oublié que M. Cuvier, lisant en l'an 6 à l'Institut un Mémoire sur les instrumens de la voix des oiseaux, et ouvrant ce beau et important travail par la réflexion que les physiologistes étaient encore partagés sur la nature de l'instrument vocal, fut interrompu par une discussion, où les anatomistes présens déclarèrent y voir clairement, les uns, un instrument à vent, et les autres, un instrument à cordes: j'ai donc présenté les explications qui précèdent dans l'espoir de prévenir de pareilles controverses à l'avenir.

§ XI.

De la Voix et des moyens organiques qui la produisent.

On s'est presque repenti en anatomie humaine d'avoir fait du larynx le principal organe de la voix, quand, en voulant arriver à une appréciation encore plus exacte des causes de ce phénomène, on en fut venu à n'accorder d'importance qu'à la glotte ou aux cordes aponévrotiques qui la circonscrivent. Ainsi le lieu où la voix éclate fut pris d'abord pour le siége de son organe et bientôt après pour l'organe lui-même. Mais en se laissant aller à resserrer à ce point le champ de l'observation, il faut qu'on n'ait point réfléchi à la variété infinie des modulations du chant. Et comment, en effet, de l'emploi de moyens aussi restreints, atteindre un résultat aussi considérable et aussi compliqué? les anciens me paraissent avoir eu sur cela des idées plus justes que celles qu'on en donne de nos jours : c'était au système entier des organes respiratoires qu'ils attribuaient les phénomènes de la voix. Nous trouvons dans Galien, que tout en partageant à cet égard les opinions reçues de son temps, il avait une connaissance assez approfondie de l'influence particulière de la glotte sur la voix.

Comme on avait placé la voix au rang des fonctions animales, et que l'on s'en était fait une idée exagérée, on supposa que cette fonction, évidemment distincte de toute autre, avait aussi son organe à part, et l'on désigna le larynx comme étant cet organe. Mais pour que le larynx devint effectivement l'organe distinct et particulier de cette fonction, il aurait fallu qu'il n'en cumulât pas d'autres et surtout qu'il n'en cumulât pas de plus relevées dans l'ordre physiologique, et qu'encore cet organe fût, dans les séries naturelles des êtres, toujours et semblablement approprié à la même destination. Or cela n'est pas. Nous avons vu, § VIII, que le larynx est plus essentiellement un agent directeur du fluide respiratoire; et nous savons en outre que le siége des fonctions de la voix est variable, celle-ci étant également formée chez les oiseaux au bas de la trachée-artère.

Mais en refusant à la voix un organe spécial pour sa production, et en ne voyant dans ses phénomènes que des résultats d'une fonction sur-ajoutée aux autres fonctions, bien autrement générales et importantes, des organes respiratoires, nous donnons plus de largeur à nos bases, nous agrandissons le champ de l'observation, et nous arrivons tout naturellement, et sans rien forcer, à faire concourir à l'explication des effets si variés et si prodigieux du chant et de la voix, des moyens organiques qui y sont proportionnés et qui y répondent effectivement aussi-bien par leur nombre que par leur complication et le degré de leur puissance.

Que toutes les parties des organes respiratoires soient employées à produire la voix, cela est de toute évidence et se trouve reconnu par ceux mêmes qui attribuent le larynx à la voix, quand ils se bornent à dire qu'il n'en est que le *principal* instrument.

En effet le phénomène commence du moment où les muscles de l'expiration abaissent le sternum et chassent l'air des poumons : l'air, qui abandonne les bronches, suit la trachée-artère, traverse la boîte du larynx et parvient à la bouche, d'où il se verse au dehors. Jusque-là, ce n'est que de l'air condensé, qui ne rencontre sur sa route aucun obstacle, et les choses se passent comme si le poumon était le corps d'un soufflet et que la trachée-artère en fût le bout ou le porte-vent. L'homme reste le maître de donner ce souffle sans rendre de son, tandis que c'est l'unique voix et le seul moyen de communication de certains serpens, qui n'opèrent pas de brisement d'air vers les dents ou sur les lèvres. Au surplus, dans tout ceci, il n'est encore question que d'une forte expiration.

Mais si cet acte de l'organe respiratoire vient à être troublé par l'intervention d'un biseau, dont le taillant, comme dans le crapaud, divise l'air en deux courans, le produit de l'expiration éclate : il y a polarisation de l'air expiré, c'est-à-dire que celui-ci s'écoule, pour se répandre dans l'air vague ou l'air atmosphérique, sous les mêmes conditions et avec le même résultat que de l'air soufflé dans une flûte. L'expiration, chez les crapauds, donne lieu, au surplus, à un versement immédiat du poumon dans le larynx, ces animaux n'ayant pas de trachée-artère.

Les oiseaux, qui appartiennent comme les batraciens au groupe des ovipares, ne sauraient cependant sous ce rapport en différer davantage : aucun animal n'ayant le col plus long, aucun aussi n'a la trachée-artère aussi considérable. Comme l'organe de la voix n'a de siége spécial nulle part en particulier et que son achèvement et sa perfection tiennent simplement à certains attributs accidentels répandus sur la route de la colonne d'air en circulation, rien ne s'opposait à ce que les moyens, qui deviennent nécessaires pour la polarisation de l'air, existassent tantôt vers le haut et tantôt au bas du tube aérien. Or c'est ce dont je crois être présentement assuré, bien qu'on soit dans l'opinion que la voix des oiseaux se forme toujours vers le bas de leur trachée-artère. Des moyens de briser l'air de l'expiration me paraissent exister aussi chez quelques-uns au larynx lui-même.

Je suis parvenu à faire chanter après la mort un larynx de perroquet en soufflant dans une portion de sa trachée-artère, quoique j'eusse entièrement détaché cette partie de la trachée de sa moitié inférieure : et plus anciennement, M. de Humboldt avait remarqué que la première couronne du tube aérien des oiseaux, ou leur larynx, avait une beaucoup plus grande influence sur la voix de ces animaux qu'on ne l'avait cru avant lui.

Nous lisons en effet dans le Mémoire par lequel notre célèbre et savant confrère ouvre son magnifique ouvrage sur *la Zoologie et l'Anatomie des animaux*, dans ce premier Mémoire consacré à une histoire comparative du larynx des oiseaux, des singes et des crocodiles qu'il a observés dans son voyage en Amérique, que « la glotte, chez les oiseaux, est soutenue à sa « base par un cartilage osseux, large et aplati; « que ce cartilage, ou ce *socle* (1), (comme l'ap- « pelle M. de Humboldt), est recouvert à sa face « supérieure par un appendice qui le divise en « deux parties, etc. C'est, ajoute cet illustre voya- « geur, une cloison qui contribue beaucoup « à modifier les sons et à les rendre plus aigus, « et qui divise effectivement en deux courans

(1) Perrault l'avait comparé au coutre d'une charrue : *Mécanique des animaux*, *tome* 2, *page* 395. Le socle fait partie du thyroïde. On ne le voit que de face et alors peu distinctement, en la figure 60 de ma cinquième planche : mais M. de Humboldt y a suppléé à l'avance, en en donnant des figures qui ne laissent rien à désirer. Voyez son *Recueil*, etc., tome 1, pl. 1, n°. 1, fig. 2 et no. 3, fig. 2, et aussi pl. 2, n°. 5, fig. 3.

« l'air que le mouvement du larynx inférieur « a poussé vers la glotte. » (*Recueil d'observations de Zoologie et d'Anatomie comparée*, *tome* 1, *page* 3).

Je me suis permis cette longue citation, afin de montrer comment un examen très-attentif des faits a conduit M. de Humboldt à pressentir la nouvelle théorie de la voix, que d'autres faits et des considérations plus spéciales m'engagent à proposer.

Les oiseaux seraient susceptibles de bien d'autres développemens : mais, outre que, dans un épisode de ce Mémoire, je ne puis les présenter avec tous les détails nécessaires, j'ai toujours présent à l'esprit que M. Cuvier a traité ce sujet, en y revenant jusqu'à trois fois, avec toute la profondeur qui caractérise son talent.

Forcé de me restreindre par le cadre que j'ai adopté, je ne pourrai conséquemment donner que la sommité de mes aperçus dans cette occasion, réservant toutes les nombreuses considérations qui me restent à faire valoir par rapport à la voix, pour un ouvrage *ex-professo* sur ce sujet, que M. le docteur Serres et moi avons le projet de publier ensemble.

Je me reporte au point de la discussion d'où cette digression m'avait écarté.

Les efforts du serpent, employant les muscles de l'expiration à refouler et à ramener vers la bouche l'air de son sac pulmonaire, aboutissent aux mêmes résultats que ceux qu'on obtient en appuyant sur les bras d'un soufflet : ils portent dehors de l'air condensé, et du souffle, c'est-à-dire, cet air condensé, et non de l'air sonnant est de même tout le bruit qui se fait alors entendre. Qu'un pareil sac convienne sous quelques rapports comme organe respiratoire, ce fait ne saurait être révoqué en doute; mais comme organe vocal, c'est un appareil avec la même sorte d'imperfection que présenterait une flûte, où l'on n'aurait pas encore pratiqué de biseau. Une flûte à ce moment de sa construction n'est qu'un tuyau, semblable, à peu de chose près, à ceux dont on se sert pour exciter l'activité de la flamme. Mais bien qu'en cet état une pareille flûte réunisse déjà plusieurs des conditions qui devront plus tard lui imprimer le caractère d'un instrument sonore, ce n'est encore qu'une matière informe, de même que le poumon d'un serpent et ses dépendances ne constituent pas un instrument vocal, pour offrir une partie seulement des conditions dont le concours donne lieu au phénomène de la voix.

On conçoit, d'après cet exemple, comment l'organe pulmonaire arrive par une progression dans la composition des organes à acquérir une fonction de plus, et comment à cet effet toutes ses parties, après avoir été employées à de hautes et primordiales fonctions, peuvent être toutes reprises un moment après et se trouver réemployées de nouveau pour un but différent et pour un résultat encore utile, quoique bien moins important. C'est ainsi que la main du singe sert dans plusieurs combinaisons; au tact, à la préhension et à la marche.

Ces idées sont simples; mais c'est peut-être ce caractère qui les avait fait méconnaître du plus grand nombre des physiologistes. Comme on avait assigné aux deux fonctions de l'organe respiratoire un siége à part, on avait cru nécessaire de contenir chaque organe dans des limites propres et précises.

Au contraire une autre classe de philosophes, qui n'avait aucun intérêt à la distinction d'un système de respiration indépendant des appareils de la voix, et qui, sans préjugé à cet égard, observait en s'en rapportant au témoignage de ses sens; les grammairiens aperçurent dans l'organisation des moyens qui répondaient par leur nombre et leur complication à la grandeur et à la fécondité des résultats : c'est tout l'organe respiratoire qui leur parut employé à la production de la voix.

Un des plus illustres parmi eux, Court de Gébelin, s'explique à cet égard en ces termes, tome 3 de son *Monde primitif :*

« Ces organes (de la voix et du chant) sont en très-grand nombre : ils composent un instrument très-compliqué, qui réunit tous les avantages des instrumens à vent, tels que la flûte; des instrumens à cordes, tels que le violon; des instrumens à touches, tels que l'orgue, avec lequel il a le plus de rapport et qui est de tous les instrumens de musique inventés par l'homme, le plus sonore, le plus varié et le plus approchant de la voix humaine. Comme l'orgue, l'instrument vocal a des soufflets, une caisse, des tuyaux, des touches. Ces soufflets sont les poumons; les tuyaux, le gosier et les narines; la bouche est la caisse; et ses parois, les touches. »

Si ces comparaisons pouvaient être susceptibles d'un plus grand degré de justesse, elles furent du moins présentées avec réserve : et dans le vrai, nous ne sommes renvoyés aux instrumens de musique dans cette occasion, qu'afin de nous mettre en état de mieux comprendre l'un des problêmes les plus difficiles de la mécanique des animaux.

On n'a peut-être pas de nos jours assez imité cette sage réserve : en se bornant le plus souvent à revoir (1) ce qui avait fixé l'attention des premiers physiologistes, on a visé à un résultat plus précis, sans songer que ce n'était guères que recourir à des conséquences trop exclusives et à des explications hypothétiques.

En effet, on fut long-temps partagé entre l'opinion de Dodart, qui avait assimilé l'organe vocal à un instrument à vent, et le sentiment de Ferrein, qui l'avait regardé comme un instrument à cordes. Les travaux de ces savans se recommandaient par des recherches très-approfondies, et paraissaient appuyés sur des preuves assez plausibles pour en imposer. On crut qu'il ne restait plus qu'à les combiner et à les fondre ensemble, pour en faire disparaître les contradictions; et l'instrument vocal qui parut offrir effectivement *le double mécanisme des instrumens à vent et des instrumens à cordes* (2), fut décidément considéré comme un instrument à

(1) Ces réflexions ne sauraient s'appliquer à MM. Cuvier et Dutrochet, qui ont au contraire envisagé la question sous un point de vue tout nouveau, et qui, ayant chacun une théorie de la voix à proposer, ont donné à leurs vues l'appui de nouvelles et de bien curieuses observations.

(2) RICHERAND. Élémens de Physiologie, t. 2, p. 373.

anche (1), systême entrevu par Dodard lui-même, qui revint plusieurs fois sur le même sujet et qui finit par beaucoup modifier les idées qu'il avait publiées en 1700.

C'est à cette occasion et contre des déterminations aussi précises que s'éleva Cassérius (2) et il en eut sans doute des motifs légitimes, si, ramener sans restriction la production de la voix à celle du son dans les instrumens de musique, c'est dire en d'autres termes que les moyens de rendre l'air sonnant, seraient, dans ces machines et dans l'organisation, dus à des choses identiques. Il est évident que cela n'est vrai dans aucun des systèmes reçus : il n'y a dans le larynx, ni cordes isolées, ni languettes libres par trois côtés, pour former une anche. Les ligamens de la glotte, que Ferrein a décoré du nom pompeux de cordes vocales, ne sont pas même des ligamens, mais de petites lames étroites, ou des replis formés par l'entrecroisement des bords contigus et aponévrotiques des muscles *thyro-arythénoïdien* et *crico-arythénoï-*

(1) MAGENDIE. Précis de Physiologie, tome 1, page 198 et 211. BIOT. Précis de Physique, etc.

(2) *Non opportet omnium rationem quœrere, sed analogiam considerare.* (*De organo vocis. Lib.* 2, *cap.* 17).

dien latéral. Ainsi on faisait jouer à ces rubans un principal rôle dans les phénomènes de la voix, lorsqu'on n'en connaissait pas encore la nature. Nous avons cru, en faisant cette remarque dès le commencement de nos recherches, M. le docteur Serres et moi, que cette circonstance, fondamentale pour la théorie de la voix, avait jusque-là été entièrement ignorée; mais nous avons depuis vérifié qu'elle se trouvait rapportée dans l'estimable ouvrage de M. Dutrochet (1).

Nous prendrons cette considération pour notre point de départ. Nous savons présentement que ce qui remplit ici un principal rôle n'est au fond qu'un bord saillant, un ruban aponévrotique, une chose enfin qu'on pourrait regarder comme un hors d'œuvre accidentel, dès que cet appendice n'influe pas essentiellement sur l'existence du larynx et ne se trouve chez aucun ovipare.

(2) L'aponévrose du muscle thyro-arythénoïdien, qui, à ce qu'il me semble, dit M. Dutrochet, n'a été bien vue par aucun anatomiste, est fixée en bas au bord supérieur latéral du cricoïde : elle se replie à angle droit en haut, après avoir tapissé l'ouverture de la glotte, et finit sans se fixer, un peu après avoir formé ce repli. Tel est *le ligament thyro-arythénoïdien, corde vocale*. Ce n'est qu'un repli de l'aponévrose qui n'est pas beaucoup plus épaisse en cet endroit que dans le reste de son étendue. DUTROCHET. *Thèse*, etc., *page* 11.

Mais nous sommes aussi avertis de l'influence de cette partie sur la voix, et nous ne nous étonnerons pas de l'attention qu'on y a donnée.

Il n'est peut-être pas inutile de dire comment et à quelle époque on l'a fait. On a remarqué d'abord que ces rubans circonscrivent une ouverture plus étroite du larynx, et les bords mobiles de cette sorte d'arrière-bouche ont paru de véritables *lèvres ;* secondement, qu'ils sont répandus d'un principal cartilage à un autre comme pour les retenir l'un à l'autre, ce qui a été indiqué par l'expression de *ligament ;* et en troisième lieu, qu'ils entrent en vibration sous l'action des gaz de l'expiration, d'où on a pris sujet de les désigner définitivement sous les noms de *rubans vocaux* ou de *cordes vocales.*

Du moment que ces filets aponévrotiques eurent été attribués comme lèvres à ce qu'on pourrait nommer le détroit du larynx, l'entrée de cet organe, ou la glotte, comme on l'appelle alors, eut une situation déterminée. Ainsi il n'y eut que cette considération pour fixer le lieu de la glotte autrement que d'anciens anatomistes qui avaient trouvé plus naturel de la reporter à la naissance même du larynx et qui aujourd'hui pourraient invoquer, à l'appui de leur opinion, les preuves que fournit la permanence du même plan pour tous les animaux vertébrés.

La glotte qui existe tout-à-fait à l'extérieur du larynx chez les ovipares est l'unique entrée de cet organe, et elle est chez la plupart (spécialement et plus distinctement chez les oiseaux) circonscrite par les cartilages de Santorini. A vrai dire, c'est exactement la même chose chez les mammifères : les mêmes parties forment les lèvres extérieures de leur larynx; seulement, les mammifères auroient, de plus que les autres vertébrés, une seconde glotte intérieure.

Quoiqu'il en soit, et pour le moment, il nous suffit de savoir que l'intervention des rubans vocaux, au centre du larynx et sur le passage de l'air, fournit l'accident le plus favorable à la formation de la voix. En effet, ce que les muscles de l'expiration ont déjà préparé, ces obstacles l'achèvent : l'air condensé des poumons, en faisant effort contre ces rubans et en cherchant à s'échapper dans leur intervalle, s'y polarise. Ces obstacles, en ce qu'ils opèrent la polarisation de l'air, et, par conséquent, la seule addition de deux lames aponévrotiques, sont ce qui donne, à la trachée-artère et aux cartilages qui en forment le couronnement, le caractère d'un instrument de musique. Ainsi le canal aérien devient un instrument vocal, du moment qu'il a acquis et parce qu'il a acquis les moyens de modifier de l'air transmis par les poumons, de gouverner ce nouveau produit, et de le diriger sur l'air en repos ou l'air dans l'état naturel, qui existe au-delà. C'est le tuyau de flûte encore informe qui reçoit son biseau, et qui, par ce dernier perfectionnement, est transformé en un instrument d'un effet enchanteur : les rubans vocaux, que nous pouvons de la même manière considérer comme le dernier perfectionnement du larynx sous le rapport de ses applications à la voix, procurent alors sous ce rapport à toutes les dépendances de l'organe pulmonaire une autre et nouvelle utilité, en les appelant à concourir au phénomène de la voix. Ainsi, (qu'on veuille bien me permettre de revenir sur la même comparaison), ainsi quand le pied du cheval est restreint à un seul usage et ne saurait devenir, ni un organe du tact, ni un moyen de préhension, celui du singe, sans discontinuer ses services à l'égard de la marche, se montre propre à plusieurs autres choses.

Nous venons d'avancer que les rubans vocaux polarisent l'air expulsé des poumons. Ce n'est pas que ces rubans, ainsi que nous l'avons dit plus haut, ressemblent à des cordes isolées, ou aux languettes des instrumens à anche ; l'instrument vocal n'est la répétition exacte d'aucun des instrumens de musique imaginés jusqu'à ce jour. Mais cependant si nous avons été fondés à établir, dans le précédent paragraphe, que le son, celui du moins (1) qui y a fait l'objet de notre examen, n'est possible qu'à l'aide de deux seuls procédés, et qu'il dépend simplement, ou de la vibration des molécules des corps, ou d'un brisement de l'air dans des tuyaux, nous ne douterons pas que sa production dans les animaux ne soit due à la même cause.

Nous y trouvons en effet l'un ou l'autre de ces systèmes, si ce n'est même les deux à la fois; de telle sorte que la merveille de l'instrument vocal se réduirait à ce que les abords de l'organe respiratoire offrent, non pas toutes les conditions, mais cependant des moyens exactement analogues à ceux des instrumens artificiels. Que les mêmes effets soient obtenus par ces ouvrages de l'art et par un tube du corps animal, il n'y a point à s'en étonner, si la production du son tient moins au mécanisme propre de l'instrument qu'à la nature même de l'air, et si cette production n'exige des instrumens que la faculté d'agir sur

(1) Je ne puis, ni ne dois m'occuper ici que des sons proportionnels dont l'oreille parvient facilement à faire la comparaison. Il est une autre espèce de son, ou le bruit, selon la distinction qu'en a faite M. Dutrochet dans son second ouvrage imprimé en 1810 : deux autres causes peuvent l'occasionner, la percussion ou le choc des corps solides, et la détonation, dans le cas d'un retour subit de certaines matières à leur premier état gazeux.

ce fluide pour en désunir les parties constituantes. Ces conditions, bien que ce soient autant de données absolues, pouvaient être obtenues de différentes manières; et c'est là ce qui explique la diversité et le grand nombre des instrumens fabriqués par la main des hommes, et la variété bien plus grande encore de ceux arrangés dans les animaux par celles de la nature.

Un fait, au sujet de la voix humaine sur lequel je trouve tous les physiclogistes d'accord, est que les sons rendus par le larynx sont dus aux vibrations des lèvres de la glotte. Ferrein a eu le mérite de l'établir par des expériences positives et a pu justement revendiquer la gloire de cette découverte, bien qu'avant lui, Dodart, et plus anciennement, Perrault, eussent déjà attribué quelqu'influence à la *tension et aux longueurs proportionnelles de l'une et de l'autre membrane qui composent la glotte.* PERRAULT. Mécanique des Animaux; du Bruit, chap. 12.

Le mémoire de Ferrein (Académie des Sciences, 1741), est un des plus beaux traités sur la voix qui aient paru : il se recommande par une excellente méthode, par l'intérêt des expériences et par la solidité des jugemens. On l'a peut-être trop négligé dans ces derniers temps pour s'attacher à un système qui, dans le fond, diffère assez peu de celui où Ferrein a été conduit. Que ce célèbre anatomiste assimile à une *viole* l'organe vocal, ou qu'on lui oppose que celui-ci est plutôt fait sur le modèle des instrumens à anche, ce n'est, des deux côtés, qu'une comparaison dont il faut bien se garder de tirer des conséquences trop rigoureuses; on n'est vraiment pas aussi éloigné des idées de Ferrein qu'on affecte de le croire, puisqu'en réduisant toutes ces propositions à ce qu'elles présentent de général et d'essentiellement vrai, on aperçoit que, de part et d'autre, chacun a voulu dire et n'a rien dit de plus, si ce n'est que les sons rendus par le larynx doivent être attribués aux vibrations des rubans vocaux; et si j'ai été conduit, page 302, à ramener l'anche à un mode général de conformation, à en rapporter les lames à deux tables d'harmonie et à considérer ces lames comme deux plans de fibres longitudinales et comme deux faisceaux de cordes adhérentes les unes aux autres, il serait établi que les nouvelles opinions sur la voix humaine diffèrent moins qu'on l'a cru de celles de Ferrein.

S'il en est ainsi, je ne me ferai point de scrupule de reproduire les considérations du Mémoire de 1741, et d'insister sur des applications qui m'en paraissent la conséquence immédiate.

Ferrein, dans son travail, paraît avoir cédé à une principale préoccupation. La marche de ses idées et chacune de ses expériences tendent à prouver que les sons du larynx sont dus *uniquement* aux vibrations des lèvres de la glotte, et surtout qu'ils sont indépendans du degré d'ouverture de celle-ci. C'est contre ce dernier point de la doctrine des anciens et de la théorie de Dodart qu'il s'élève formellement; les rubans aponévrotiques du pourtour de la glotte qu'il désigne presque dès son début sous les noms de *rubans vocaux* ou de *cordes vocales*, s'étant prêtés à lui montrer dans ses expériences le jeu des cordes d'une *viole* ou d'un *clavecin*, il ne doute pas qu'il n'ait, conséquemment à la direction qui lui était imprimée par son point de départ, satisfait pleinement à toutes les conditions de problême, et qu'il n'ait péremptoirement prouvé que l'organe vocal de l'homme est du genre des instrumens à cordes.

Sur la demande de ce qu'il a découvert et de la manière dont il l'a découvert dans le vestibule de l'organe respiratoire, Ferrein répond que ce nouvel instrument à cordes se compose; 1°. de moyens vibratiles et analogues aux cordes d'une *viole:* ce que nous ne lui contesterons pas, dès qu'on peut effectivement assimiler les deux rubans à deux faisceaux de fibres réunies; 2°. des points d'appui nécessaires à la fixation de ces cordes, appui fourni par les cartilages laryngiens; 3°. d'un système de tirage opérant la tension des rubans vocaux et correspondant, quant à l'usage, à l'appareil des chevilles d'un violon : ce qui résulte en effet de la position et des efforts contraires des muscles intrinsèques du larynx.

Tels sont les points que Ferrein cherche à établir ; ajoutant, comme preuves, quelques expériences, dans lesquelles agissant sur les cordes et fixant une partie de leur longueur, comme une moitié ou le tiers, il fait monter l'autre portion à l'octave ou à la quinte, selon les règles connues des instrumens à cordes.

Il n'y a sans doute rien à opposer à ces déductions ; mais on ne conçoit pas qu'après les avoir présentées avec cette confiance, Ferrein en soit resté là, et qu'il n'ait pas au contraire été entraîné par son idée-mère à d'autres conséquences qui me paraissent en découler naturellement.

§. XII.

Du Thyroïde considéré comme corps sonore.

Ne perdons pas de vue notre point de départ. Le son, nous apprend la théorie, nait d'un mouvement vibratoire imprimé par une cause quelconque aux molécules des corps : mais ce n'est pas nécessairement un son net, éclatant et renforcé, comme les sons que nous font entendre les instrumens de musique. Ces derniers donnent seuls cette qualité au son.

D'un autre côté, et afin de suivre constamment Ferrein dans ses conséquences, rendons-nous compte de la construction d'un de ces instrumens; de celle par exemple d'un violon. Il n'y a pas de doute qu'un facteur, qui prend ses mesures pour établir un instrument de ce genre, ne s'empresse de réunir les objets que nous avons spécifiés plus haut : des cordes, puis des moyens de les fixer, et enfin des chevilles, pour en opérer la tension sont en premier lieu et en effet de toute nécessité. Mais l'artiste, comme l'a fait Ferrein, serait-il reçu à s'en tenir là, et pourrait-il, s'en reposant sur cette réunion de moyens, se flatter d'avoir terminé son opération ? Non sans doute. Chacun sait au contraire qu'il faut de plus en pareil cas, placer, à portée de cordes auxquelles on imprime un mouvement de vibration, un corps qui ressente ces vibrations et qui soit susceptible de les reproduire; c'est-à-dire, qu'il faut placer à portée de ces cordes le corps sonore (*voy. p.* 299), et dans le cas que nous avons supposé, le corps même de l'instrument. Il n'y a de sons éclatans et purs, tels qu'on en tire d'un violon, à espérer, qu'en remplissant cette condition; ou plutôt l'instrument ne commence à prendre consistance et caractère, que du moment où le facteur, ayant déployé toutes les ressources de son art, aura réussi, selon des règles que le tâtonnement et l'expérience lui auront révélées, à façonner le corps sonore de l'instrument, ce principal objet de ses calculs; lequel occupe à juste titre toute sa pensée, puisque c'est de la bonne exécution de cette base fondamentale que dépend le mérite de tout instrument à cordes. Le nom de *tables d'harmonie* donné généralement aux corps sonores indique en effet le degré d'importance qu'on attache à ceux-ci.

Ferrein, et tous les physiologistes après lui, auraient-ils négligé de chercher dans le larynx le corps sonore, ou la partie qui représente dans le violon le corps même de l'instrument? je n'en puis douter. Ferrein, satisfait de quelques résultats qu'il avait obtenus, ne vit plus rien au-delà : il n'acheva pas ce qu'il avait si habilement commencé, et des lacunes dans son travail, trop manifestes pour n'être pas remarquées, le privèrent, dernièrement, des plus honorables suffrages.

Ajoutons une autre considération qui mène aux mêmes résultats.

Chaque individu est facilement reconnu au timbre de sa voix, de la même manière qu'un instrument du système vibratil est toujours distinct d'un autre pour une oreille exercée. Tout ce que nous pouvions savoir de positif à cet égard, c'est que le timbre dépend en général de *circonstances relatives au tissu, ou à la substance, ou à la nature des corps* (1). Cette remarque, qui avait été faite, n'avait cependant conduit à rien de satisfaisant pour l'explication des différentes qualités de la voix : c'est que la difficulté du problême venait de plus haut et tenait à l'ignorance où l'on a été jusqu'ici des modifications dont l'air est susceptible dans le phénomène du son. Mais, aujourd'hui que nous avons, *page* 300, éclairé cette question d'un nouveau jour, nous pouvons facilement suppléer à l'omission de Ferrein ; et considérant que les sons du larynx sont dus au principe des vibrations, nous ne pouvons douter que ces vibrations ne soient ressenties et reproduites par un corps à la portée des rubans vocaux. Amenés à cette conséquence, nous n'avons pas eu besoin de nous livrer à de grandes recherches pour découvrir ce complément de l'instrument vocal. Celui-ci est naturellement signalé aux extrémités mêmes des cordes qui entrent en vibra-

(1) Cuvier. Anatomie comparée, tome 1, page 445. — Dutrochet. Thèse, etc., page 25. — Magendie, t. 1, page 213.

tion. Nul doute effectivement que les arythénoïdes, et plus particulièrement le thyroïde, ne composent les tables d'harmonie que reclament indispensablement le système vibratil des cordes, ou, pour me servir d'une expression consacrée, ne soient le corps sonore de l'organe de la voix.

Il n'y a en effet qu'un organe d'une conformation ainsi donnée et ayant une semblable solidité, qui puisse aussi constamment reproduire cette même expression du son, qu'on sait être la voix de tel animal, ou de telle personne. Ce n'aurait pu être ni les lèvres de la glotte, dont les dimensions sont variables à l'infini et dont l'action se borne, sans rien changer au caractère de la voix; à la faire passer par les différens degrés de l'échelle musicale; ni les muscles du larynx, dont nous réglons l'emploi à notre gré; mais non, comme on le sait, jusqu'au point d'en obtenir le déguisement de la voix, si ce n'est dans un cas que nous déterminerons plus bas.

Mais si, au contraire, c'est le thyroïde qui répond aux ébranlemens des rubans vocaux, on doit attendre, de sa constitution qui est fixe, une manière habituelle d'agir. L'air est alors polarisé, de façon que les nuances les plus imperceptibles sont invariablement reproduites; d'une part, parce que l'événement est soustrait à l'empire de la volonté, et de l'autre, parce qu'il dépend entièrement des qualités individuelles du corps sonore.

Ainsi le retour des mêmes sons dans les mêmes circonstances fait connaître le timbre particulier et les qualités de structure de chaque corps de violon, bien qu'on agisse diversement sur les cordes, qu'en effet on raccourcit et tend à volonté, ou qu'on remplace même au besoin.

Il faut un facteur d'instrument bien exercé pour juger à l'œil des qualités d'un corps sonore. Ce genre d'observations, ainsi que je m'en suis assuré, n'offre pas les mêmes difficultés à l'égard du thyroïde. Ses qualités lui sont données par le plus ou le moins de matière osseuse qui se mêle à ses lames cartilagineuses : ayant réuni un assez grand nombre de thyroïdes, collection que je ne crois faite encore par personne, j'ai remarqué (page 254) qu'ils varient entr'eux dans les différens animaux, ou même d'individu à individu dans la même espèce, comme varie le timbre de chacun.

Cependant on ne conserve pas sa même voix toute la vie; mais il n'y a rien à en inférer contre la détermination que je propose, si la voix ne change qu'au fur et à mesure que le thyroïde lui-même vient à changer : or c'est ce qu'il devient facile de constater. L'anatomie nous fait voir que le thyroïde participe peut-être plus que tout le reste de l'organisation aux changemens que le cours de la vie introduit dans la structure des animaux : elle nous le montre même plus susceptible de l'influence d'un usage immodéré, ses changemens étant d'autant plus rapides et plus considérables que l'organe vocal est employé avec moins de ménagemens.

Le thyroïde peu après la naissance n'a point encore de consistance ; la voix alors ne se compose que de cris aigres qui nous paraissent déchirans. Elle prend successivement plus d'éclat et d'étendue, selon que le thyroïde acquiert plus de fermeté en se maintenant sans mélange dans l'état de cartilage. Mais cette situation change nécessairement à l'époque de la puberté. La voix mue, comme on le dit dans ce cas, c'est-à-dire, qu'elle perd son timbre clair et presqu'argentin, davantage dans les mâles, plus susceptibles que les femelles de la nouvelle impulsion imprimée au système musculaire. L'énergie du système musculaire étant parvenue au plus haut degré, les lames cartilagineuses se couvrent de granulations osseuses, qui se groupent de préférence aux insertions des muscles, et qui y existent en quantité d'autant plus grande, que les muscles y exécutent leur tirage et plus fréquemment et plus fortement. Ces noyaux osseux s'accroissent par la répétition des mêmes efforts, et finissent dans la vieillesse par envahir presque toute l'étendue du cartilage; ce qui a lieu beaucoup plutôt, à la suite d'abus des fonctions de l'organe vocal, comme cela a lieu dans certains états de la société et comme nous l'avons nous-mêmes constaté, *pages* 185 *et* 244, au sujet de notre marchand d'habits, qui, à 54 ans, avait le thyroïde presqu'entièrement ossifié.

La voix suit de point en point cet ordre de phénomènes. Elle est claire dans les enfans, les femmes et les castrats, chez qui le système musculaire ne parvient qu'à un faible développement; grave chez les adultes; aigre, discordante et cassée chez les vieillards: elle devient rauque, quand le corps sonore perd son élasticité première, comme un violon devient aigre et criard, s'il arrive, qu'en voulant y faire quelques réparations, il y soit pourvu par un emploi malentendu de planchettes trop épaisses.

Ménager son instrument, suivant une expression du langage des chanteurs, ce serait donc chercher à user de précautions contre les progrès trop rapides de l'ossification du thyroïde: et au contraire en abuser, comme le font les crieurs des rues, c'est provoquer ce développement et l'exposer en ce point à ressentir avant le temps les atteintes de la vieillesse.

Ce n'est pas cependant qu'il n'y ait que la seule ossification du thyroïde qui puisse restreindre l'élasticité de ce cartilage et en paralyser l'action; l'inflammation de la membrane muqueuse, qui en revêt l'intérieur, produit le même effet; agissant en cela comme, à l'égard d'un violon, ferait une couche trop épaisse de vernis qu'on y aurait inconsidérément appliquée.

Des réflexions qui précèdent, je crois devoir conclure que le timbre de la voix dans les différens âges, et ses diversités dans chaque espèce, sont toujours réglés par les qualités et d'après les modifications des principales pièces du larynx, et que surtout la forme concave de la couche inférieure, sa flexibilité, sa nature cartilagineuse et son élasticité, qu'augmente encore le tirage de muscles antagonistes, sont les conditions qui procurent au thyroïde la nouvelle fonction que nous venons de lui reconnaître, et qui lui fournissent en effet les moyens de jouer dans l'instrument vocal le rôle de corps sonore.

M. le docteur Dutrochet a donné dans sa thèse, pages 27 et 29, quelques indications qui se rapportent à ces vues; et M. Magendie les a depuis reproduites dans sa *Physiologie*, tome I, p. 214.

§. XIII.

Des arythénoïdes, considérés comme employés à la tension des rubans vocaux, et comme exerçant une action directe sur le phénomène de la voix.

Ce serait inutilement que le corps sonore aurait été établi avec toute la perfection désirable, si une première impulsion, dont il ne fait que ressentir et propager l'effet, ne lui était d'abord imprimée : des cordes y pourvoient par leurs vibrations, dira-t-on. Oui, sans doute; mais il y a de plus cette remarque à faire : point de vibrations sans un pouvoir tendant, c'est-à-dire, sans un système de chevilles d'un maniement assez compliqué. Telle est, selon moi, la part d'utilité des arythénoïdes dans les phénomènes de la voix.

Bichat les signale seulement (1) comme ayant une mobilité qui contribue à augmenter ou à diminuer l'étendue de la glotte; et M. Dutrochet, développant cette observation, fixe l'attention sur l'objet de cette mobilité, en montrant (2) comment les arythénoïdes se renversent en ar-

(1) Anatomie descriptive, tome 2, page 376.

(2) Thèse, etc., page 33.

rière ou se redressent en avant ; système qu'attaque M. Magendie (1), qui se refuse aussi à leur accorder, avec M. Cuvier (2), un mouvement de bascule. La description suivante des arythénoïdes va faire voir que si ces diverses opinions se fondent sur des observations, elles peuvent toutefois se concilier.

Les arythénoïdes sont deux cartilages faisant partie de la couche supérieure du larynx (ou dans l'homme, de la couche postérieure.) Comme il nous importe de les connaître exactement, nous les avons fait figurer, *pl.* 10 : *ar* du n°. 109 représente l'arythénoïde gauche, vu en position et du côté extérieur ; et *ar* du n°. 110, celui de droite, détaché et du côté intérieur. Articulés et formant la fourche sur le cricoïde, ils débordent celui-ci par les deux pointes de la bifurcation. Leur forme irrégulièrement pyramidale rentre dans celle d'un triangle isocèle, dont les cartilages de Santorini couronnent le sommet : leur principale irrégularité consiste dans leur courbure, au moyen de laquelle le sommet du triangle est infléchi de dedans en dehors, et les angles de sa base, au contraire, de dehors en dedans. Ces pièces demandent à être observées

(1) Précis de Physiologie, tome 1, page 203.

(2) Anatomie comparée, tome 4, page 491.

dans tous les âges de la vie : elles sont long-temps totalement cartilagineuses ; mais pour avoir une circonstance de plus à offrir, je les ai fait représenter dans un âge avancé, où elles sont ossifiées dans le centre. La substance osseuse est indiquée par la partie fortement ombrée. Nous sommes obligés de décrire minutieusement ces circonstances, principalement celles qui concernent le bord cricoïdien, à cause des usages différens de ses deux moitiés *x* et *y*. La portion extérieure *y* forme une large apophyse triangulaire, qui donne attache aux tendons des muscles thyro et cryco-arythénoïdiens, et qui est enveloppée du repli ou des aponévroses dont se composent les rubans vocaux ; et l'autre portion *x* présente une surface articulaire, concave, ovalaire, revêtue d'une couche de synovie tres-humectée, dirigée obliquement en dehors et en bas, laquelle s'emboîte sur une saillie correspondante du cricoïde. Un ligament très-fort et en même temps très-lâche, répandu circulairement, unit les deux cartilages.

Ces circonstances déterminées, les mouvemens des arythénoïdes peuvent être facilement expliqués. Ces mouvemens sont-ils provoqués par le tirage des muscles crico-arythénoïdiens postérieurs ? Il y a redressement et divergence des arythénoïdes. Le sont-ils au contraire par l'action du paquet de muscles que, dans la dernière réforme de la nomenclature, on a réunis et désignés par le nom seul d'*arythénoïdien?* Il y a abaissement et rapprochement de ces cartilages: effet qui est toujours précédé d'un faible mouvement de rotation. Dans le premier cas, la large apophyse *x* est ramenée en devant vers la tranche du cricoïde; et dans le second, elle est portée en arrière et est descendue dans le centre du larynx: d'où il arrive, d'une part, qu'elle se porte sur la glotte pour la rétrécir et le plus souvent pour la fermer entièrement; et de l'autre, qu'elle diminue considérablement la capacité du larynx.

Ainsi les arythénoïdes ne quittent leur situation habituelle, qui est une position oblique à l'égard des conduits aériens, que pour s'ouvrir davantage au-delà, ou bien que pour s'enfoncer en-deçà et gagner le centre du larynx. Il se peut que ces mouvemens, soit l'un, soit l'autre, s'exécutent isolément; mais cela ne saurait être habituellement, vu que ce serait sans objet. Ils ne sont mis à profit que s'ils sont combinés avec d'autres; et dans ce cas, c'est tantôt avec les muscles de la langue et ceux de l'épiglotte, et tantôt avec les muscles du thyroïde compris parmi les extrinsèque du larynx.

Si les arythénoïdes et l'épiglotte s'écartent simultanément, c'est-à-dire, si, comme les pétales d'une fleur lors de l'épanouissement de sa corolle, ils s'ouvrent avec toute la latitude que leur permettent les puissances qui les entraînent, ils font profiter cette étendue d'ouverture à la principale fonction du larynx. Le canal aérien est alors tout aussi largement ouvert que le réclamait la libre circulation des fluides respiratoires; et au contraire, si les arythénoïdes et l'épiglotte s'abaissent et se reploient sur le centre du larynx, ils en opèrent l'entière fermeture, ainsi que nous l'avons dit et suffisamment expliqué dans le neuvième paragraphe de ce Mémoire. Mais dans l'un et l'autre cas, ces mouvemens ne peuvent donner lieu à la fonction secondaire du larynx, et contribuer à la formation de la voix. Cela ne pourrait se supposer à la rigueur, que dans le premier cas, où le larynx a son ouverture de même diamètre à peu près que le reste du canal. Mais la glotte trop large n'est plus alors un obstacle pour l'air qui s'échappe des poumons, et les rubans vocaux, qui ne sont que des aponévroses repliées, disparaissent également sous l'action des muscles latéraux.

Il en est autrement des mouvemens des arythénoïdes, quand ils se combinent avec ceux du thyroïde, alors qu'agissent de concert les muscles intrinsèques et extrinsèques du larynx.

Et d'abord, à la contraction de ces derniers et aux efforts simultanés des muscles crico-thyroïdiens, se rapportent les effets suivans. Le thyroïde plus tendu, est rendu plus élastique : il est comprimé sur ses flancs. Devenu plus allongé d'avant en arrière par le rapprochement de ses lames et par la diminution de sa concavité, il tend les rubans vocaux, qui ont une de leurs extrémités attachée à sa partie profonde : enfin il réduit la glotte, de large et de circulaire qu'elle est naturellement, à n'être plus qu'une fente étroite. Le larynx, sous l'influence de ces premiers effets (une effluve d'air venant exciter la vibration des rubans vocaux), donne des sons graves, qui, repris, après avoir dépassé la région hyoïdienne, modifiés de nouveau par les muscles de la cavité buccale, et finalement articulés, comme on l'exprime alors, constituent le *parler usuel* des hommes réunis en société.

Mais dans le cas où l'on ne s'en tient point à ces sons graves et homogènes, si l'on désire au contraire en précipiter le débit et surtout en faire varier les tons ; ou, ce qui revient au même, si l'on veut quitter le ton simple et uniforme de la conversation, pour obtenir les effets qu'on désigne d'ordinaire par les mots de *cri* et de *chant*, le concours des arythénoïdes devient en outre nécessaire. Les muscles crico-arythénoïdiens postérieurs s'emplayant à écarter ces cartilages et à les rendre saillans en dehors, il en résulte une tension plus forte des rubans vocaux, et par conséquent une voix montée sur un ton plus haut. Les arythénoïdes, de cette manière, règlent le ton fondamental pour le chant; et de plus, ils peuvent aussi le faire varier, en retranchant un tiers de la corde. Pour cela, il suffit que, toutes choses restant comme nous venons de le dire, une portion des arythénoïdiens entre également en contraction. Ces muscles font légèrement osciller les arythénoïdes sur leur axe et en les renversant un peu de côté, portent l'autre angle du bord cricoïdien, ou la pointe de l'apophyse *x*, sur les rubans vocaux, qui par ce moyen sont atteints en dedans de leur repli. Ces rubans sont donc coupés en parties qui ne vibrent plus et en parties qui continuent à vibrer, comme les cordes d'un violon sous les doigts d'un musicien, avec cette différence que le point de partage ne saurait varier dans le premier cas, tandis que le musicien est obligé de tâtonner quelque temps pour séparer les cordes de son instrument en longueurs qui soient exactement proportionnelles entr'elles et d'un effet appréciable pour l'oreille.

Cette influence des arythénoïdes a-t-elle pour résultat de donner la quinte, comme on pourrait le supposer en comparant l'instrument vocal à un violon, ou l'octave, en l'assimilant à une anche? C'est ce que je ne saurais dire. On ne peut, dans ce cas, que se livrer à des conjectures, et je ne m'en permettrai aucune.

Tout ce que je puis cependant ajouter à cet égard, c'est qu'il ne me paraît pas impossible d'assigner les autres causes qui raccourcissent en outre davantage les cordes vocales. Je regarde comme certain que les parties ventrues des muscles crico-arythénoïdiens latéraux, quand ces muscles se contractent, opèrent cet effet, tout renflement étant rendu impossible du côté du thyroïde par la résistance de ses parois, et le gros de la masse musculaire étant par conséquent rejeté de l'autre côté et sur les cordes. Les personnes qui sont au fait des anches, et qui en ont promené la *rasette* sur la lame vibrante, concevront plus aisément les changemens qui ont lieu dans l'instrument vocal par le renflement progressif des crico-arythénoïdiens latéraux. Les rubans vocaux, ainsi que la languette de l'anche, sont successivement raccourcis, et le son produit parcourt au fur et à mesure tous les degrés de l'échelle musicale.

Jusqu'ici nous ne nous sommes occupés que des moyens organiques qui concourent à la formation de la voix, et des arythénoïdes en particulier, qu'en tant qu'ils favorisent tous la polarisation de l'air sous le régime du système vibratil; mais nous croyons de plus que la voix humaine peut être formée sous la même condition que le son, qui est produit dans des tuyaux sonores non compliqués de corps vibrans; c'est-à-dire, qu'elle peut passer, à la volonté de l'individu, de la condition d'instrument à cordes à celle d'instrument à vent. Serait-ce ce fait qu'auraient saisi d'habiles chanteurs qui ont profondément étudié les secrets de leur art, quand, jugeant que la voix est susceptible de deux modifications facilement perceptibles pour une oreille exercée, ils expriment cette idée en distinguant ces modifications sous les noms de *voix anchée* et de *voix flûtée*?

Quoi qu'il en soit, ce sont encore les arythénoïdes qui jouent le principal rôle dans ce nouvel ordre de phénomènes : ils prennent à cet effet une position inverse de celle qui favorisait leur action sur les cordes vocales. Renversés par les arythénoïdiens et portés dans le centre du larynx, ils sont disposés comme lors de leurs mouvemens (*voyez* page 337) pendant la déglutition des alimens, sauf que les bords *z x*, *z x*, *fig.* 110, au lieu de s'appuyer l'un sur l'autre, laissent exister entr'eux une fente très-étroite. Tout le reste de la glotte est au contraire entièrement fermé; ce qui, durant la déglutition, a lieu de même par la contraction des muscles crico-arythénoïdiens latéraux. Ceux-ci, comme nous l'avons dit plus haut, ne pouvant acquérir de ventre du côté du thyroïde, reportent leurs renflemens sur les cordes vocales qui en sont effacées et qui, couchées et pressées l'une sur l'autre, ne peuvent plus vibrer. Ce sont les mêmes phénomènes de contraction, que quand le larynx s'emploie à défendre le canal aérien de l'approche des substances alimentaires : il n'y a de différence que dans la fente ou glotte qui subsiste encore entre les arythénoïdes. La racine de l'épiglotte est refoulée du côté du larynx par la base de la langue, et montre alors une saillie; enfin les muscles thyro-arythénoïdiens, et peut-être l'un sans l'assistance de l'autre, procurent de leur côté un bord tranchant aux ligamens antérieurs.

C'est par la réunion de ces circonstances et le concours de toutes ces causes, que l'instrument vocal se trouve monté sur le modèle et parvient à agir à l'instar de nos flûtes à bec. C'est en effet le même procédé, dès qu'on y aperçoit également une fente et un biseau. Il n'est donc point étonnant que de l'air arrivant, déjà condensé, des poumons, et se trouvant de nouveau modifié, quand il est engagé dans l'étroit passage fourni par l'écartement des arythénoïdes, vienne se polariser, en allant au-delà se briser sur la tranche des lames qui saillent au-devant de la glotte. L'air, dans un larynx ainsi arrangé (qu'on veuille bien ne pas perdre de vue les principes posés ci-devant, page 291), l'air ne frappe plus que contre de l'air : il fait lui-même, et à son égard, fonction de corps sonore. Rien ne vibrant dans le voisinage, ni cordes vocales, ni thyroïde ne peuvent rendre des sons, et par conséquent trahir le timbre de la voix. Mais de ceci il résulte que, ce qui est impossible dans le parler usuel fondé sur les vibrations des rubans vocaux, nous le pouvons faire, quand, par l'abaissement des arythénoïdes, le larynx est changé en un instrument à vent, et se gouverne à la manière des *tuyaux sonores*. Nous parvenons facilement, de cette manière, à déguiser notre voix habituelle; pratique qui fait le charme des plaisirs que l'on goûte sous le masque, et qui n'exige que de l'attention pour réussir.

Je viens de signaler les usages des muscles thyro-arythénoïdiens : sur ce point, je ne puis partager les opinions de M. Dutrochet. J'ai la plus haute estime pour son talent; je le trouve dans sa thèse, le premier de ses écrits, digne de lui-même, par l'art admirable avec lequel il a rassemblé ses matériaux, par le mérite de ses recherches, et par la finesse de ses aperçus; mais cependant je ne puis admettre les conséquences finales de ce premier ouvrage, bien que notre jeune aspirant au doctorat ait depuis réuni en sa faveur l'autorité d'un de nos plus grands physiologistes, celle de M. le professeur Richerand. (Voyez *Physiologie, tome II, pages* 370 *et* 371). Je ne vois pas en effet comment les *muscles thyro-arythénoïdiens, et non les membranes aponévrotiques qui les recouvrent, seraient les parties vibrantes du larynx.* (*Thèse, etc., page* 26.) Ces muscles sont compris entre les deux plans du thyroïde; et écrasés, pour ainsi dire, sous l'effort des deux lames thyroïdiennes, dont le rapprochement est une principale donnée du problême et opère le rétrécissement de la glotte, ils ne sauraient vibrer en cet état, chacun sachant que le choc ou le poids d'un corps sur un autre en vibration a pour effet immédiat de suspendre incontinent toute oscillation.

M. Dutrochet fut d'autant plus encouragé à présenter cette *nouvelle Théorie de la Voix*, qu'il crut y trouver un caractère qui répondait à l'idée que nous nous formons des propriétés de la vie. « Il échappe, dit-il, à l'inconvénient de faire de l'organe vocal un *instrument passif* qui ait à trouver hors de lui les causes de la variation des tons : au contraire, considérant les muscles thyro-arythénoïdiens, comme les organes dont la vibration donne naissance à la voix, la production des sons lui paraît tomber sous l'*empire immédiat de la vie*. Le larynx envisagé sous ce point de vue, ajoute-t-il, cesse d'être un instrument *passif*, pour devenir un instrument *actif vivant* (1). »

Je me bornerai sur cela à présenter la remarque suivante. Si j'ai été fondé à établir plus haut que le son doit son existence à une polarisation de l'air, l'action vitale ne saurait rien ajouter au phénomène considéré en lui-même. Le larynx, parce qu'il forme le couronnement de la trachée-artère, et de la manière qu'il est constitué par l'arrangement de ses cartilages, est nécessaire-

(1) M. Dutrochet ne faisait en cela que développer une doctrine qui commençait à s'accréditer dans l'école moderne.

« Destinée à exprimer nos besoins (avait déjà écrit l'au« teur de l'*Anatomie descriptive*), la voix devait être « placée sous *l'empire immédiat du cerveau*. Aussi la struc« ture du larynx a-t-elle beaucoup d'analogie avec celle « de l'appareil locomoteur. C'est une charpente cartila« gineuse que font mouvoir en divers sens des muscles « de la vie animale, muscles auxquels l'habitude sociale « a donné une précision de mouvemens étrangère à l'état « naturel, comme elle en a donné une aux muscles des « doigts dans certains arts, à ceux des membres inférieurs « dans d'autres, etc. Bichat. *Anatomie descriptive*, t. 2, page 366.

ment un instrument passif, comme le sont le violon et la flûte. Ces trois instrumens, que je puis me permettre d'embrasser sous la même considération, sont effectivement et également construits, de façon à pouvoir procurer une perception nette et distincte de toutes les modifications de l'air. C'est ainsi qu'ils deviennent pour l'homme la source des plus douces jouissances. Mais il faut pour cela que ces instrumens soient mis en œuvre; jusque-là ce ne sont que des moyens, il reste à les animer : et sans doute ce n'est pas à cette brillante époque de la civilisation que je puis croire utile de faire remarquer ce qu'ont su produire en ce genre les hommes réunis en société, appelant au secours de leurs facultés naturelles, les ressources d'un esprit inventif. Le violon et la flûte, tout comme le larynx, sont donc également placés sous l'*empire immédiat de la vie*. L'intelligence en dispose, et des muscles sont les agens subalternes, qui viennent seconder les inspirations du génie. Ces muscles (et c'est seulement ici que l'on peut apercevoir quelques différences) varient, comme varient eux-mêmes les instrumens à manœuvrer. Ainsi les puissances motrices des organes du tact et de la préhension s'appliquent à tirer du violon des sons purs et harmonieux; celles destinées à donner à la bouche l'expression du contentement, ou à l'embellir par les grâces du sourire, s'exercent sur la flûte; quand le larynx, pouvant prendre tous les tons, soit qu'il ait à produire des chants héroïques inspirés par la reconnaissance et l'admiration, soit qu'il doive s'en tenir aux modestes accords d'un pipeau champêtre, tire parti de ses propres muscles, lesquels ont aussi une toute autre et essentielle destination; muscles que nous avons déjà vus employés à gouverner la déglutition des alimens, mais que le larynx parvient à affecter à un nouveau service, avec d'autant plus de bonheur et de convenance que, répandus à sa surface, ces muscles, se trouvant à portée, ont plus d'aptitude à en faire mouvoir les principaux ressorts, et qu'étant aussi en beaucoup plus grand nombre, ils se suppléent les uns les autres, en cas d'exercice trop prolongé.

§. XIV.

Des tubercules, ou cartilages cunéiformes, considérés comme faisant partie de l'instrument vocal.

Santorini a découvert les cartilages du larynx qu'on a appelés de son nom, et en a fait ainsi des considérations du domaine de l'anatomie. Depuis, chaque auteur a parlé de ces *tubercules*, sans s'en inquiéter autrement que pour ramener sur la scène le nom de leur premier observateur. Si je ne voyais que M. Cuvier les a suivis dans quelques espèces de mammifères, et que M. Dutrochet les a observés sur un nègre, où il les a trouvés singulièrement développés, je croirais qu'on ne s'en est occupé que par acquit de conscience. Peut-être, et il me semble juste de le remarquer, ne pouvait-on faire mieux en anatomie humaine. Ces cartilages se trouvant réduits à n'exister qu'en rudimens chez les mammifères, il devenait assez difficile d'y soupçonner le rang et l'importance qu'ils ont dans le plan général de la nature.

Nous renvoyons sur cela à ce que nous en avons dit précédemment, quand nous avons établi que les cartilages cunéiformes, ou les tubercules de Santorini, ont une consistance réelle chez les ovipares, et qu'ils y acquièrent, en y servant de chambranle à la glotte, une fonction importante. Dans l'occasion présente, nous ne les considérerons que sous le rapport de leur utilité, comme pièces comprises parmi les moyens organiques de la voix.

Nous avons, M. Serres et moi, à l'imitation de Ferrein, fait rendre des sons à des larynx humains détachés du cadavre : expériences dont le succès, pour le dire ici en passant, établit, sans le moindre doute, que ces appareils appartiennent à la catégorie des instrumens passifs, au même titre que le violon et la flûte. Ne pouvant, pour tendre les cordes vocales, employer autant de forces que l'action vitale en procure aux fibres musculaires, nous avons eu recours au second moyen qu'a le larynx de produire des sons. Nous avons abaissé les arythénoïdes et les avons rapprochés à leur base, mais de façon à ce qu'ils ne se touchassent pas entièrement et qu'ils laissassent entre leurs apophyses une fente étroite. Ces précautions prises, la manœuvre du soufflet employé à pousser de l'air sur la glotte, n'y produisait pas toujours l'effet attendu. Nous étions encore obligés de peser ou sur la racine de l'épiglotte, ou sur les replis appelés *ligamens antérieurs*, en sorte que servis encore mieux par le tâtonnement que guidés par la réflexion, nous finissions par créer, en combinant ainsi les masses inertes du larynx, un instrument fondé sur le principe de la composition des flûtes; c'est-à-dire, que nous parvenions, quand le larynx chantait, à mettre en rapport, et à des distances convenables, une fente et un biseau.

L'air ayant dépassé la glotte, et s'étant brisé sur l'obstacle aigu qui existe en devant, demeure, sous sa nouvelle condition d'air polarisé, un temps quelconque dans la portion antérieure du larynx, de la même manière qu'après s'être brisé sur le biseau d'une flûte, il se répand, modifié par la polarisation, pour être également conservé un temps quelconque dans le tuyau de l'instrument : il ne devient, à l'égard de la flûte, air sonnant que quand il échappe du tuyau et se met en contact avec de l'air ambiant.

C'est de la même manière que nous avons cru nous apercevoir que l'air se conduisait, dans nos expériences, sur le larynx : il n'éclatait qu'à sa sortie de la cavité, où nous avons dit qu'il est d'abord renfermé. D'un côté, il s'échappait sans bruit et en partie par un passage vers la racine de l'épiglotte, en suivant à la surface de ce cartilage une dépression ou un léger sinus; passage que l'on pourrait peut-être comparer à celui de la coche (1) des flûtes à bec : et, d'un autre côté,

(1) Les deux issues de l'air dans les intrumens à vent, celle de la coche par où une première portion s'écoule paisiblement, et celle des trous du tuyau, d'où la seconde portion se répand au-dehors en rendant des sons, donneraient lieu de croire, que la première modification, ou la condensation des gaz de l'expiration pulmonaire, aurait pour objet de faire sortir les deux principaux élémens de ce gaz, de leur état de mélange habituel. Dans ce cas, le biseau sur lequel une masse d'air est lancée, n'en éparpillerait pas les molécules; idée qu'en donne l'expression de brisement dont on se sert en pareille circonstance, mais couperait la lame en deux parties, qui chacune aurait sa sortie particulière. J'ai désiré savoir ce qui en est, et je vais rapporter quelques expériences faites en conséquence :

il devenait sonnant, après s'être frayé une autre route qui l'amenait dans l'air extérieur. Dans ce

---

1°. J'ai fixé solidement au-dessus de la coche d'une flûte à bec un tuyau fait avec une peau de gant. Ce tuyau, implanté droit comme une cheminée, était percé à son extrémité libre et était en général disposé de manière que le courant d'air, qui s'échappe par la coche, ne pouvait se répandre sur les parois extérieurs du tube de l'instrument, mais était au contraire gouverné et dirigé au loin dans l'air atmosphérique.

J'ai soufflé et l'instrument est resté muet.

2°. Pour essayer si j'obtiendrais le même résultat, en variant l'expérience, j'ai pris le premier corps de la flûte, qu'on sait dans cet état susceptible de rendre des sons très-aigus. J'en ai renfermé le gros bout dans un même tuyau de cuir également ouvert à l'extrémité.

Ce n'est qu'à un souffle modéré que l'instrument n'a pas répondu : sous un effort plus violent, il faisait entendre un son retentissant.

3°. J'ai lié le bout du tuyau de cuir; et ayant soufflé dans le bec de l'instrument, j'ai nécessairement rempli le tube d'air condensé, et j'ai déterminé un refoulement de la colonne d'air vers la coche.

Soit cette cause, soit une autre, l'instrument a parlé.

4°. Ayant remis la flûte dans son premier état, j'en ai couvert la partie supérieure d'un tuyau de cuir entourant la coche à l'un des bouts, et à l'autre le premier trou du tube.

L'instrument mis en jeu, non-seulement s'est fait entendre, mais il a de plus rendu le son de la note qui se rapporte à ce même trou.

dernier cas, tout se passait, comme si, doué de ressort, ce fluide eût agi sur deux soupapes, qu'il avait en effet la force de soulever. Ces soupapes ainsi susceptibles d'être entraînées et qui retombaient après l'événement et se replaçaient, comme auparavant, par leur propre poids, ne sont autres que les cartilages même de Santorini. Pièces rudimentaires chez les mammifères, ces cartilages ne s'y montrent pas, conservés, sans être parfois officieux : ils y tiennent lieu de ces garnitures de cuivre, nommées *clefs*, qui sont appliquées à une clarinette ou à un basson,

---

Ces expériences m'ont paru assez concluantes pour me porter à les varier à l'infini et pour m'engager à m'en occuper de nouveau.

Le tranchant du biseau sépare l'air en deux fluides, l'un introduit dans le tube de la flûte, et l'autre dispersé à sa surface. Ces deux courans se portent l'un vers l'autre, et c'est au moment de leur contact et probablement à celui d'une nouvelle combinaison de leurs principes que le son éclate.

Il faut croire, en effet, à une nouvelle combinaison; car si le fluide total n'était que ramené à son premier état, l'audition ne devrait pas plus dépendre de cette restitution qu'elle était possible sous l'influence de l'élément respirable, avant qu'il eût quitté son état naturel.

Une nouvelle combinaison des fluides atmosphériques polarisés, ou de la matière du son, sont pour nous une seule et même chose.

comme à-peu-près des pédales à des jeux d'orgues ou à des harpes. L'objet de ces clefs, composées d'un axe au centre, d'une platine qui correspond à l'un des trous du tuyau, et d'un levier, dont la longueur du bras est calculée sur la position habituelle de la main du joueur, est, comme on le sait, de tenir le trou du tuyau, existant sous la platine, ouvert ou fermé au gré de l'artiste.

Les cartilages de Santorini, ensemble ou séparément, imitent le jeu de cette platine; comme elle, ils sont soulevés pour laisser sortir l'air polarisé de sa cavité : ils offrent de plus une autre combinaison; je les ai vus quitter leur position habituelle, pour se croiser l'un sur l'autre et pour, dans certains cas, diminuer d'autant l'ouverture, par où s'écoule le fluide.

Nous remarquerons, à ce sujet, que ce mécanisme rapproche tout-à-fait l'instrument vocal, tel qu'il est constitué dans un de ses deux modes d'action, de la flûte ou sifflet sans trous latéraux, que M. Cuvier, pensant à tirer parti de la pratique des joueurs de cor pour l'explication du chant des oiseaux, a imaginé et fait construire. Les trous latéraux des flûtes ordinaires étaient remplacés, dans ce nouvel instrument, par une quantité donnée de rouelles de bois servant à boucher l'extrémité du tube. « Une rouelle était pleine et fermait entièrement le tuyau; les autres rouelles de rechange avaient chacune dans leur milieu un trou d'une grandeur déterminée; lorsque le bouchon plein était placé, le son baissait d'une octave; mais lorsqu'on y mettait les bouchons percés, il montait ou descendait entre l'octave fondamentale et l'octave au-dessous, selon que l'ouverture était plus grande ou plus étroite; en sorte qu'en ajustant bien les ouvertures, on aurait pu produire les notes de cette octave par ce seul moyen. » CUVIER. *Anatomie comparée, tom. 4, pag. 460.*

L'équivalent de ces rouelles ou bouchons à l'égard de l'instrument vocal se trouvent dans les cartilages cunéiformes; ceux-ci, formant soupapes au-devant de l'extrémité du réservoir d'air polarisé, sont susceptibles de donner avec autant de précision tous les degrés d'ouvertures, d'où dépend la variation des tons; car non-seulement, comme nous l'avons dit, ils peuvent se croiser l'un sur l'autre, mais au besoin ils sont encore écartés par les arythénoïdes, aux mouvemens desquels ils sont subordonnés.

C'est ainsi qu'à tous égards le larynx, par l'abaissement des arythénoïdes, se trouve arrangé et disposé selon les principes de la construction des flûtes, et qu'il peut, sous cette autre condition, rendre et faire entendre tous les tons divers de l'échelle musicale. Nous avons remarqué que quelquefois le son suivait une autre direction et paraissait s'élever de la racine de l'épiglotte pour éclater un peu au-delà ; cependant, nous n'osons comprendre ces effets parmi les moyens qui modifient la voix *flûtée* ; il se peut que ce résultat soit dû uniquement à la pression des doigts pendant l'expérience : nous n'avons pu d'ailleurs en prendre une connaissance assez précise.

Il reste une objection à prévoir et à détruire au sujet de la parité de fonction des cartilages cunéiformes et des clefs d'un basson. En rapportant l'observation qui nous a servi de point de départ, nous avons dit que l'air de la cavité intérieure du larynx soulevait les cunéiformes, et que par conséquent ceux-ci se conduisaient comme des soupapes qui se refermaient d'elles-mêmes. La manœuvre des clefs des bassons est autre ; leurs leviers ne sont point à la discrétion du fluide polarisé ; ils sont tenus en dehors de l'instrument, attendu que c'est au dehors qu'existe la force qui doit en disposer. L'air ne saurait recevoir d'activité ; il s'écoule plus ou moins condensé, plus ou moins modifié. Au musicien seul il appartient de connaître et d'agir en conséquence.

Mais en annonçant que les cunéiformes nous paraissaient offrir le mécanisme des soupapes, nous donnions une observation faite sur des larynx flétris par la mort. Obligés d'agir sur une machine dont toutes les parties avaient perdu leur ressort, il nous a fallu recourir, la voulant remettre en vigueur, à un emploi exagéré des moyens laissés à notre disposition. En effet, nous ne pûmes la faire chanter qu'en redoublant les excitations : on a donc soufflé dans la trachée-artère beaucoup plus d'air qu'il n'aurait été sans cela nécessaire. Ces efforts ont porté la condensation de l'air à un très-haut degré, et nous avons de cette manière procuré à ce fluide une force d'expansion capable de soulever les cunéiformes.

Mais ce n'est point ainsi que les choses se passent sous l'influence de la vie; le mouvement des cunéiformes est réglé par l'action musculaire : c'est ce qu'à l'occasion des recherches que nous avons faites ensemble, M. Serres a découvert. Les muscles épiglotti-arythénoïdiens qui ont pris ce nom, de ce qu'on a cru jusqu'à ce jour qu'ils s'étendaient de l'épiglotte aux arythénoïdes, se portent au-delà et jusques sur les cunéiformes; leurs tendons, à la vérité, se dirigent d'abord sur les arythénoïdes; mais au lieu de s'y fixer, ils en prolongent les flancs tout au travers du tissu cellulaire, pour se rendre enfin et s'insérer sur les cunéiformes.

Ainsi ces cartilages, dont jusqu'ici on n'avait à-peu-près tenu aucun compte, entrent dans la composition du larynx, au même titre que toutes les autres pièces de cet appareil : ils sont également pourvus de muscles propres, et ils ont de même une fonction à remplir, laquelle, pour être subordonnée, n'en est pas moins d'une efficacité certaine.

Lors de la déglutition des alimens, leur existence sur un point saillant et leur grande mobilité, quand les arythénoïdes s'abaissent pour éloigner les alimens du canal aérien et opérer l'entière fermeture du larynx, aident à faire pénétrer les cunéiformes dans les moindres scissures et en forment d'excellens bouchons. Dans l'effet contraire, les arythénoïdes les sortent bientôt de cette condition, dès qu'en se redressant eux-mêmes, ils les rejettent tout en dehors.

Beaucoup plus utiles dans la formation de la voix, les cartilages de Santorini tiennent lieu, dans les chants doux et expressifs, de l'apposition des doigts sur les trous d'un tuyau de flûte.

Le nouveau point de vue, sous lequel je viens d'envisager ces pièces du larynx humain, m'a fait croire qu'on serait flatté d'en avoir de bonnes figures : je les ai fait graver, planche 10, n°. 109 et 110. Leur position est fournie par la première de ces figures; et leur forme en cône, ainsi que leur facette articulaire, par la seconde. Je leur ai donné pour signe la lettre *g*, comme étant la première du mot *glottéal*, dénomination que j'ai cru devoir adopter dans la suite de cet ouvrage, pour les désigner.

§. XV.

Des moyens de l'Instrument vocal pour monter d'une octave à l'autre.

En traitant de la voix fondée sur le système vibratil, nous n'avons point omis de parler des circonstances qui amènent certains raccourcissemens gradués des rubans vocaux; ou bien, en nous occupant en dernier lieu de la voix qui se produit à la suite d'un brisement de l'air sur un bord aigu, d'indiquer les divers degrés d'ouverture, par où l'air polarisé à la glotte, se répand dans l'air ambiant. Nous avons insisté sur ces effets, comme donnant lieu à la variation des tons de la voix formée dans le larynx. Sans être entrés dans beaucoup de détails à cet égard, nous avons reconnu que ces moyens sont bornés et qu'ils ne sauraient produire tous les divers degrés de grave et d'aigu qu'on distingue dans la voix humaine : en un mot, qu'ils ne peuvent donner que les divers tons harmoniques d'un ton fondamental.

Les divers tons fondamentaux, ou la série des

tons de l'échelle musicale compris dans plusieurs octaves, proviennent par conséquent de causes que nous n'avons pas encore appréciées. Depuis Fabrice d'Aquapendenté (qui, dans le seizième siècle, les a, dès cette époque, attribuées à la longueur plus ou moins grande du tube vocal,) jusqu'à nos jours, nous n'avons pas manqué d'observateurs, qui ont constaté que la portion thyroïdienne du larynx, nommée dans l'homme *pomme d'Adam*, de ce qu'elle forme sur le vivant une saillie à la partie antérieure du cou, s'enlevait, quand la voix monte, et descendait, quand elle baisse.

La considération du chant des oiseaux a agrandi le cercle de nos idées et fourni matière à de nouvelles suppositions. Cependant cette même vue d'un de nos plus anciens anatomistes est encore ce qui a paru le mieux répondre aux faits observés et au mécanisme, qui, dans les instrumens artificiels, les cors entr'autres, donnent les tons de plusieurs octaves : cette vue a donc été reproduite il y a quelques années, mais alors avec un caractère plus précis et avec de changemens, qui en ont fait une théorie nouvelle.

Cela posé, il restait à déterminer en quoi consistait le tube vocal. Il paraît qu'on n'hésita que sur la question de savoir, si la trachée-artère en devait faire partie : on l'y admit d'abord, puis on l'en exclut dans la suite, en ne lui apercevant d'autre fonction que celle d'un porte-vent; mais tout récemment, sur une observation de MM. Biot et Grenié, que le tube qui porte le vent à l'anche n'est pas sans influence sur la nature du son produit, M. Magendie a pensé qu'il n'est pas impossible que l'alongement et le raccourcissement de la trachée, qui fait, relativement au larynx, l'office de porte-vent, ait une influence sur la production de la voix et sur ses différens tons: et nous-mêmes, nous avons expérimenté, que toutes choses également bien disposées, nous ne faisions chanter des larynx détachés du cadavre, qu'en pressant sur la trachée-artère et en en diminuant sensiblement le diamètre.

Quoi qu'il en soit, le son, qui est très-certainement formé à la glotte, présente en ce point une circonstance qui ne permet de compter le tube vocal qu'à partir de ce collet du larynx; mais quelle en sera l'étendue? et où doit-il finir?

Dans la théorie où l'organe de la voix est donné comme un instrument du genre des cors, on s'est trouvé obligé d'adopter pour tuyau vocal tout l'espace compris entre la glotte et les lèvres, *tome 4, page* 495; parce qu'en faisant reposer l'explication de la variation des sons sur les différences de longueur du tube vocal, on y faisait aussi concourir les différens degrés de tension et d'ouverture des lèvres. M. Dutrochet a présenté contre cette manière de voir une série d'objections, que je m'abstiens de reproduire : j'ai d'autres vues, et je me bornerai à les exposer.

En effet, j'aperçois une distinction à faire. Le tube vocal, étendu depuis la glotte jusqu'aux lèvres, me paraît composé de deux tuyaux, ou de deux chambres, qui, pour être placées bout-à-bout, n'en ont pas moins deux fonctions différentes à produire. C'est d'abord la *chambre laryngienne*, où se forme la *voix* proprement dite, ou la *voix brute*, selon l'expression de Bichat; et en second lieu, la *chambre linguale*, qui est séparée de l'autre par l'hyoïde. La voix déjà formée, peut traverser la chambre extérieure, sans en éprouver du moins une altération bien sensible, mais le plus souvent elle y acquiert un autre caractère et devient *parole*. Elle y acquiert une autre qualité; j'insiste sur cette expression : je n'en saurais trouver qui désignât mieux l'objet de ce double phénomène; phénomène que la seule fréquence de sa production soustrait à notre admiration, mais sur lequel un esprit méditatif ne s'arrête jamais sans en être vivement frappé.

La qualité que prend le son, produit à la glotte pour devenir *parole*, est évidemment l'effet d'une acquisition. Toute voix à la formation de laquelle concourent toutes les parties du larynx, reçoit à cette source son timbre et son ton, qu'elle ne peut perdre qu'en cessant d'exister, parce qu'elle ne saurait être ni modifiée, ni transformée. Mais, semblable à un nom substantif, qui, placé seul dans la construction d'une phrase, y figure avec un sens déterminé, et qui conserve toujours, si on lui associe un nom adjectif, son caractère primitif, mais dans ce cas avec une circonstance de plus; la voix, qui sort de la chambre laryngienne, constituée là pleine et entière, peut encore acquérir par une sorte d'adjonction un second caractère, celui qu'on désigne par l'expression de *voix articulée*. Ainsi elle reçoit sa substance; ainsi elle est créée par l'opération de la première chambre, quand sa qualité de *voix parlée* lui est fournie par la seconde. Et attendu que le produit de cette dernière est une qualité, ce résultat ne saurait exister sans l'autre, pas plus qu'un adjectif ne figure dans un discours, qu'autant qu'il ne s'appuie et ne se rapporte à un substantif.

L'écriture d'une chanson notée est une image réelle de l'opération complexe que produit le phénomène de la parole. Les vers écrits sur une ligne et la musique notée sur une autre, sont deux choses distinctes que l'œil lit séparément, bien qu'au même moment, et qui ne se confondent pas dans l'entendement. En effet, s'il s'agit d'en traduire la lecture et de les exprimer par des sons; de la façon que l'entendement les a reçues, il s'applique à les rendre. Il y parvient sans peine, pouvant à cet effet disposer de deux appareils. La chambre laryngienne dit la note, et la chambre linguale, la syllabe. Bien qu'employées au même instant, chacune d'elles s'en tient à sa fonction; l'une fournit la matière première, et l'autre la façonne, ou y ajoute. Mais, quoiqu'il arrive, ce sont deux produits : il n'y a pas fusion, nonobstant qu'ils quittent ensemble la dernière issue de l'instrument vocal. Aussi l'oreille vers laquelle ils cheminent de compagnie ne s'y trompe pas : elle les perçoit simultanément, mais distinctement : elle les démêle si bien, qu'il lui arrive par fois de négliger l'un pour rester plus attentive à l'autre. Combien en effet de spectateurs à l'Opéra, qui ne s'attachent qu'à la musique! combien d'autres, plus occupés de l'intérêt théâtral et du poëme, n'écoutent que les paroles!

Mais sur quoi se fondent les opérations de la chambre linguale? Je n'essaierai nullement d'en donner une explication. On a pu, à l'égard des sons primitifs, en en étudiant les effets dans les instrumens de musique, trouver là des termes de comparaison, d'où on s'est élevé avec plus ou moins de succès à des idées de théorie. Mais dans ce cas-ci on n'a pas les mêmes ressources. Aucun instrument de l'art n'est parvenu à imiter la parole, et c'est-là sans doute une des raisons qui nous privera long-temps d'apprécier le mécanisme de cette admirable fonction. L'anatomie, à qui, à ce sujet, il appartenait de préparer les voies, en est encore à se régler sur l'objet de cette recherche, et la physique, par ses premiers essais sur les fluides dans le cas de se polariser, n'a fait qu'apercevoir de bien loin les rives de l'immense pays qu'elle aura désormais à parcourir.

Au surplus, toutes ces questions sont heureusement étrangères au sujet que je traite présentement : je n'ai dû m'en occuper qu'autant qu'elles doivent me conduire à faire voir que ce qui a été considéré jusqu'à présent chez l'homme et dans les mammifères comme étant le tube de l'instrument vocal, est composé de deux chambres. Ayant fait cette distinction, je puis examiner l'influence de la chambre laryngienne sur la variation des tons.

Fabrice d'Aquapendente, en admettant le premier que les différens tons de la voix étaient produits en partie par les changemens de longueur et de largeur du tube vocal, ne songea qu'aux mouvemens du larynx pour expliquer cette variation ; il ne s'aperçut pas que ce n'était circonscrire le tube vocal qu'à sa partie inférieure, et qu'il oubliait d'en donner également les limites à sa naissance. On s'est gardé d'une pareille omission dans la théorie, où les vibrations de la glotte sont assimilées à celles du donneur de cor. Mais en attribuant au tuyau vocal tout l'espace occupé par les chambres de la langue et du larynx, on en est venu à considérer des proportions qui ne cadraient plus avec celles de l'élévation des tons. M. Magendie, qui s'est proposé de savoir de combien le tuyau vocal pouvait être rétréci, s'est assuré, par des expériences sur le cadavre, que cela n'allait guère qu'aux cinq sixièmes de la longueur du tuyau. (*Physiologie, tome I, page* 220.) Nous trouvons au contraire, dans les considérations que nous avons présentées, des proportions plus convenables avec celles de deux octaves et un quart, qui forment l'étendue la plus considérable de la voix humaine ; la chambre laryngienne, restreinte à l'espace compris entre les lèvres de la glotte et le voile du palais, étant susceptible d'augmenter ou de diminuer dans des proportions toutes semblables.

Et d'abord cette chambre est établie dans toute son étendue possible, quand, par l'action de certains muscles, l'hyoïde est rendu fixe, et que, par celle des sterno-thyroïdiens, le thyroïde est abaissé : sa capacité s'accroît de ce qu'ajoute à la grandeur du thyroïde l'étendue de la membrane thyro-hyoïdienne. J'insiste sur cette circonstance, attendu qu'elle ne se borne pas à procurer au tube vocal l'avantage d'une plus grande dimension, mais qu'elle place en outre le thyroïde dans une position particulière à l'égard des vibrations de la glotte. En effet, cette même contraction des sterno-thyroïdiens tend le thyroïde et sa membrane ; et alors, non-seulement l'élasticité du thyroïde en est augmentée, mais de plus la membrane thyro-hyoïdienne, rendue aussi ferme que la peau d'un tambour, est mise en état de résonner. Placées sous l'action du même effort, ces deux parties de l'appareil laryngien se confondent en une seule lame, et deviennent ainsi un corps sonore d'une étendue double, que lorsque le thyroïde est seul employé comme table d'harmonie.

Le thyroïde remplit à lui seul cette fonction, quand il s'approche de l'hyoïde ; c'est le moment où la pomme d'Adam s'élève, celui où la voix passe dans les tons aigus. Les sterno-thyroïdiens continuent leur tirage, mais ne le font plus que mollement et de manière à céder l'avantage à leurs antagonistes, les muscles thyro-hyoïdiens. Le thyroïde, au milieu de tant de faisceaux musculaires qui cherchent à l'entraîner dans plusieurs directions, le thyroïde reste toujours tendu. Mais cependant, gagnant du chemin du côté de l'hyoïde, il cesse de tirer la membrane thyro-hyoïdienne; il la déplace et la plisse, si bien qu'à la fin il demeure exposé seul à l'action des rubans vocaux. Or nous avons vu que cette action, soit que les rubans se raccourcissent, soit qu'ils diffèrent par le degré de leur tension, laisse la variation des tons renfermée dans les limites d'une seule octave.

Dans cette position des choses, voici où nous arrivons. Nous possédons un jeu de cordes uniquement applicable à une seule octave; mais nous pouvons à volonté placer ce jeu, tantôt sur un corps sonore d'une moyenne grandeur, et tantôt sur un corps d'une dimension portée à plus du double. Pour savoir si c'est à cette disposition que l'organe vocal est redevable de la faculté de passer des tons d'une première octave à ceux de l'octave supérieure, il nous faut rechercher si, parmi les instrumens artificiels, on pourrait apercevoir quelque chose d'analogue; et le violon, notre terme habituel de comparaison, se présente de nouveau à notre pensée. A la première vue, la parité ne paraît pas se soutenir; mais à un examen plus attentif, on y découvre une réelle analogie. Car si le violon conserve invariablement le même corps sonore, en revanche on y peut remarquer deux jeux de cordes, par la facilité qu'a la main du joueur de se porter rapidement du grand jeu à celui de démancher. Cette circonstance est ce qui équivaut en effet, dans le violon, à la double qualité du corps sonore de l'instrument vocal. Le fond des choses reste le même: la différence est seulement dans la disposition des moyens. Un seul jeu de cordes et deux corps sonores, ou deux jeux de cordes et un seul corps sonore qui se compensent et qui se comportent de la même manière, ne sauraient offrir de différences quant à l'objet de leurs fonctions. Cela résulte des principes que nous avons posés, §. X, page 302; principes qui nous ont fait considérer les *corps sonores*, et généralement toute *table d'harmonie*, comme un composé de molécules distribuées en série, c'est-à-dire, comme une réunion de fibres longitudinales, et en quelque sorte de cordes parallèles.

Ceci posé, les applications seront faciles: les deux instrumens comparés jouissent également de la faculté d'*octavier*, et nous savons que le violon emploie à cet effet la mise en jeu de ses deux systèmes vibratoires, en les combinant successivement sur la situation invariable d'un seul corps sonore. L'instrument vocal opère par une combinaison toute semblable : tantôt son seul jeu de cordes a ses vibrations répétées par un corps sonore porté à son *maximum* d'étendue, c'est-à-dire, par le thyroïde et la membrane thyro-hyoïdienne réunis ensemble, et l'appareil, ainsi gouverné, fait entendre les divers tons de la basse octave, tons qui sont produits de même par le joueur de violon, quand il s'en tient à son grand jeu; ou bien les mêmes vibrations sont ressenties et répétées par le corps sonore restreint à sa plus petite dimension, c'est-à-dire, par le thyroïde seul, et la voix qui en résulte s'élève à tous les tons de l'octave supérieure; tout comme il arrive au violon de les faire entendre, quand le doigter se renferme dans le jeu de démancher. Des deux côtés les moyens sont semblables, puisque nous les ramenons à un même type; des deux côtés, les résultats sont identiques, l'oreille en est un bon juge. Nous ne pouvons donc douter que les deux instrumens ne procèdent de la même manière, en parcourant selon leur portée tous les tons de l'échelle musicale : ainsi le joueur de cor emploie des parties, dites de rechange, pour allonger ou raccourcir son instrument.

D'après ce qui précède, il est manifeste que la distinction des chambres de la voix et de la parole se fonde bien plus sur la nature de leurs fonctions que sur l'interposition d'un diaphragme; ce n'est pas qu'il ne s'y en trouve. Le voile du palais, la base de la langue lors de son refoulement sur l'hyoïde, et l'épiglotte sont autant de cloisons mobiles qui donnent de la réalité à la séparation de ces deux chambres; ces cloisons en sont les portes qui s'ouvrent nécessairement, quand les deux chambres doivent agir simultanément. Ainsi, deux pièces d'un appartement, sans cesser d'être affectées à un service différent, ouvrent l'une dans l'autre au moyen d'une même baie.

On a pu remarquer que j'ai fait figurer activement les deux chambres de l'instrument vocal; mais cela n'a jamais pu être que métaphoriquement. Sous le nom par lequel j'ai cru devoir les désigner, j'ai entendu l'universalité des élémens qui les constituent. Il n'y a pas de mouvement chez les animaux sans contractions musculaires, et conséquemment sans le concours des muscles.

Je ne terminerai point cet article, sans présenter une dernière réflexion.

Mes considérations sur la voix et sur le son en général donnent seules une explication simple et naturelle de la remarque, qu'on a faite dès l'origine des sociétés, qu'il y a sept sons primitifs; car ce n'est point idéalement et par l'effet d'un pur hasard qu'on s'est, par toute la terre, accordé sur la distinction des sept tons de la musique et qu'on a trouvé qu'il n'est point de langue dont on ne puisse ramener l'alphabet à 21 lettres; 7 voyelles, 7 consonnes fortes, et 7 consonnes faibles. Les sept sons primitifs sont effectivement *suggérés par la nature*, comme on l'a dit en physique, s'ils tiennent à l'essence du calorique et à la possibilité qu'il a de se subdiviser, suivant certaines règles, en sept parties, qui en sont les sept principes constitutifs. Le calorique est l'agent le plus universel, le plus actif et le plus vivifiant de la nature : il pénètre les corps; il les excite à passer à l'état de fluide élastique, il en devient la matière dissolvante; et, suivant les substances avec lesquelles il s'unit ou se combine, il donne aux atomes, dont il forme toujours le fond, la faculté d'agir sur nos sens distinctement et selon le caractère particulier à chacun d'eux.

L'opinion, qui, chez les anciens, avait fait consacrer et honorer, pour ainsi dire, d'un culte le nombre 7, aurait-elle eu pour base la connaissance de ce fait primordial de la physique générale? Aurait-on alors pensé que les 7 principes du calorique sont les sources génératrices des corps composés au premier degré, et qu'ils nous sont fournis d'au-delà de la sphère d'activité de notre globe, pour remplacer les immenses consommations que les animaux et les végétaux font journellement de ces corpuscules élémentaires, les corps organisés ne les restituant après leur destruction que dans un état de plus grande composition?

Mais avant de songer à résoudre ces difficultés, nous aurons à revenir sur le fait en lui-même: nous ne devons pas oublier que nous ne l'avons jusqu'ici présenté que comme une hypothèse. Il nous faut lui donner le caractère d'un fait établi sur une démonstration positive. J'essaierai de le faire, mais dans une autre occasion.

Quel engagement osé-je prendre ici? décidé si long-temps à garder le silence, parlerai-je enfin, et puis-je bien me permettre d'exposer les bases d'une physique toute nouvelle? ne devrais-je pas plutôt éprouver le regret de n'avoir pas retenu ce premier trait qui vient de m'échapper, *les considérations précédentes sur le son et sur la voix?* Car dans la question du *calorique*, ou bien une idée chimérique m'a séduit; et quelle sera mon affliction, quand je reconnaîtrai que je n'aurai aussi versé qu'un déplorable tribut dans le fleuve immense des erreurs humaines? ou j'aurai saisi une vérité du premier ordre! Mais dans l'intérêt de mon repos.....? Tout au moins j'aurais les aigles de la science pour rivaux, et je ne tarderais pas à être écrasé sous le poids de leur considération personnelle.

SUITE DU QUATRIÈME MÉMOIRE.

Les considérations qui suivent se rapportent au commencement de ce Mémoire et doivent être lues à la suite du septième paragraphe : je regrette de les en avoir séparées par une intercalation faite après coup et sans avoir été convenablement calculée. Dans le principe, et quand je donnai lecture de ce Mémoire à l'Académie, je m'étais borné à dire dans une note que ce qu'on avait nommé *larynx inférieur chez les oiseaux*, ne formait pas un système d'organes régulier, et que le larynx lui-même n'était au fond que la première couronne du tuyau introductif de l'air dans les poumons et point un organe spécialement consacré à la voix. En voyant le larynx placé par sa fonction générale parmi les principaux moyens de la déglutition, je ne conservais plus, ajoutai-je, les mêmes scrupules et je m'étais enhardi à le supposer existant dans la quatrième classe, où sont tous les animaux privés de la voix.

Cette note, au moment de l'imprimer, me parut avoir tout-à-fait le caractère d'une allégation sans preuves : je crus que j'y pourrais remédier par un paragraphe très-court ; et mon sujet m'entraînant bien au-delà de ce que je l'avais prévu, j'ai fini par écrire les articles qui composent la précédente digression.

Je ne puis me dissimuler que les objets ne se trouvent plus rangés dans un ordre convenable, et que c'est un vice très-fâcheux de rédaction. J'ai pris le parti de dire a mon lecteur comment j'ai fait cette faute, et de réclamer sur cela toute son indulgence.

§. XVI.

Correspondance des pièces laryngiennes des Oiseaux et des Poissons.

En se reportant à ce que nous avons dit §. IV, touchant quelques pièces auxiliaires qui entrent dans la composition des arcs branchiaux, on se rappelle ce qui nous a engagés dans une discussion sur les larynx. On n'a point sans doute oublié par combien d'indications nous avons été conduits à chercher les analogues des quatre paires d'osselets, principaux soutiens des pleuréaux à la région hyoïdienne, parmi les os qui forment chez les oiseaux la première entrée et comme le vestibule de leurs canaux aériens. La connaissance entière qu'il nous a fallu d'abord en prendre, ajoute encore de nouvelles inductions à celles que nous avait précédemment fournies le principe des connexions.

Nous avons vu, §. VI, que le larynx des oiseaux se partage en os de la couche inférieure, *le thyroïde et ses ailes*, et en os de la couche supérieure, le *cricoïde* et ses deux suffragans, ou les *arythénoïdes* : c'est de même ainsi que se partagent les quatre paires d'os auxiliaires chez les poissons. Les osselets des premiers et des seconds arceaux viennent confondre leurs extrémités dans une cavité commune formée à l'intersection du basihyal et de l'entohyal, et ceux des troisièmes et quatrièmes arcs sont également conjugués dans ce sens, que chacun s'appuie sur son congénère et qu'ils sont placés, non plus sur les côtés, mais après l'hyoïde; l'urohyal, qui forme la queue de cet appareil, occupant la fourche de la paire antérieure.

L'indication, pour reconnaître dans les deux premières paires le thyroïde et ses ailes, résulte des connexions de ces pièces avec le corps de l'hyoïde ou le basihyal : c'est le même plan dans l'oiseau et le poisson, mêmes attaches de parties semblables, et, de plus, avec cette circonstance pareille, que, bien que le thyroïde soit appuyé sur le corps hyoïdien, toutefois la queue de celui-ci, ou l'urohyal, reste libre. Les fonctions sont les mêmes aussi dans les deux classes : le thyroïde et ses annexes deviennent autant d'intermédiaires qui lient ensemble les deux appareils, *hyoïde* et *larynx*. Une seule circonstance arrête un moment : les poissons montreraient quatre pièces thyroïdiennes et les oiseaux seulement trois. Mais notre remarque de quatre points osseux dans les thyroïdes à demi-ossifiés du bœuf lève cette difficulté. Non-seulement nous retrouvons le même nombre de noyaux osseux dans le thyroïde du lièvre, *fig.* 58, mais nous y apercevons de plus jusqu'à un arrangement tout semblable. La disposition de ces parties est aussi, à peu de chose près, la même dans le cheval (1). Il n'y aurait que chez les oiseaux, où la comparaison ne se soutiendrait pas sur le même pied, eu égard à la pièce impaire et médiane de leur thyroïde : mais d'abord il est de principe que toute pièce impaire soit le produit de deux parties soudées ensemble, et l'observation dans l'espèce qui nous occupe nous laisse apercevoir quelque trace d'événement de ce genre. Le thyroïde de quelques oiseaux, de la sarcelle d'hiver par exemple, ressemble à une semelle en fer à cheval, dont les bras ont leurs bords intérieurs prolongés jusqu'à leur

---

(1) Cela n'est rigoureusement vrai qu'à l'égard du thyroïde : car d'ailleurs le larynx du cheval m'a paru avoir deux cartilages de plus. J'en ai donné la figure, *pl.* 10, *n°.* 111. Ces cartilages n'ont pas autant de consistance que les autres, surtout à leurs deux extrémités, qui sont amincies, évasées et partagées en franges. Ils sont logés en dedans du larynx entre le thyroïde et les arythénoïdes, et présentent une surface en partie rugueuse qui facilite les adhérences de la membrane muqueuse. Sont-ce les cunéiformes, qui se seraient un peu déplacés? je n'ose l'affirmer, parce qu'il me semble qu'on en trouve un très-léger vestige dans la partie des lèvres des arythénoïdes saillante en dehors.

rencontre et soudés l'un à l'autre ; ce qui reste, *fig.* 62, visible par un sillon longitudinal à la surface convexe vers le bas et ce qui se manifeste bien mieux supérieurement à la surface concave, *fig.* 60, par une saillie à double arête, qui semble être les replis des deux lames accouplées. C'est cette saillie que Perrault a comparée au coutre, et M. de Humboldt au soc d'une charrue. *p.* 309.

L'identité de la troisième paire avec les arythénoïdes est encore plus évidente : ces os dans les deux classes sont de même contournés, sinueux à la face externe et penchans l'un vers l'autre en devant ; ils encadrent la glotte d'un côté dans les oiseaux, et produisent un résultat analogue dans les poissons, en devenant cette arche protectrice du principal tronc pulmonaire, dont nous avons parlé page 237.

Une circonstance vient confirmer cette analogie de la manière la plus curieuse. Nous avons vu que les arythénoïdes portent à leur extrémité apophysaire, dans les oiseaux, les tubercules de Santorini, qui prolongés en filets deviennent les bourrelets des bords de la glotte, et que, des arythénoïdes, ces filets s'étendent sur le thyroïde : cette considération est reproduite exactement dans les poissons, où du sommet de l'arche, c'est-à-dire, de chaque extrémité apophysaire des arythénoïdes partent deux cartilages (1) prolongés en filets, allant se porter sur les pièces antérieures, les deux paires thyroïdiennes. Ainsi se retrouvent situés et attachés aux mêmes points les tubercules de Santorini : ainsi est reproduite à raison du vide existant entre ces filets, aussi-bien dans les poissons que dans les oiseaux, une sorte de glotte, mais qui, au lieu de servir, comme dans ces derniers, au trajet de l'air, se borne dans les poissons à faciliter le trajet des vaisseaux pulmonaires.

Il existe toutefois une différence, et que je ne dissimulerai point, bien que ce soit la seule objection à m'opposer. Les parties du larynx ne forment vestibule et ne commencent le canal aérien que parce qu'elles sont composées de deux moitiés placées parallèlement, le thyroïde et ses ailes d'un côté, et le cricoïde et les arythénoïdes de l'autre. Pareil arrangement n'existe pas dans les

(1) Je les ai fait représenter, *pl.* 8, nº. 85, où ils sont indiqués par les lettres *gl.* J'ai eu aussi, même figure, cette attention pour le cartilage *l* qui s'étend des pièces *ar* à celles marquées *cr*, cartilage bien important comme devenant le lien et formant, pour ainsi dire, la réclame de parties comprises dans le même appareil et tenues pour ce motif de conserver, l'une par rapport à l'autre, l'ordre des connexions.

poissons, où les deux moitiés sont au contraire rangées bout-à-bout et ne composent ensemble qu'un seul et même plan. Mais si l'on y fait attention, on s'apercevra que ce léger déplacement, qui n'a produit d'autre événement que de porter davantage en avant la couche inférieure et de faire descendre plus en arrière la couche supérieure, (ce qui s'est d'ailleurs opéré, sans rien changer aux rapports et aux connexions des matériaux de ces couches) est dérivé nécessairement de la nature des choses. Car dans le fait, cela résulte de cette immutabilité des engrenages, qui nous a fait fonder le principe des connexions, principe sur lequel il ne paraîtra pas sans doute extraordinaire que nous revenions si souvent.

La membrane thyro-hyoïdienne attache dans tous les animaux le thyroïde au corps de l'hyoïde; beaucoup plus en avant dans les animaux, où celui-ci s'est abaissé davantage et prolongé en arrière. Ainsi dans les mammifères, le thyroïde vient après : dans les oiseaux, qui ont le col court et chez qui alors la lame épiglottique n'est point, par une dimension exagérée, dans des cas d'exceptions et d'anomalies, le thyroïde est porté plus haut et se trouve presque parallèle à l'hyoïde : et enfin, dans les poissons, chez qui le corps de l'hyoïde est formé de deux pièces, le basihyal et l'entohyal, et où il est par conséquent plus allongé que dans les oiseaux, le thyroïde est encore plus reporté en avant. Ses annexes (ainsi le veut la loi des connexions), suivent leur principale pièce dans ce mouvement ascendant; voilà quant à la couche inférieure.

Les pièces de la couche supérieure ont des relations tout aussi dominantes; ce sont celles du cricoïde pour l'ésophage. Tout dans l'organisation devient respectivement, ou successivement, cause et effet. Ainsi l'ésophage, que la longueur de la tête des poissons et la grandeur des arcs branchiaux placent à une grande distance en arrière, occasionne, à son tour, la position reculée du cricoïde, qui lui même ne cède et ne peut céder, qu'en traînant après soi ses annexes, les arythénoïdes. Dans cette position des choses, de cet état d'engrénage et de connexions, et de ces efforts pour entraîner la couche supérieure en arrière et pour porter la couche inférieure en avant, que doit-il résulter? — Tout simplement et tout naturellement, ce que l'observation nous apprend, c'est-à-dire, que, toutes pièces en regard conservant les mêmes contacts, une couche aura glissé sur l'autre, et que toutes deux placées, l'une au bout de l'autre, se seront confondues et étalées en un seul et même plan.

Les oiseaux qui ont l'entrée de la glotte parallèle au cou et qui par conséquent ont le thyroïde très-élevé eu égard à la situation du cricoïde, nous montrent en cela une position intermédiaire qui mène à ce qu'on observe dans les poissons et qui en donne déjà une explication satisfaisante.

Les arythénoïdes qui forment la partie la plus avancée de la couche supérieure ne fondent pas seulement leur appui sur cette articulation par diarthrose, avec les ailes du thyroïde, que nous avons décrite en traitant des oiseaux; ils trouvent sur la ligne médiane une base plus ferme, y rencontrant la queue de l'hyoïde, ou l'urohyal, qu'ils embrassent de chaque côté et avec laquelle ils s'articulent par synarthrose. Ainsi intervient, en ce lieu, un moyen d'union pour les deux couches du larynx, quand elles sont rangées bout-à-bout : ainsi se justifie sous le rapport des fonctions cet urohyal, dont je ne m'étais occupé dans mon précédent mémoire, que pour en suivre les transformations et que pour en donner la détermination : son mode d'articulation avec les arythénoïdes nous offre une dernière preuve aussi curieuse que péremptoire, que la couche supérieure du larynx s'est abaissée sur l'inférieure, en nous montrant les arythénoïdes posés *dessus*, *en dessus* des flancs de l'urohyal, quand cette pièce est amenée et étendue sur les côtés : le genre trigle m'a fourni le sujet de cette observation.

Enfin l'identité avec le cricoïde de la quatrième

paire, ou des osselets auxiliaires employés jusqu'à ce jour sous le nom de pharyngiens inférieurs me paraît un fait tout aussi facile à établir. Je ne me ferai point d'abord une difficulté de ce que cet os est impair dans les mammifères et les oiseaux, et de ce que, dans la plupart des poissons, il est partagé en deux pièces : il suffit que cela n'existe pas dans tous, et que l'analogie se soutienne à cet égard dans quelques exemples, pour que ce soit même là une application satisfaisante du principe, qui fait regarder un os sur la ligne médiane comme composé de deux parties semblables : or nous avons vu plus haut que les deux pièces dont nous nous occupons sont soudées pour n'en faire qu'une seule dans l'espadon, l'orphie, les chétodons et quelques autres. L'analogie de ces pièces avec le cricoïde se démontre par le rang qu'elles occupent à l'égard des précédentes, mais bien davantage par leur contiguité avec l'ésophage : ce sont dans les deux classes, *oiseaux et poissons*, des pièces engagées dans le tissu de ce conduit et qui, plus prononcées dans les poissons où l'ésophage n'est plus accoté par une trachée-artère, non seulement deviennent des pièces de force pour le soutenir, mais forment en outre avec les pharyngéaux une sorte de machoire intérieure.

Nous avons plus haut, en décrivant ces pièces,

expliqué comment elles ne sont plus en ligne avec les quatrièmes pleuréaux, et comment il arrive qu'elles soient éloignées des os antérieurs, les arythénoïdes. Mais toute plausible que nous paraît notre explication, l'intervention des deux pleuréaux entre les arythénoïdes et les cricoïdes dans les poissons serait une circonstance si contraire à l'ordre des connexions, qu'elle fournirait un préjugé contre notre détermination, si nous n'avions à faire remarquer que cette intervention ne va pas jusqu'à opérer la rupture de ces pièces; il reste un lien qui les rappelle l'une à l'autre; c'est un très-fort cartilage dont la longueur égale l'épaisseur des pleuréaux.

Ce ligament, à sa naissance, est autant attaché à l'urohyal qu'aux deux pièces voisines, les deux arythénoïdes; tellement que l'urohyal se l'attribue et le conserve dans les oiseaux, lorsqu'arrive la dislocation de ces parties pour remettre les deux couches l'une au devant de l'autre et reproduire le larynx. Avant que j'eusse saisi cette analogie, je cherchais inutilement, ce qui dans les oiseaux motivait l'urohyal, et principalement le long cartilage qui le termine : en y voyant ces longs brins en avant du thyroïde et de la trachée-artère, libres, ou à peine engagés dans le tissu cellulaire, je ne leur trouvais là aucune utilité. Mais présentement que je les y apperçois dans la condition rudimentaire, je les conçois comme vestiges d'une organisation nécessaire ailleurs. Cette dernière analogie vient ainsi donner à ces recherches tout le piquant d'une démonstration complète.

Nous sommes donc assurés par ce qui précède que nous avons ramené les os auxiliaires des arcs branchiaux, situés à la région hyoïdienne, à leurs analogues dans les autres animaux vertébrés, et nous nous croyons autorisés par la confiance que nous prenons dans ces rapports à les appeler du même nom. Nous donnerons aux deux premières paires les noms de *thyréaux*, distinguant chaque paire d'après sa position par les mots d'*antérieure* et de *postérieure*; à la troisième paire le nom d'*arythénéaux*; à la quatrième, celui de *cricéaux*; enfin aux tubercules de Santorini celui de *glottéaux*. De cette manière, nous conservons les radicaux convenus, mais non une terminaison, qui, étendue à tous les animaux, serait erronnée; celle que nous y substituons a l'avantage d'offrir la même consonnance pour toutes les pièces du même appareil, et de préparer à l'avance des bases réelles à une nomenclature mieux raisonnée des muscles, des nerfs et des vaisseaux.

A ce point où nous voici arrivés, considérons

notre situation. Nous avons marché avec assez de bonheur vers la connaissance des pièces extrêmes des arcs branchiaux : nous en avons trouvé les analogues chez les animaux à respiration aérienne, parmi les pièces amoncelées à la base du crane, toutefois dans la condition la plus favorable à nos vues, dans un état de superposition, formant enfin les planchers de deux étages. Les plus grandes difficultés sont sauvées : ces pièces sont là évidemment dans un état minime, restreint et presque rudimentaire, des pierres d'attente : ou, si l'opération est conçue à revers, des produits de dislocation. En connaissant les parties extrêmes des arcs branchiaux dans tous les vertébrés, en voyant comment dans les mammifères et les oiseaux, ces pièces sont mariées avec les cloisons osseuses des chambres du cerveau et des organes des sens, et en apercevant qu'elles n'y sont jamais employées qu'à regret, pour ainsi dire, on est moins étonné de voir arriver et se poser sur tant d'os apophysaires, réellement étrangers au crâne, l'appareil le plus hétérogène pour un pareil lieu et pour les choses qui s'y trouvent, un appareil pulmonaire enfin pour respirer par l'intermède de l'eau. Ainsi, ce qu'en s'accordant le plus de latitude, on n'eût jamais espéré de rencontrer, l'observation le donne; il est, même chez les animaux qui respirent dans l'air, il est, pour un second mode de respiration, des réserves sur le crâne; si bien qu'en apercevant réunies, dans les mêmes êtres, les doubles combinaisons auxquelles donnent lieu les deux modes de respiration, on est tenté de croire qu'il y a chez tous disposition pour que le thême soit fait de deux façons, et que, pour produire une classe d'animaux à l'exclusion de l'autre, il suffise de porter un des deux ensembles d'organes à son *maximum* de développement et de retenir l'autre dans des conditions rudimentaires : les germes des deux systêmes d'organes existent dans le fœtus : un des deux se développe avec l'individu, et l'autre y demeure en embryon.

Cependant nous ne nous sommes encore occupés que des colonnes de l'édifice : il y faut asseoir un dôme qui réponde à son importance. Mais serions-nous toujours en mesure d'en rassembler les matériaux? Avant que nos observations aient porté sur l'essentiel de l'organe respiratoire des poissons, voilà que de quatre pièces dont se compose chacun de ses élémens (chaque arceau des branchies), deux sont déjà employées, et le sont, appliquées à des os de la base du crâne. Il ne reste ainsi disponibles à chaque arceau que les deux pièces intermédiaires, ces pièces que nous avons précédemment décrites et désignées sous le nom de pleuréaux : tout l'essentiel de l'organe serait-il réduit à ces seuls matériaux? Y aurait-il là en effet ressources suffisantes?

§ XVII.

Des pleuréaux.

Nous ne pourrons savoir ce qui en est, que si nous parvenons à connaître les pleuréaux. Nous les avons décrits dès les premières pages de ce mémoire; leurs formes, leur jeu, leurs fonctions, tout ce qu'ils sont enfin dans les poissons; nous en avons une idée précise. Mais plus nous avons eu occasion de nous convaincre qu'ils se distinguent par les traits qui caractérisent les organes d'un haut rang, plus nous les aurons trouvés constamment semblables à eux-mêmes, et plus aussi nous devons croire que ce sont des matériaux propres à toute l'organisation. Encouragés par ce pressentiment, nous allons alors les chercher dans les animaux à respiration aérienne.

Ce qui reste encore, chez ces animaux, d'os ou de cartilages non employés, est très-considérable; telles sont les pièces de la trachée-artère, celles qu'on avait appliquées au larynx inférieur, les bronches elles-mêmes.

Mais nous arrivera-t-il, agissant en aveugles, d'aller, sans être effrayés de leur nombre, tâtonner tout autour de ces pièces, et d'en négliger la plus grande partie pour nous fixer, presqu'au hasard, sur quelques anneaux plus ou moins appropriés à nos besoins ? Non sans doute. C'est inutilement qu'on tourmente un texte pour en détourner le sens au profit d'idées imaginées *à priori*. Nous nous élèverons à de plus hautes considérations : car s'il est vrai, comme nous le croyons et comme nous le trouvons si bien établi dans les ouvrages de M. Cuvier, que les branchies suspendues aux pleuréaux sont elles-mêmes tout le poumon, nous n'irons pas, pensant à retrouver les arceaux qui portent immédiatement les vaisseaux sanguins, les supposer en dehors des poumons et les chercher dans des pièces excentriques à ces organes; mais tout au contraire, plongeant au sein de la chose à constater, c'est le poumon même que nous irons interroger.

Alors quel spectacle nouveau vient s'offrir à nos regards ? Que de nouvelles considérations! Que de choses vraiment surprenantes! Je ne puis continuer de décrire.... je cède à un sentiment qui m'entraîne, et ne puis assez méditer sur cette grande pensée de la nature qui est empreinte dans tous ses ouvrages, qui s'est tant de fois révélée aux hommes, et que cependant les plus doctes parmi eux méconnaissent encore dans un bien grand nombre de cas : j'admire comment cette fois elle vient s'offrir sans réserve, toute entière, pour rester éternellement la base de toute doctrine. Présentement, que toutes exceptions disparaissent, on peut proclamer LOI DE LA NATURE, l'*unité de composition organique pour tous les animaux vertébrés*.

Je fis du nombre des branchies et de leur séparation le premier objet de mes recherches : les poumons des mammifères sont divisés en plusieurs lobes. Je consultai le tableau qu'en a donné M. Cuvier, dans ses leçons d'anatomie comparée. La division quaternaire est presque toujours reproduite pour le poumon droit, et si le poumon gauche présente moins de scissures, la théorie explique ce fait, de manière à ce que l'on n'ait point à s'en inquiéter : tous les organes doubles sont fondamentalement semblables, et le moindre développement de l'un dépend toujours d'une oblitération accidentelle; dans ceux-ci, plus d'entraînement et plus de pesée du cœur, vers et sur le poumon gauche, y auront produit ce résultat.

Satisfait de la correspondance numérique des premières subdivisions pulmonaires, je ne l'étais plus de même, sous l'autre rapport. Ces scissures n'étaient point d'amples perforations, des séparations totales comme aux branchies. Mais je me rappelai que quelques-unes de ces circonstances caractérisent les oiseaux, qu'ils ont l'organe respiratoire percé de part en part, et que l'air qui, comme au travers d'un crible, passe dans le poumon; que l'air, dis-je, va s'accumuler, au-delà, dans de vastes cellules abdominales. Ce n'était point là, sans doute, une analogie complète; mais il fallait accueillir ce rapport comme pouvant conduire un peu plus loin. Sur cette réflexion, je désire connaître l'ordre de ces perforations : j'en veux prendre le nombre : je me crois déjà sûr de la même division quaternaire : et la plêvre enlevée, l'intérieur des poumons mis à nud, quelle est ma surprise, en trouvant bien plus que je n'espérais, en voyant là les pleuréaux eux-mêmes, en y apercevant tout un arrangement ichtyologique? *Voyez pl. 7. fig.* 75 *et* 80.

Des pleuréaux y existent en effet, dès l'immersion de la trachée-artère, dans le poumon; en même nombre, sous la même forme, dans les mêmes rapports d'isolement et de parallélisme, présentant, en proportion, d'aussi amples perforations, articulés et fourchus de même, également interposés entre le tronc des principales artères et de nombreux ramuscules sanguins, conséquemment avec les mêmes connexions, et conservant enfin, quoique sans grande efficacité, les mêmes relations et les mêmes fonctions : mais ils y existent comme doivent se trouver chez les oiseaux des organes ichtyologiques, c'est-à-dire, pour rappeler un appareil complet et important ailleurs, dans un état rudimentaire : ils y existent en même nombre que dans les poissons osseux, et sous une forme qui rappelle plutôt l'existence des ouvertures et des appareils branchiaux des poissons cartilagineux.

La trachée-artère introduite dans le poumon y est prolongée comme tronc unique et avec le même diamètre, l'espace d'un pouce seulement, dans nos grands oiseaux de basse-cour ; de là, la subdivision s'en fait tout-à-coup, et sans qu'on puisse la suivre à l'œil nu, tout à l'opposé de ce qui se passe dans les mammifères, chez qui le principal tronc, ou, comme on l'appelle en ce moment, la principale bronche se subdivise en branches, celles-ci en rameaux, ceux-là en ramuscules, et ainsi de suite. Le milieu de ce court trajet est le siége de nos quatre pleuréaux. La principale bronche ne forme plus un tuyau aussi parfaitement cylindrique qu'à son origine : les cerceaux cartilagineux s'entr'ouvrent d'autant plus qu'ils se voyent plus avant dans le poumon : ils n'existent tels, et de manière à rappeler les anneaux de la trachée-artère, qu'à chaque extrémité; et l'espace laissé vide au milieu est, comme nous venons de le dire, occupé par les pleuréaux, sortes de demi-anneaux également cartilagineux, formés chacun de deux brins droits, inclinés l'un sur l'autre, ou très-légèrement convexes, opposant leurs convexités aux subdivisions des vaisseaux pulmonaires et leurs concavités aux principaux troncs artériels. *Voy. pl. 7. fig.* 75 *et* 80.

Ce sont de véritables arceaux, séparés et parallèles, coudés sous un angle de 40 à 50 degrés. A cela près de leur petitesse, de l'insuffisance de leurs services, et de ce que, plus petits que les principaux troncs pulmonaires, ils n'ont plus l'assistance de gouttière à offrir à ceux-ci; c'est exactement comme dans les poissons.

Une circonstance dans le pleuréal de l'Autruche (*pl.* 7. *fig.* 74.), indique que les deux bras de ce pleuréal proviennent de deux élémens primitivement séparés : car ils ne se bornent pas dans cet exemple, comme cela se voit partout ailleurs, à confondre leur extrémité à leur angle de jonction : on en aperçoit, un peu au-delà, la petite pointe (1).

---

(1) Occupé, à la campagne, de ces diverses recherches, et privé dans ma retraite des ressources d'une grande bibliothèque, je crus, quand je découvris les quatre arceaux

Toutefois, si dans l'espèce qui nous occupe, cette charpente est trop faible pour porter le poumon, n'oublions pas que nous ne considérons ici que des vestiges, et que la machine

du poumon des oiseaux, sur lesquels j'ai insisté comme me paraissant offrir des traces rudimentaires d'organes ichtyologiques, que cette observation était entièrement nouvelle. Depuis, et de retour à Paris, je vins à savoir que ces arceaux étaient figurés dans les Mémoires de l'Académie des sciences, *année* 1753, *pl.* 12, *fig.* 2. Ingram, qui était attaché au service de cette Académie, et qui avait reçu d'Hérissant la commission de lui dessiner et de lui graver les organes de la voix des oiseaux, y ajouta cette deuxième figure qui ne lui avait pas été demandée. Le dessinateur embarrassa l'anatomiste, qui ne se tira de cette difficulté qu'en s'abstenant de parler de considérations qu'il n'avait pas embrassées dans ses études. Depuis, personne ne tint compte d'une figure, qu'il semblait qu'Hérissant avait affecté de laisser sans explication. Il paraît qu'Ingram préparait lui-même les anatomies qu'il était chargé de dessiner, puisque dans le cas qui nous occupe, ce ne fut qu'après l'impression des Mémoires de l'Académie pour l'année 1753, qu'il dit à Hérissant, s'être servi d'une oie pour modèle : celui-ci, dans l'*errata* du volume, nous prévient qu'il avait cru jusques-là les dessins de son article faits d'après un canard. Je rapporte cette circonstance, de laquelle il résulte que la figure d'Ingram et celle que j'ai donnée, n°. 75, ont eu pour objet la même espèce, parce qu'il m'importe, attendu leur différence, de garantir l'exactitude de la mienne.

ornithologique, sans besoin de cet appui, trouve d'autres ressources et des soutiens plus efficaces parmi les arcs ou les cerceaux de la cavité du thorax.

§. XVIII.

De quelque ressemblance entre les Poumons et les Branchies.

Je ne me rappelle de description de poumons d'oiseaux, qu'au sujet de la face en regard avec le cœur : la plêvre, qui sur cette surface bride les poumons, en prolongeant ses attaches par delà, a fourni en ce point une circonstance qui a fait dire que les poumons adhèrent aux côtes. Ceci n'est pas exact : les poumons ne sont qu'encastrés entre les lames saillantes de celles-ci : ils n'ont été qu'acculés sur les côtes, à raison sans doute de la manière de respirer des oiseaux, chez qui le plus grand effet de respiration est produit sous l'influence des muscles abdominaux, quand l'air introduit dans ses grands réservoirs est de là refoulé vers ses premières voies, et réagit contre le poumon. On conçoit alors comment, pour n'avoir rien à perdre de son ampleur, le poumon, remonté vers le fond de la cavité thorachique, est dans la nécessité de se mouler contre et sur les parois de cette cavité; et comme il y rencontre les côtes qui s'y prononcent et interviennent dans sa substance comme autant de crêtes très-aiguës, on a le motif de toutes les scissures qu'il présente de ce côté. Les côtes gardant entr'elles un parallélisme très-régulier, les scissures des poumons des oiseaux offrent une symétrie parfaite et une disposition qui commence déjà à donner une idée des divisions également parallèles et symétriques, mais bien plus nombreuses, dont le poumon des poissons se compose. *Voyez pl.* 7, *fig.* 73 *et* 77.

Enfin ces scissures, motivées dans les oiseaux et plus encore dans les poissons, nous donnent l'explication de ces autres divisions plus ou moins profondes qui ont été remarquées dans les poumons des mammifères. Qu'y avait-il de plus extraordinaire en effet, que de pareils poumons qui paraissent déchirés d'une maniére inégale et capricieuse? On ne pouvait concevoir cette sorte de négligence, surtout à l'égard d'un organe d'un si haut rang. Mais en rapportant ces scissures à celles des oiseaux et en les voyant dans les mammifères comme des traces conservées d'une organisation indispensable dans un autre groupe, on en a l'explication que nous donne à chaque pas ma théorie des organes rudimentaires.

« Mais, *dira-t-on*, si l'on consent à vous accorder votre supposition et à considérer les arcs fourchus qui sont placés dans les oiseaux à la naissance du poumon, comme les analogues de vos pleuréaux, il vous restera toujours à expliquer comment ces pleuréaux, pour devenir d'aussi importans supports qu'ils le sont chez les poissons, peuvent se dégager de ce qui les entoure dans les oiseaux; et à établir comment effectivement ils quittent la cavité thorachique, venant à parcourir toute la longueur du cou des oiseaux, afin d'aller s'appuyer à la base du crâne, où vous dites que deux étages de pièces auxiliaires sont disposées à cet effet? Quelles forces sont employées, quels ressorts mis en jeu pour produire une aussi singulière métastase? »

A cela, je réponds : il n'est dans tout ceci besoin ni d'énergie, ni d'efforts extraordinaires. La température du milieu où vivent les poissons et la non existence chez eux du second cœur analogue au ventricule gauche, sont deux circonstances qui en amenant un plus lent écoulement du sang dans les vaisseaux, deviennent les causes de ces changemens. Le fluide nourricier, lancé peu loin de son point de départ, se décompose aux extrémités de ces courtes distances et s'y combine avec la propre substance des organes : de là, il arrive, et il est arrivé que tous les organes essentiels dans les poissons sont concentrés sur un point : et de là aussi, que leur concentration est un effet de moindre énergie.

Je ne fais que laisser entrevoir cette explication, parce que ce n'est pas ici le lieu de développer cette grande question.

Des deux étages de pièces auxiliaires situées à la base du crâne, partent deux membranes, l'une interne, la membrane muqueuse du pharynx, qui dans les animaux à respiration aérienne conserve une certaine épaisseur et une apparence muqueuse dans la trachée-artère et jusque dans les premières bronches : et l'autre, la plêvre qui sert d'enveloppe à tout l'organe respiratoire.

Telles sont les deux membranes que, à raison de leur disposition, on peut comparer aux deux toiles d'une bourse à double fond. L'organe respiratoire existe entre ces membranes : s'il est éloigné de la cavité buccale, la bourse qui le contient y communique par un long tube; s'il est au contraire rapproché de cette cavité, la bourse y verse directement et en a d'autant moins de profondeur.

Que ces membranes soient privées du développement qu'elles acquièrent dans les animaux à respiration aérienne, il s'ensuivra que l'appareil tout entier, existant à leur fond, sera reporté en avant; qu'il se trouvera ramené d'autant plus près du pharynx et du larynx, les points de départ de ces membranes, que la concentration de celle-ci aura été plus grande et qu'enfin dans cet entraînement les pleuréaux, pièces antérieures des poumons, interviendront à la place où l'observation nous les montre dans les poissons. Mais ils n'y arriveront point en fugitifs : ils ne se seront point dégagés de ce qui les entourait dans la cavité thorachique. Tout chemine avec eux; la cavité thorachique elle-même, comme nous l'avons démontré dans notre Mémoire du sternum.

§. XIX.

Des Dents branchiales.

« C'est, me direz-vous, tout ce qu'on pourrait admettre, si vous ne faisiez pas une omission des plus importantes. Parce que les poissons n'ont pas de trachée-artère, vous contenterez-vous de supposer, que les anneaux cartilagineux qui constituent, dans les animaux à respiration aërienne, un si riche appareil, sont anéantis? Un pareil résultat serait incompatible avec votre théorie des organes rudimentaires. »

Mais, suis-je dans le cas de répliquer, veuillez attendre : il est vrai que la théorie des organes rudimentaires n'admet aucune lacune de ce genre, et que les anneaux de la trachée-artère jouent un rôle assez important dans la respiration aërienne pour qu'ils dussent être compris parmi les matériaux principes de l'organisation et qu'ils méritassent en conséquence de n'être point entièrement effacés, lors même que l'appareil dont ils font partie cesse d'être utile. Mais, qu'ils aient été détruits et qu'ils n'existent pas, c'est ce que je n'ai dit nulle part; je retrouve au contraire les mêmes arcs dans les poissons, et je vais les y montrer, et en outre (ce qui est une considération du plus haut intérêt, en ce qu'elle donne à ce travail tout le complément dont il est susceptible) je les y ferai voir, et avec eux, les analogues des bronches elles-mêmes.

En effet, chaque pleuréal est un arceau dont les bords en-dessus et en-dessous sont garnis de pièces osseuses ou cartilagineuses. On s'est très-peu occupé de celles qui sont adossées à la concavité de l'arc; M. Cuvier les a comprises parmi les dents et les a nommées de leur position *dents branchiales* (*voyez pl. 7, fig. 77 et 78, lettres* o, o). M. Duméril les a aussi indiquées, dans son Mémoire sur la respiration des poissons sous le nom de lames dentelées, et en remarquant qu'elles s'entrecroisent et se pénètrent réciproquement, me paraît avoir connu leur véritable usage, celui de diriger le liquide ambiant sur les surfaces branchiales. Ces pièces, traitées jusqu'ici avec assez d'indifférence, sont pourtant des matériaux organiques bien réels et bien caractérisés : tous les poissons les possèdent, à la vérité sous l'influence des conditions rudimentaires : par conséquent leur usage est borné et l'est sans que les facultés de ces êtres en soient affectées. Ces matériaux s'effacent peu-à-peu ; quelquefois jusqu'à n'apparaître que comme des petits points épidermiques. Cependant dans certains poissons, où ils ont reçu une consistance plus réelle, par exemple dans le mérou et le poisson-saint-pierre, ce sont des os très-résistans, allongés et légèrement courbés en arcs. A tous ces caractères, je reconnais les analogues des anneaux de la trachée-artère. Cette détermination réunit en sa faveur l'importante considération des connexions, ces os compris entre les branches des pleuréaux étant dirigés du côté de la tête ; celle des fonctions, dès que leur réunion forme les conduits du liquide qui se rend sur les organes respiratoires ; et, même jusqu'à un certain point, celle des formes, puisque sans composer trois quarts d'anneaux comme dans les mammifères, ces petits arcs en sont les premiers points générateurs.

§. XX.

Des Lames cartilagineuses des branchies.

Les pièces qui garnissent la convexité des pleuréaux sont parfaitement connues par les descriptions qu'en a données notre savant confrère, M. Cuvier, dans ses leçons d'anatomie comparée. Ce sont sur chaque pleuréal deux rangées de lames cartilagineuses, de forme allongée et triangulaire, soudées ensemble dans une partie de leur longueur : leur extrémité seule est flexible, mais cette qualité leur est quelquefois aussi procurée plutôt par leur excessive ténuité que par leur nature cartilagineuse : elles sont osseuses dans la carpe (*voyez fig.* 76), en restant néanmoins toujours ployantes, vu leur extrême petitesse. On connaît l'usage de ces lames; elles portent les extrémités artérielles qui plongent dans l'élément ambiant.

Nous aurons à reproduire l'explication que nous venons de donner plus haut : en effet ces fonctions et ces connexions nous apprennent que ce sont là les analogues des cerceaux bronchiques des poumons à air : leur forme seulement diffère.

Mais, comme si cette dernière correspondance devait encore nous être fournie pour confirmer la justesse de ce rapport, elle nous est donnée par les lophobranches, ou tout le grand genre *syngnathus*, dont les branchies se divisent et se subdivisent en rameaux, et principalement par l'une des plus singulières conformations qu'on puisse voir. J'ai déjà eu occasion de décrire cette dernière dans un poisson que j'ai rapporté de mes voyages, le *silurus anguillaris*, et j'en rappellerai seulement ici les traits qui forment démonstration dans la présente circonstance.

En arrière des branchies ordinaires (celles-ci étant un peu plus courtes), existent d'autres branchies supplémentaires. Ce sont deux arbres creux, à ramifications très-nombreuses et dont la surface extérieure est couverte par les divisions et subdivisions de l'artère pulmonaire. On ne saurait douter de l'analogie de ces branchies supplémentaires avec les quatre rangées des branchies conservées là dans l'état ordinaire, comme aussi de l'analogie de ces arbres creux avec les bronches du poumon des autres animaux vertébrés. L'identité de ces pièces sous tous les rapports me paraît ainsi établir un fait de plus, en faveur de la détermination que je donne des pièces qui portent les dernières ramifications des vaisseaux pulmonaires.

Je crois devoir donner à ces pièces le nom de *bronchéaux*, et celui de *trachéaux* aux rudimens des anneaux de la trachée-artère.

RÉSUMÉ.

Je suis enfin arrivé au terme d'une entreprise dont j'ai bien souvent éprouvé les difficultés, et qui a exigé que je m'y préparasse par de longs travaux.

Je ne reviendrai point sur les nombreuses observations que j'ai rapportées dans ce Mémoire, pour en déduire quelques propositions et conséquences générales. Ce sera le sujet d'un Traité particulier, devant le faire avec plus d'avantages, après que, dans les articles qui suivront, j'aurai présenté d'autres faits analogues, au sujet des organes des sens et du mouvement.

Mais je ne puis cependant dans cette circonstance passer de même sous silence une conséquence plus élevée, et qui me paraît plus spécialement dériver de l'ensemble de mes recherches sur la charpente osseuse, employée médiatement ou immédiatement dans les fonctions de l'organe pulmonaire.

C'est 1°. que d'un noyau commun, il sort à la fois deux systèmes d'organes respiratoires, applicables aux deux modes de respiration dans l'air et dans l'eau;

2°. Que ces deux systèmes ne peuvent co-exister qu'autant que l'un prédomine sur l'autre, et que, par suite de cette prédominance, les germes de l'un se développent aux dépens de ceux de l'autre; quelquefois jusqu'à faire rétrograder une organisation déjà produite et à la réduire à *zéro* d'existence;

3°. Que la co-existence de ces deux systèmes dans tous les animaux vertébrés étant un fait acquis présentement par l'observation, le principe de *l'unité de composition organique pour tous ces êtres*, encore méconnu au sujet des poissons, doit être considéré comme établi, de ce jour, sur des bases immuables;

4°. Que la diversité des êtres, appréciée par les naturalistes et dont la quotité est en quelque sorte mesurée par les échafaudages gradués de nos classifications, n'est point une considération qui contredise ce fait primordial, et que son explication au contraire s'en déduit, en ce que cette diversité devient plus grande ou diminue, selon que varient en plus ou en moins proportionnellement entr'elles les différentes parties des deux systèmes, qui ne sont pas toutes également les unes portées au *maximum*, les autres parvenues au point le plus bas de leur développement ;

5°. Que le système d'organes, qui est parvenu à son *maximum* de fonctions, conserve avec fixité le nombre, le rang, et les usages de ses portions élémentaires ; qu'au contraire le système d'organes entravé dans son développement, retenu à l'état d'embryon, et n'existant enfin que sous l'influence des conditions rudimentaires, est exposé à perdre de ses pièces, de son importance et de ses usages ; même à se laisser maîtriser au point de souffrir la distraction de plusieurs de ses parties au profit d'organes voisins ;

6°. Et enfin, que, quels que soient les moyens imaginés par la Nature pour opérer des agrandissemens sur un point et des amaigrissemens sur un autre, une loi, qu'elle s'est imposée, préside comme cause à l'ordre et à l'harmonie qui règnent dans ses ouvrages ; c'est qu'aucune partie n'enjambe sur l'autre. *Le principe des connexions est* INVARIABLE : un organe est plutôt diminué, effacé, anéanti, que transposé.

CINQUIÈME MÉMOIRE.

DES OS DE L'ÉPAULE,

Sous le rapport de leur détermination et sous celui de leurs usages dans les phénomènes de la respiration.

On a vu dans le deuxième de ces Mémoires comment les os de l'épaule parviennent, chez quelques reptiles, à usurper la place et les fonctions de la plus grande partie du coffre pectoral; mais ce que nous avons fait connaître dans cette occasion, où les membres thorachiques et abdominaux continuent d'être, comme dans les animaux vivans à terre, les seuls moyens de support pour le tronc et les seuls agens de locomotion, ne préjuge rien quant aux poissons, chez lesquels les organes du mouvement progressif, ceux en particulier dont les poissons font véritablement ressource, ont éprouvé la plus singulière métastase, et existent reportés à la queue. A l'égard de ces habitans des eaux, la question reste entière ou plutôt serait toute à éclaircir, si je n'avais déjà essayé de le faire il y a douze ans.

C'est par ce premier travail que j'ai débuté dans l'étude des analogues : je me propose de le revoir aujourd'hui.

Qu'on veuille bien se rappeler à quelle époque je m'en occupai : tout, pour ainsi dire, était alors dans une nuit profonde. On croyait les poissons dans des circonstances extraordinaires; et il fallait bien, selon cette supposition, il fallait, dis-je, qu'ils fussent extraordinairement constitués pour être appropriés aux nouvelles données de leur monde extérieur. Ainsi, quelques accidens de forme, ou d'autres considérations encore moins motivées, avaient fait adopter à leur égard une nomenclature particulière; et, à son tour, la nomenclature avait insensiblement entraîné dans une théorie, au moyen de laquelle on apercevait les poissons comme à peu près placés hors des combinaisons qui deviennent les conditions d'existence des autres animaux vertébrés,

Ce fut alors que je cédai à une inspiration, qui avait pris naissance dans la manière dont j'ai toujours envisagé et étudié les affinités naturelles des êtres (1), et que je me persuadai

(1) Je n'ai jamais varié sur ce point et tels furent en effet mes premiers pressentimens, en commençant la car-

qu'en y regardant de plus près, je verrais disparaître, à beaucoup d'égards, les grandes

...ire des sciences : on en trouve la preuve dans le passage suivant qui précède une dissertation sur les Makis, que j'imprimai en 1796.

« Une vérité constante pour l'homme qui a observé un grand nombre de productions du globe, c'est qu'il existe entre toutes leurs parties une grande harmonie et des rapports nécessaires ; c'est qu'il semble que la nature s'est renfermée dans de certaines limites et n'ait formé tous les êtres vivans que sur un plan unique, essentiellement le même dans son principe, mais qu'elle a varié de mille manières dans toutes ses parties accessoires. »

« Si nous considérons particulièrement une classe d'animaux, c'est-là surtout que son plan nous paraîtra évident : nous trouverons que les formes diverses, sous lesquelles elle s'est plu à faire exister chaque espèce, *dérivent toutes les unes des autres : il lui suffit de changer quelques-unes des proportions des organes pour les rendre propres à de nouvelles fonctions, et pour en étendre ou restreindre les usages.* »

« La poche de l'alouate, qui donne à ce singe une voix éclatante et qui est sensible au devant de son cou par une bosse d'une grosseur si extraordinaire, n'est qu'un renflement de la base de l'hyoïde ; la bourse des didelphes, un repli de leur peau qui a beaucoup de profondeur ; la trompe de l'éléphant, un prolongement excessif de ses narines ; la corne du Rhinoceros, un amas considérable de poils qui adhèrent entr'eux ; etc., etc. ».

« Ainsi les formes dans chaque classe d'animaux, quelque

différences qui séparaient les poissons des animaux qui respirent dans l'air.

Aujourd'hui que je suis dans le cas de revenir sur ces premiers essais, et, qu'après des études plus approfondies, je puis être admis à modifier mes premiers aperçus, je reconnais, non sans un extrême plaisir, que je n'ai rien à ajouter aux vues théoriques que je présentai en 1807.

Et cependant que de choses restaient à savoir! Le voile n'était soulevé qu'à l'égard des moindres parties de l'être ichtyologique. Sans renseignement sur ce qui existait au-delà du sujet de mon premier travail, je ressemblais à un aveugle, qui, voulant apprendre la géographie avec des cartes en relief, aurait déjà exploré un canton : il en connaît les rivières et les montagnes, sans savoir où celles-ci continuent de se répandre; mais s'il revient sur cette première exploration, après avoir fait celle

---

variées qu'elles soient, résultent toutes, au fond, d'organes communs à tous : la nature se refuse à en employer de nouveaux. Ainsi toutes les différences, même les plus essentielles, qui distinguent chaque famille d'une même classe, viennent seulement d'un autre arrangement, d'une autre complication, d'une modification enfin de ces mêmes organes. » *Voyez le* Magasin encyclopédique, *tome* 7, *p.* 20.

le toute sa carte, sa marche en devient plus assurée, et il ne s'effraie point d'avoir quelquefois à modifier ses premiers jugemens.

J'ai été et je suis tout-à-fait dans ce cas, au sujet de ma déterminaison des os claviculaires des poissons. Privé, quand je la donnai, de renseignemens sur les parties environnantes, j'ai long-temps hésité sur la longue pièce attachée par un seul point aux *os en ceinture* : mieux informé présentement, j'ai d'autres vues, que je ne crains point et qu'il est de mon devoir de faire connaître. Je vais donc reproduire, avec des changemens assez considérables, mon premier mémoire sur les bras des poissons; laissant à décider, si c'est que je reviens sur une erreur que j'aurais commise, ou si ce n'est pas plutôt un résultat nouveau que je présente, et qu'auraient amené des recherches plus approfondies.

§. I.

Opinions des naturalistes sur le membre pectoral des poissons.

Peu de personnes se sont occupées de cette matière : cependant, dès les temps les plus reculés, on avait soupçonné l'analogie de ces nageoires avec les pattes de devant des quadrupèdes. On trouve ces rapports déjà indiqués dans Aristote. Cette opinion fut adoptée et si bien établie chez les modernes, que Linnæus en prit occasion d'appeler du nom d'*apodes* (sans pieds), les poissons qui n'ont pas de nageoires ventrales. Mais si l'on croyait superflu d'examiner cette idée ingénieuse, il était du moins naturel de la suivre dans ses conséquences; et, puisqu'on avait trouvé que les nageoires pectorales correspondent aux mains des mammifères, il fallait rechercher si à leur tour les os qui portent les nageoires correspondent aussi aux autres pièces de l'extrémité antérieure de ces animaux. L'on pouvait ainsi obtenir des preuves directes de l'ingénieux aperçu d'Aristote.

Artédi fut le premier des modernes qui, en 1735, s'occupa de cette recherche ; mais la mort qui le surprit au commencement de sa carrière, ne lui laissa pas le temps de faire connaître toute sa pensée à cet égard. (1)

M. Gouan la développa depuis dans un traité

(1) *Ossa pectoris et ventris in piscibus reperiuntur; sunt-que in piscibus spinosis*, 1°. *claviculæ*, 2°. *sternum*, 3°. *scapulæ*, *seu ossa quibus pinnæ pectorales*, *ad radicem affiguntur*. ART. Partes piscium, p. 39.

l'ichtyologie qu'il publia en 1770 : ayant fait graver un squelette de poisson, il entreprit d'en décrire toutes les parties. A l'exemple d'Artédi, qui avait employé pour chaque pièce un nom pris dans la langue des anatomistes, et pour se conformer au même plan que cet auteur, il appela des noms de clavicule et d'omoplate deux des os du membre pectoral.

A peu près dans le même temps, Vicq-d'Azir publia, dans les *Savans Étrangers* pour l'année 1774, deux mèmoires sur l'anatomie, et spécialement sur le squelette des poissons, sans y faire mention de nageoires pectorales; mais en 1786, ayant eu connaissance de l'ouvrage de M. Gouan, il rappela, dans un de ses discours sur le cerveau, les tentatives d'un auteur moderne, et le blâma « d'avoir employé » les noms de clavicule et d'omoplate pour » des osselets qui n'avaient pas le degré de » précision et de mobilité que donnent aux » bras ces os, dont il est évident, ajouta-t il, » que la famille des poissons est dépourvue. »

M. Cuvier, sans adopter ce résultat, fut cependant persuadé (*Anat.*, *tome* 1, *p.* 253.) qu'on ne pouvait comparer d'une manière positive le membre pectoral des poissons à celui des autres vertébrés : il crut toutefois y reconnaître la clavicule dans une longue épine, libre à l'une de ses extrémités, à laquelle personne avant lui n'avait encore fait attention, et il détermina comme omoplate le bandeau osseux sur lequel bat l'opercule. et dont M. Gouan avait fait ses os claviculaires; et au surplus jusqu'à ce qu'il pût se livrer sur cet objet à un examen plus approfondi, il comprit tout l'appareil osseux des nageoires pectorales sous le nom d'*os en ceinture*.

Enfin M. de Lacépède, dans les généralités du cinquième volume de l'Histoire des poissons, n'admit des déterminations de ses prédécesseurs que celle de la clavicule, dans le même esprit que M. Gouan.

C'est dans ces circonstances que je donnai, en 1807, Ann. du Mus. d'hist. nat., tome 9, le travail dont ce qui suit n'est qu'une révision.

§. II.

Détermination des os de l'épaule.

La cavité pectorale est terminée en arrière par une réunion de pièces osseuses, dont plusieurs se trouvent placées bout-à-bout et disposées en demi-cercle. La principale, sur laquelle se répand la membrane branchiostége, et qui sert de chambranle à la membrane des ouïes, est la *clavicule* de MM. Gouan et de Lacépède, notre *clavicule furculaire*, page 112, l'os analogue à la clavicule des mammifères. Cette détermination se fonde sur ce qu'à l'une des extrémités, cette pièce se réunit avec sa congénère pour s'appuyer sur l'épisternal, et que, de l'autre, elle donne naissance à deux systèmes de pièces dépendant de l'arc scapulaire, ou servant d'intermédiaires aux rayons des nageoires.

Dans les oiseaux (*Voy. pl.* 9, *fig.* 97.), le demi-cercle osseux placé au devant du thorax, dont les deux principales clavicules réunies en un seul os (*f* la fourchette) sont les pièces du centre, a de doubles ailes formées, les unes, *o*, *o*, par l'omoplate qui se répand en-dessus du tronc, et les autres, *c c*, par les clavicules coracoïdes; lesquelles gagnent en arrière et vers le bas l'entosternal : c'est un arrangement semblable dans les poissons.

L'omoplate de ceux-ci (*Voyez pl.* 10, *fig.* 103, 104, 106 *et* 108, *lettre o*), forme aussi un arc de cercle avec la clavicule furculaire. Mêmes connexions, même position par rapport au dos, mêmes attaches aux grands muscles de l'épine au moyen d'aponévroses; tout démontre son analogie : sa forme même rappelle l'idée d'une omoplate. Il ne lui manque, pour être tout-à-fait en harmonie d'usage comme de forme avec une omoplate d'oiseau, que d'être libre à son extrémité vertébrale; mais on sent bien que c'est ce qui ne pouvait pas arriver chez des animaux sans région du cou, et qui ont le membre antérieur contigu avec le crâne. Tout concourait d'ailleurs à rendre cet état de choses nécessaire : les organes pectoraux, ayant passé sous la tête, laissaient les os de l'épaule sans support, et il fallait bien que le demi-cercle qu'ils forment avec les clavicules furculaires retrouvât un autre soutien, en allant se réunir vers le haut à d'autres parties solides.

Ces considérations toutefois ne s'appliquent pas à l'anguille : son omoplate ne se joint pas à la tête; la grandeur excessive des ouïes de ce poisson, fait que cet os est même éloigné du crâne d'un intervalle qui en égale la longueur. Dans ce cas, il en résulte que les *os en ceinture* n'ont plus la même fixité dans cette espèce que dans ses congénères : mais d'un autre côté, on ne tarde pas à s'aperçevoir que cela n'est pas rigoureusement nécessaire. L'opercule ne bat point sur la clavicule furculaire : éloigné de celle-ci, il se passe de son chambranle habituel. Cette anomalie est déjà une chose curieuse, comme fait ichtyologique; mais elle nous intéresse en outre dans le cas présent, comme replaçant l'omoplate des poissons sous les considérations qui lui sont propres chez les autres vertébrés : elle nous la montre effectivement libre à un bout et engagée seulement entre les muscles du dos.

Nous avons vu plus haut que M. Cuvier avait le premier signalé, en arrière des os en ceinture, une longue épine dans les poissons : elle n'existe, autant que j'ai pu m'en assurer, que dans ceux qui ont un squelette osseux. Elle naît de l'extrémité scapulaire de la principale clavicule et descend parallèlement aux côtes : sa forme est celle d'un stylet, du moins sa forme la plus générale; car dans quelques espèces qui s'éloignent beaucoup du plus grand nombre des poissons, elle prend un tout autre aspect, entre dans de nouvelles combinaisons, et se rend remarquable par des usages variés et très-singuliers.

Je l'avais regardée, dans mon premier travail en 1807, comme l'analogue d'un des bras de la fourchette des oiseaux, et je l'avais nommée en conséquence; mais aujourd'hui j'en ai pris une autre opinion, et je pense qu'elle correspond à ce qui a été appelé dans l'homme *apophyse coracoïde* (1).

(1) M. Rosenthal, dans les planches ichtyologiques (*ichtyomische tafeln*), qu'il a publiées à Berlin, en 1812,

J'ai déjà été dans le cas de m'étendre, *page* 113, sur cet os claviculaire, et je me suis surtout attaché à faire voir que ce n'est, dans la plupart des mammifères onguiculés, qu'un os gêné dans son développement, et qu'il en est autrement chez les ovipares. Les dimensions considérables et l'accroissement d'influence qui en résulte, lui donnent, chez les oiseaux en particulier, l'importance d'une pièce du premier rang.

Cette occasion de revenir sur cette clavicule, plutôt conservée chez les poissons que nécessairement comprise parmi les matériaux qui les constituent, m'engage à insister, plus que je ne l'ai fait, sur ce qu'elle est dans l'homme et dans d'autres mammifères, et principalement

---

dit s'éloigner des déterminations que j'avais présentées en 1807 : *Ann.*, *tome* 9. Mais je ne vois pas en quoi, trouvant au contraire qu'il m'a suivi de point en point. Si l'on se donne la peine de consulter sa première figure, ou son squelette entier du *cyprinus brama*, on y verra qu'il nomme comme moi les trois principales pièces de l'épaule des poissons. *P* est l'omoplate (*p. Schulterblatt*); *q*. la clavicule (*q schlüsselbein* ; et *r*. l'humerus ; ce que j'avais, ajoute-t-il, appelé clavicule (*r oberarm, schlüsselbein nach Geoffroy*). Qu'on veuille revoir mon travail et ma figure du *cyprinus carpio*, on y trouvera que mes signes *o*, *c*, *h*, correspondent aux signes *p*, *q*, *r*, employés par M. Rosenthal, et qu'ils désignent les mêmes pièces.

à en donner quelques figures, chose entièrement négligée jusqu'à ce jour.

La clavicule (apophyse) coracoïde forme chez l'homme, dans le principe, un os détaché de l'omoplate : c'est dans cet état que nous l'avons observée et figurée à l'âge de trois ans. Voyez notre planche 9, n°. 91 (*cette figure est réduite à moitié*) et n°. 93, où nous l'avons représentée isolée et *de grandeur naturelle*. Le n°. 92 la montre également isolée, mais dans un enfant plus âgé : elle est enfin représentée, *fig.* 88, dans sa plus grande dimension et dans sa condition d'apophyse, chez un homme fait, un nègre de 45 ans, dont le squelette fait partie des collections anatomiques du Jardin du Roi.

La clavicule coracoïde ne conserve point autant le caractère apophysaire ; elle est bien moins renflée; elle a beaucoup plus de longueur, et elle présente un diamètre plus égal dans les chauves-souris, et particulièrement dans les roussettes figurées n°s. 94 et 95. Ce n'est d'ailleurs que dans le groupe des mammifères onguiculés, et surtout chez ceux qui ont les doigts le plus profondément divisés, qu'on trouve les traces de cette clavicule, appelée à jouer un si grand rôle dans certaines familles d'ovipares (1).

(1) L'attention que j'ai eue de toujours employer la lettre *c* pour désigner la clavicule coracoïde donne toutes

Dans les oiseaux, où elle arrive à tout le *maximum* de son développement, elle tient lieu d'un fort pilier qui porte l'épaule loin et au-delà du sternum, sans la priver de l'appui que le thorax lui procure partout ailleurs. Cette plus grande dimension de la clavicule coracoïde nous donne lieu, en outre, d'apercevoir plus distinctement son mode d'union avec le tronc: sa cavité articulaire ne fait pas réellement partie de la tranche de l'entosternal, mais la déborde en dehors. En réunissant ce point de fait à la circonstance de la position non équivoque de l'omoplate sur les côtes vertébrales, et à cette autre de l'histoire ostéologique des mammifères, que leurs clavicules sont pareillement situées à l'extérieur du tronc, nous en venons à constater que le cercle osseux qui porte les extrémités antérieures, forme une couche qui enferme celle du thorax; considération qui sert dans les poissons à expliquer, d'une manière toute naturelle, la situation antérieure de leur poitrine à l'égard du bras.

En effet, ce n'est pas seulement vers le coffre pectoral qu'il existe dans cette classe d'animaux deux systèmes de pièces osseuses, dont l'un

---

facilités pour comparer cet osselet et en apprécier les rapports. *Voyez planches* 2 *et* 9.

est concentrique à l'autre; le crâne est aussi dans le même cas : et alors, dans la jonction qui se fait de toutes ces parties, ce n'est point l'ancienne relation des deux couches du coffre pectoral qui règle leur saillie en avant; elles ne cheminent point chez les poissons dans cette même raison; mais y agissant au contraire dans une entière indépendance, le besoin d'atteindre du côté de la tête des plans osseux qui leur correspondent, et d'aller s'y appuyer, chaque couche pour son compte, décide de la distance qu'elles parcourent. Les os de l'épaule rencontrent beaucoup plus tôt le plan extérieur du crâne et s'y fixent, et ceux du sternum beaucoup plus tard, puisque c'est seulement dans l'embranchement des maxillaires inférieurs qu'ils atteignent la couche profonde, ou les os hyoïdes. Ainsi chaque chose conserve ses relations, et bien qu'il y ait apparence de métastase, le bras étant situé à l'égard de la poitrine, tantôt en devant et tantôt en arrière, la loi des connexions n'est cependant pas transgressée. Ce qui arrive à la clavicule coracoïde des poissons, faute d'articulation à l'une de ses extrémités, en est une autre preuve : elle se trouve, sous ce rapport, dans les mêmes circonstances que celle des mammifères, mais non plus pour le même sujet; car ce n'est pas qu'elle existe dans les poissons à titre de vestiges, et que, devenue trop courte, elle ne puisse gagner l'os qui lui prête ordinairement son appui; cela se passe tout autrement. La clavicule coracoïde des poissons est même proportionnellement plus longue que dans les oiseaux, chez lesquels cependant elle se trouve dans sa fonction générale; mais elle reste sans articulation à l'une de ses extrémités, parce que son soutien habituel lui manque : nous n'avons pas oublié que c'est avec l'entosternal (*voy. page* 113) qu'elle est constamment en connexion, et que cet os (p. 157), qui a totalement disparu de l'organisation des poissons, ne fait point partie de leur sternum.

Dans cette situation, n'étant plus, comme à l'égard des oiseaux, astreinte à un service régulier, elle prend une physionomie ichtyologique. Si elle reste encore comprise parmi les moyens du mouvement progressif, elle ne s'y rattache qu'accessoirement. Son influence sur la natation n'est pas immédiate : son mode d'action varie à l'infini, et par sa souplesse à changer de formes, elle s'accommode des modifications qui surviennent de poisson à poisson, ou plutôt elle y concourt, pour y venir le plus souvent jouer le principal rôle; et dans tous les cas, elle multiplie et rend plus tranchés les traits caractéristiques de chaque famille.

Nous développerons ces considérations plus tard, pour n'avoir pas actuellement à nous interrompre dans l'examen de chaque pièce des os en ceinture.

Quelques genres d'oiseaux nous ont montré (*page* 113) un osselet compris entre la principale clavicule et l'omoplate; osselet nommé dans l'homme *apophyse acromion* : plusieurs poissons sont dans ce cas. J'ai cité cette pièce comme faisant partie de l'épaule du brochet. Si elle parvient dans les reptiles à une très-grande dimension (*page* 117), je suppose que c'est à titre d'exception et par anomalie; car je ne lui connais d'autre destination que de prendre position, à la manière d'une rotule, entre plusieurs os pour en faciliter et coordonner les mouvemens. Allongée dans le brochet, elle y contribue en outre, sans renoncer par conséquent à sa principale fonction, à agrandir l'arc sur lequel s'exercent les battemens de l'épaule.

Ayant suivi le développement de l'os acromion dans les ovipares, je crois utile de le considérer pareillement dans l'homme.

L'acromion y est dans un état de plus grande anomalie que la clavicule coracoïde : les circonstances qui y favorisent son développement y sont plus variables ; son influence y est moindre; son apparition plus tardive. Je n'en ai point trouvé de traces dans les jeunes sujets représentés n°s. 90 et 91, et c'est seulement dans une fille de 15 ans (*V*. n°. 89) que je l'ai observé presentant tous les caractères d'un os achevé, en même temps que ceux d'un os distinct et tout-à-fait séparé. Pour placer cette pièce en situation à l'égard de ses voisines, je l'ai reportée sur la figure, n°. 90, où je me suis borné à en tracer le contour avec des points : enfin, l'ayant vue dans le squelette du nègre qui fait partie des collections du Jardin du Roi, bien cernée de toutes parts, quoiqu'engagée dans l'omoplate, j'ai saisi l'occasion de cet exemple, qui est très-rare, pour montrer l'acromion porté à un aussi grand volume; tel est l'objet de la figure n°. 88 : *a* est sa lettre nominative, *planches* 2 et 9.

Dans mon premier travail touchant les os du membre pectoral, j'ai poursuivi ces recherches, en les étendant sur les pièces des poissons analogues au bras, à l'avant-bras et à la main des animaux qui respirent dans l'air ; et dans la circonstance présente, si je n'avais déjà esquissé ce sujet, je ne pourrais de même me contenter des déterminations précédentes, parce que j'aurais toujours à craindre que quelques-uns des objets de ces déterminations appartinssent plutôt au rameau dont le bras se trouve formé; mais sans inquiétude aujourd'hui sous ce rapport, je remets à traiter du bras proprement dit, et à le faire au moment où je m'occuperai en même temps de la jambe : ce sujet est fort étendu, et j'ai de plus, pour en agir ainsi, un autre motif qui va être l'objet des considérations suivantes.

§. III.

Usage des Os de l'épaule dans les mammifères et les oiseaux.

On n'a vu jusqu'ici dans ces pièces qu'un bandeau osseux, servant de support à l'extrémité antérieure. Ainsi embrassés dans leur totalité, les os de l'épaule n'auraient été considérés que comme la partie la moins efficace des matériaux employés dans le mouvement progressif : l'ostéologie humaine a pu en donner cette idée, qu'on a ensuite, sans y attacher d'importance, étendue à toutes les classes d'animaux : mais notre nouvelle théorie, au contraire, nous porte à supposer que chacun des points osseux de l'épaule, pour la plupart si négligés jusqu'à ce jour, forme autant d'élémens distincts; que chacun a une fonction propre;

et qu'ils sont tous, les uns à l'égard des autres, suivant les classes, dans des relations qui en établissent différemment la subordination. Tel est le point de vue sous lequel nous croyons utile de les considérer de nouveau.

S'ils n'étaient au fond qu'un moyen d'appui pour le bras, un seul os, l'omoplate, devait suffire (1); tous les mammifères à sabots n'en ont pas d'autre appliqué à cet usage. Mais selon que les divisions de la main sont plus nombreuses, s'étendent en profondeur et gagnent en mobilité, les os de l'épaule se compliquent dans la même raison. L'acromion et l'os coracoïde se montrent rarement, et le premier plus rarement que le second : la clavicule furculaire se déforme, se rappetisse et puis disparaît, au fur et à mesure que nous descendons des premiers degrés des Onguiculés, l'homme et les singes, vers les derniers échelons, les carnassiers et les rongeurs.

(1) Le fibro-cartilage de l'omoplate gagne assez habituellement en superficie, quand l'omoplate est seule employée à porter le bras : voyez sur ce fibro-cartilage les pages 118 et 119. Le nom d'*omolite* (petite épaule) m'a paru propre à désigner cette seconde pièce de l'omoplate. Pour son appréciation et l'intelligence du paragraphe 4 du deuxième de ces Mémoires, j'ai fait figurer, *pl.* 9, *n°.* 98, les os de l'épaule d'un tupinambis.

Au contraire, l'omoplate est chez les mammifères tout-à-fait à l'abri de ces variations de famille à famille. A ce trait caractéristique, nous ajouterons celui que nous fournit son haut dégré de composition. Ne pouvant compter dans cette classe d'animaux que sur elle-même pour attacher le bras au tronc, et pour opposer sa résistance aux secousses et à la réaction causées par la marche, elle est heureusement protégée par un ordre proportionnel de complication, étant formée par un large plateau et par une forte arête qui naît perpendiculairement de sa partie moyenne, qui en occupe toute la longueur, et qui y a pris le nom d'épine.

C'est ainsi que l'omoplate tient le premier rang chez les mammifères parmi les os de l'épaule, et que quelquefois elle reste seule chargée des obligations de tous : elle concentre ces pièces sur elle et s'en fait un rempart de points apophysaires. Toutefois, dans un système remarquable par tant de variations et par une si grande tendance à se simplifier de plus en plus, nous ne pouvons saisir que les traits caractéristiques d'une organisation qui se dégrade, et qui est dans un *minimum* de composition et de fonction.

C'est aux autres classes à nous dire ce qu'il y a de réel dans cette supposition.

Chez les oiseaux, la destination des os de l'épaule est évidemment la même que dans les mammifères : ils y doivent encore servir à porter les membres antérieurs, mais c'est en vertu d'un tout autre arrangement : plus de causes y concourent ; car ce qui se montrait à peine dans l'appareil précédemment décrit, prend plus de consistance dans celui des oiseaux. Déjà ces pièces figurent une ceinture osseuse, laquelle occupe la partie inférieure du thorax et prolonge ses ailes sur la région scapulaire. La clavicule acromion est nulle ou presque nulle ; mais c'est le seul os dont l'absence se fasse remarquer. L'épaule des oiseaux est en général formée de trois parties qui se balancent pour le volume.

La première observation que la discussion précédente porte à faire, concerne l'omoplate. On est étonné de la voir si petite ; sa forme, qui est celle d'une bandelette mince et allongée, est toute aussi singulière ; en sorte qu'on ne tarde pas à s'apercevoir qu'elle ne joue plus dans cette organisation qu'un rôle très-secondaire.

Le premier rôle n'est pas cependant départi à la clavicule furculaire, ou, pour me servir de l'expression ordinaire, aux deux branches de ce que les ornithologistes appellent la *four-*

chette. Ces deux branches, qui dans l'homme occupent le travers du thorax, ont, par le rapprochement des membres antérieurs, une position contraire à celle-là chez les oiseaux : croissant dans un espace très-resserré, elles sont unies à leurs extrémités sternales, et présentent ainsi en ce point une considération toute ornithologique, et par conséquent un fait qui, comme usage, se rattache au vol. En effet, si les ailes sont renvoyées l'une sur l'autre par la réaction du fluide ambiant, elles sont bientôt ramenées à leur distance respective par un contre effort de la fourchette, dont les branches élastiques reprennent d'elles-mêmes leur situation naturelle. Dans cette modification du plan général, en nous élevant des mammifères aux oiseaux, nous voyons la clavicule furculaire passer d'une forme équivoque et d'un état plus ou moins rudimentaire, à quelque chose de plus précis et de plus persistant; nous la voyons acquérir de plus en plus un caractère classique, et justifier par d'importans services ce haut degré de composition.

Cette circonstance ne donne cependant pas l'avantage à la fourchette sur la clavicule coracoïde : des trois pièces qui composent la charpente osseuse de l'épaule d'un oiseau, aucune n'approche de cette dernière clavicule pour le volume et la solidité ; aucune aussi n'a une influence plus marquée. Sa situation, parallèle à la colonne cervicale, encore plus que sa grandeur, étend la cavité pectorale au-delà de l'origine du coffre thorachique : cette situation place en effet le centre des ailes et l'axe de leur jeu en dehors des parties de l'organisation le plus susceptibles de lésion, et préservent à propos celles-ci de tout contact fâcheux.

Or il est bon de remarquer que si les gonflemens du cœur et des poumons ne sont dans ce cas nullement gênés, ce résultat important est obtenu par une disposition qui y semblait opposée. Il fallait bien que les ailes trouvassent quelque part un point d'appui ; et plus devait être pénible pour elles la lutte dans laquelle elles sont engagées, à l'égard d'un milieu aussi difficile à saisir que l'air atmosphérique, et plus ce point d'appui exigeait de solidité. Si, à ce titre, il n'y avait que le sternum pour le fournir, on retombait dans la fâcheuse nécessité que celui-ci fût exposé à refouler les viscères pectoraux. Mais, comme nous venons de le dire, ce qui fait cesser ce conflit, ce qui concilie ces deux intérêts opposés, est le mode d'intervention de la clavicule coracoïde : car tel est effectivement l'objet du long manche qui est étendu entre ses deux tubérosités articulaires. De cet arrangement, il résulte que le jeu et les résistances des ailes ont lieu à l'extrémité de deux longs leviers, à qui il suffit d'osciller sur leur axe pour s'approcher et pour trouver à s'arc-bouter l'un contre l'autre; ce qui se fait avec d'autant plus de facilité, que ces mouvemens sont en outre secondés, tant par la résistance qu'opposent les deux branches élastiques de la fourchette, que par celle bien plus efficace qui est aussi fournie au centre par la base du cou.

Au surplus, c'est à sa tranche que le sternum est joint par l'autre bout des clavicules coracoïdes; en sorte que s'il lui arrivait de céder à l'entraînement de ces pièces, il ne pourrait obéir que dans la direction du mouvement qui lui est propre pendant l'expiration : dans ce cas, les viscères de la poitrine n'en seraient point gênés ; et enfin tout danger de cette nature est encore prévenu par la disposition des muscles pectoraux, qui ne sauraient agir pour gouverner les mouvemens de l'aile, sans donner au sternum toute la tenue et toute la fixité qui sont alors nécessaires.

Ainsi se trouve résolu, par l'accroissement considérable et la singulière conformation de la clavicule coracoïde, le problême d'une réunion à l'épaule de qualités en apparence inconciliables, *la mobilité et la solidité*. A voir cette clavicule, on la prendrait plutôt pour un fémur que pour une pièce appartenant au bras.

Jusques ici, l'épaule a toujours acquis et s'est graduellement renforcée. Elle suit la même progression dans les poissons, et y arrive même à des dimensions si considérables, que ses parties constituantes y semblent méconnaissables : cependant, en y regardant attentivement, on la trouve formée des mêmes pièces que l'épaule des animaux à respiration aérienne : nous avons mis ce point hors de doute dans le précédent paragraphe.

Sous le rapport de leur emploi, qu'auront gagné ces pièces à un accroissement aussi considérable? Jusqu'à présent nous n'avons pu voir en elles qu'un ensemble d'arcs-boutans ménagés sur le tronc pour régler l'action du mouvement progressif, et il entrait dans les conséquences de ce système, que ces pièces grandissent, au fur et à mesure qu'elles rencontrent plus d'obstacles et que les membres antérieurs emploient à se mouvoir plus de force et d'énergie. Mais que cet accroissement continue dans la même progression à l'égard d'animaux qui ont le siége des organes de la locomotion déplacé, et chez lesquels, au contraire, le bras s'efface de plus en plus, nous en devons être surpris.

Aucune explication ne pouvant nous satisfaire dans cette direction, nous sommes revenus sur nos pas, et nous avons pensé que nous avions peut-être trop légèrement regardé le bras et son support claviculaire, comme étant *toujours et également* nécessaires l'un à l'autre : nous nous sommes rappelés que les considérations que nous avions trouvées évidemment applicables à une classe d'animaux, transportées trop brusquement à une autre, avaient quelquefois exercé une fâcheuse influence sur nos déterminations. Puisque, dans les poissons, l'appareil claviculaire n'est plus en proportion avec le bras, nous avons dû écarter de notre souvenir toute idée de ses fonctions, comme nous les avons jusqu'à ce moment conçues, pour nous occuper sans préjugés des nouvelles circonstances où il se trouve; son nouveau voisinage aura étendu ses relations.

§. IV.

De la principale fonction de la clavicule furculaire chez les Poissons.

Un premier objet à considérer est la clavicule furculaire : n'ayant jusque-là été reconnue et ne se trouvant encore classée dans l'organisation que comme une partie de l'épaule, et comme un moyen intervenant au besoin pour en lier et faire valoir les diverses pièces, on est étonné du nouveau rôle qu'elle est appelée à remplir dans les poissons; elle y devient d'abord une sorte de quille sur laquelle tout un nouvel édifice est construit.

Ce que nous connaissions des animaux qui nagent, et ce que nous en avions principalement appris en suivant la gradation de leur composition pour avoir puisé nos renseignemens chez ceux de ces animaux qui font partie de la classe des mammifères, c'est que la manœuvre, d'où dépend leur locomotion au sein des eaux, est toute et uniquement exécutée par la main; le bras y reste étranger. Une main de mammifère est d'autant plus réellement et plus utilement transformée en un instrument pour ramer, qu'elle est plus rapprochée du tronc et s'y trouve plus solidement fixée, et que le bras, court et ramené vers les côtes, est plus complétement renfermé sous les tégumens du thorax. Dans ce cas, à l'égard des poissons, animaux exclusivement voués au séjour des eaux, il pouvait entrer dans le système de cette décroissante progression, il devenait plus simple, et il pouvait même y avoir avantage sous le rapport de la solidité, que les parties moyennes du membre antérieur fussent totalement sacrifiées; mais loin de là, les os du bras et de l'avant-bras restent dans les poissons soumis à une loi d'un effet plus général : seulement, comme obligés de s'accommoder à un nouveau genre de résistance, ils sont singulièrement rapetissés, au point que, groupés et rangés sur une seule ligne, ils y sont moins longs que la nageoire elle-même.

Ces os, qui conservent encore une partie de leur utilité habituelle, comme de porter la nageoire et de continuer leur appui aux muscles qui ont une de leurs insertions au carpe, contractent des adhérences non-seulement entre eux, mais avec la clavicule furculaire; formant vers le milieu de la face interne de celle-ci une lame qui y est soudée, ils deviennent, pour cette clavicule, un contre-fort et comme une sorte de muraille qui contribuent à la solidité du bandeau en ceinture. La clavicule furculaire, trouvant ainsi à se les attribuer, passe à l'état d'un os fort et robuste, qui se prête et qui suffit à tout ce que ses nouvelles relations en vont exiger.

En effet, l'une et l'autre clavicules furculaires fournissent une cavité et un abri au cœur dans la fourche qu'elles forment à leur point de jonction, quand du côté externe elles présentent un bord saillant qui correspond au libre contour de l'opercule. Sous le rapport de ce dernier service, j'ai déjà comparé la clavicule furculaire à un chambranle, l'opercule s'appliquant dessus, comme une porte au-devant de son cadre; mais j'ai de plus à montrer que sa plus grande utilité dépend de sa situation et des conditions de solidité qui en résultent.

L'une et l'autre de ces pièces, pivotant sur les os du bras, accrochées au crâne au moyen des omoplates, gouvernées par les plus fortes puissances dont un animal ait la disposition (les muscles pectoraux en devant et les muscles abdominaux en arrière), ne pouvaient offrir une réunion de circonstances plus importantes; ces clavicules forment ensemble un plastron, par lequel finit la cavité thorachique et commence celle de l'abdomen. Leur développement, leur position, les moindres détails de leur conformation semblent combinés sur la grandeur, la situation et les formes de l'opercule; car, dans le vrai, à quoi servirait que celle-ci fût dans l'obligation de se livrer à des mouvemens continuels et alternatifs d'élévation et d'abaissement? ce jeu serait stérile et tout effet de respiration impossible, sans ces mêmes clavicules, sans leur tenue ferme et inébranlable, et sans le genre de service qu'elles rendent, et qui, je le répète, revient à celui d'un chambranle, réglant par sa résistance les battemens et la manœuvre de son couvercle.

Dans ces circonstances, nous commençons à apercevoir ce qu'une différence de position et de volume apporte de changemens dans les fonctions des clavicules furculaires ; elles servent de plastron au cœur ; elles circonscrivent par le bas la cavité thorachique, s'occupant même de l'entourer de cloisons, là où le couvercle operculaire ne saurait l'atteindre ; elles entrent enfin en relations d'usage avec les operculés, et contribuent, tout en se bornant à un rôle passif, à assurer les effets de la respiration, qu'elles parviennent en outre à favoriser plus activement par les insertions qu'elles fournissent aux muscles pectoraux.

Mais en rappelant, comme je viens de le faire, tous les genres de service qui recommandent les clavicules furculaires, ne paraît-il pas que je me sois occupé d'un sternum? Qu'aurais-je eu de plus à ajouter pour présenter, sous les traits qui lui sont propres, l'appareil qui, dans les mammifères et les oiseaux, constitue la principale charpente de leur thorax? J'aurai donc été conduit pas à pas, si, à ce point, et toujours appuyé sur l'observation, je me vois obligé d'admettre que les os de l'épaule passent dans les poissons au service des os pectoraux, et s'en attribuent les principaux usages. Ce résultat entraîne de plus une autre conséquence, c'est qu'il ne peut arriver aux os claviculaires d'entrer dans une relation aussi intime et aussi nécessaire avec l'organe respiratoire, sans que l'influence de ces clavicules ne soit par là singulièrement augmentée, et que cette considération ne place celles-ci sur la ligne des premiers matériaux de l'organisation.

Dans ce cas, nous ne ferions que commencer à connaître ces pièces sous leur véritable point de vue; elles ne seraient, dans la réalité, qu'un appareil ichtyologique, puisque c'est seulement dans les poissons que ces clavicules arrivent à tout leur accroissement possible et à toute la plénitude de leurs fonctions; et par conséquent, jusque là où il nous avait été loisible de les étudier, elles ne nous auraient offert que des considérations secondaires, subordonnées et appliquées à des pièces plus ou moins susceptibles d'atténuation, et, comme nous sommes dans le cas de l'exprimer d'après les principes de notre théorie, à des pièces plus ou moins passibles de l'influence rudimentaire.

Il en est donc des os de l'épaule comme de ceux de l'opercule, chez les poissons : les uns et les autres y ont à concourir ensemble au même mode de respiration; or, ils ne sauraient appartenir au même systême, qu'ils n'éprouvent à la fois et ne subissent au même degré les changemens qui surviennent dans une organisation qui passe d'un mode de respiration à l'autre.

En effet, prenons-nous pour point de départ les animaux à respiration aérienne, et voulons-nous savoir comment il arrive à ce type, ou plutôt au type commun des *vertébrés*, de s'accommoder des conditions d'existence qu'un milieu plus dense impose aux animaux qui respirent dans l'eau : nous remarquerons que la tête, d'une part, et le thorax, de l'autre, contribuent, à peu près par égale portion, à former l'enveloppe osseuse d'une toute autre cavité pectorale, de la cavité des branchies. Car ce qui du sous-type ichtyologique est à produire en ce lieu, ne dépend pas uniquement du seul rapprochement des parties, et ne devient pas une œuvre achevée par la seule absence ou le reculement des vertèbres cervicales, osselets supplémentaires composant ailleurs un manche plus ou moins allongé ; il faut encore que le crâne étende sur le thorax, et que le thorax envoie sur le crâne les diverses lames osseuses dont se forme le cloisonnage extérieur de l'organe respiratoire : le crâne y pourvoit sur ses flancs par l'agrandissement et la conversion en os operculaires, *comme on les appelle alors*, des quatre osselets existant au fond des conduits auditifs; et le thorax, en arrière, par une extension considérable de la faible couronne dont se composent, à la partie antérieure, les os scapulo-claviculaires.

Rappelons, à ce sujet, que nous avons déjà rendu compte d'un événement du même genre, quand, *pages* 84 *et* 160, nous avons montré comment il se fait que chez les poissons le sternum et l'hyoïde, en prolongeant leurs bords en regard, parviennent à se rencontrer et à s'appuyer l'un sur l'autre; c'est au même but que tendent tous ces efforts, et nous ne pouvons assez redire que ce but est constamment atteint par l'emploi des mêmes moyens. En effet, que le sternum rende plus saillant celui de ces osselets qui, dans les animaux à respiration aérienne, forme habituellement une simple et courte apophyse à son origine, c'est-à-dire, que ce noyau rudimentaire passe successivement au volume d'une pièce considérable, et devienne à la fin notre *os épisternal*, c'en est assez pour que ce nouveau plastron thorachique, d'une part, gagne les hyoïdes et vienne prendre place en dedans de la cavité buccale, et que de l'autre, concurremment avec ses ailes ou *annexes*, il acquière une assez grande étendue, et serve pareillement de couvercle à ce qui reste d'espace entre les opercules et les os en ceinture.

Et quand ainsi tout concourt à l'extérieur pour faire cesser le vide de la région cervicale, pour opérer une jonction aussi parfaite, (je puis ajouter), une fusion aussi intime de la tête et du thorax, et pour renfermer avec les organes des sens, dans une même boîte, en quelque sorte, les principaux agens de la circulation et de la respiration; de semblables efforts appliqués aux os de la couche profonde, ou mieux, à une double couche intérieure, en montrant que la nature recourt de nouveau aux mêmes procédés, nous apprennent tout ce qu'elle veut et tout ce qu'elle peut, quand il lui arrive de nous faire connaître, comme dans ce cas, la simplicité de ses moyens d'exécution. Nous ne redirons pas, pour le développement de cette pensée, comment des poumons, certaines pièces (les pleuréaux) grandissent dans les animaux qui respirent par l'intermède de l'eau, et s'élèvent vers le crâne et vers le larynx; et comment à leur tour la tête et le larynx fournissent et font en même temps pénétrer jusqu'aux poumons divers rameaux (les pharyngéaux et les osselets laryngiens de la chaîne intérieure), rameaux dont il n'éxiste que le germe dans les animaux de la respiration aérienne ; ce serait reproduire les principaux faits de notre dernier mémoire (j'y renvoie, voyez *page* 385), et nous exposer par conséquent à perdre de vue les considérations qui font l'objet de celui-ci.

Un fait de la précédente discussion mérite toute notre attention. Les os de l'épaule éprouvent, à tous égards, les mêmes métamorphoses que les os operculaires ; en effet, là où les operculaires nous apparaissent dans la condition rudimentaire, et sous la forme d'une petite chaîne, dite alors les quatre osselets de l'oreille, nous voyons manifestement qu'ils se rendent utiles à l'audition par la manière dont ils s'écartent ou retombent sur la fenêtre ovale : l'oreille entre ainsi en communication plus directe avec les corps ambians. L'étrier, ou l'opercule proprement dit, ne manque pas davantage, dans les poissons, à ce devoir de la fonction générale, puisque, quand l'opercule est soulevé, sa tubérosité articulaire est écartée de manière à découvrir le fond de l'organe auditif, et à y favoriser l'accès des molécules du son ; ainsi, ce service se concilie, dans les poissons, avec les diverses manières dont les quatre osselets de l'oreille y peuvent être employés, quand ces osselets y interviennent et se placent parmi les principaux agens de la respiration.

De la même façon, les os de l'épaule, dont les fonctions, chez les plus parfaits des animaux, se bornent à un seul et unique objet, restent fidèles, dans les poissons, au devoir de la fonction générale, en continuant d'être un point d'appui, une base d'insertion et une sorte de pivot pour le rameau dont se compose l'extrémité antérieure : mais, comme nous venons tout-à-l'heure de l'établir, ce résultat ne s'oppose pas à ce qu'à cette fonction primitive les os de l'épaule joignent d'autres fonctions d'un ordre plus relevé et d'une influence plus décisive sur l'organisation. Nous avons vu comment, tirant parti plus encore de leur nouvelle position que d'un développement arrivé à son *maximum*, ces os se répandent parmi les principaux moyens de la respiration; comment ils s'en montrent d'officieux agens, se portent à la rencontre de pièces envoyées du crâne, se réunissent à l'occiput, se marient avec les opercules; et comment enfin ils s'emparent du service des véritables os du thorax (1).

(1) Il n'entre pas dans l'esprit de ces recherches, d'attacher de l'importance à la forme la plus habituelle des

Les os de l'épaule transformés en sternum, qui en auraient acquis l'état et la consistance! nous ne pouvons nous le dissimuler, on est vivement entraîné à n'y pas croire ; mais, s'il est déjà si difficile d'accueillir un aussi singulier résultat, combien plus encore croîtra notre étonnement, s'il nous faut reconnaître que ce principal support de l'extrémité antérieure éprouve cette conversion et y est soumis, en présence des os mêmes du sternum! En effet, nous avons trouvé, dans les considérations qui

---

organes ; mais, dans ce cas-ci, je ne puis me défendre de remarquer que les os de l'épaule justifient, sous le rapport de leur configuration, l'opinion que nous en donnent leurs nouvelles relations. Qu'on veuille bien consulter les figures de notre neuvième planche ; et l'on y verra les os furculaires couvrir de même les parties moyennes de la cavité pectorale et les cloisonner à la manière des côtes sternales : l'association des os de l'épaule dans le *zeus vomer*, n°. 105, et dans le *centriscus scolopax*, n°. 107, rappelle tout-à-fait la disposition de ces côtes et la composition du sternum des mammifères ; quand la grandeur, la concavité et la solidité des deux furculaires chez les silures (*voyez fig.* 99, 100 *et* 102), ont une telle ressemblance avec l'entosternal du plastron pectoral des oiseaux, que j'ai toujours eu en pensée, afin de rappeler une conformation si remarquable, de comprendre les silures et leurs congénères dans un ordre à part, sous le nom de *pisces sternales*.

font l'objet de notre deuxième Mémoire, que les os du sternum n'ont point cessé de faire partie de l'œuvre ichtyologique : tous les poissons ont cet appareil ; nous l'avons vu, chez tous (*p.* 137), composé comme le sternum des oiseaux; moins l'entosternal et les xiphisternaux ; c'est-à-dire, formé d'un épisternal à deux têtes, et de ses annexes (les hyosternaux et les hyposternaux). Mais en même temps nous avons eu lieu de constater que la disparition de l'os central du sternum ornithologique avait désassemblé toutes les parties de l'appareil et en avait détruit l'unité. Faute d'un entosternal qui les retienne, et qui les porte sur ses flancs, toutes ces pièces sont demeurées comme abandonnées à l'aventure : emportées dans le mouvement général qui les entraîne vers la tête, elles ont été arrêtées au passage, en quelque sorte, par les hyoïdes : mais en s'y réunissant, elles s'y sont, chacune, conduites comme des pièces sans destination, en enfans perdus, si je puis me permettre une pareille expression. Aussi voyons-nous que les hyoïdes en ont disposé à leur gré, et qu'ils les ont en effet si impérieusement et si absolument comprises dans leur système, que cette circonstance, autrement appréciée, a tout récemment donné à penser qu'elles n'en étaient qu'une dépendance nécessaire. Une autorité, la plus imposante dans les matières d'anatomie (1), vient en effet de se prononcer pour cette opinion; d'où il y aurait à conclure que, dans mes essais de détermination, j'aurais erré, en attribuant l'origine de ces pièces à des débris du sternum des oiseaux.

Le sternum des poissons, avons-nous vu plus haut, a dû cheminer sous le crâne, jusqu'à ce qu'il eût rencontré un point d'appui, et il n'a pu s'arrêter qu'en le prenant sur les pièces qui lui correspondent, en tant qu'elles appartiennent, comme lui, à la deuxième couche des os; or ces pièces sont celles de l'hyoïde, logé en totalité au milieu des maxillaires; de manière que c'est dans un espace aussi resserré que le sternum trouve définitivement à se fixer.

S'il en est ainsi, nous serons moins surpris que, bien que le sternum fasse toujours partie de l'organisation des poissons, il y ait un autre appareil pour le suppléer, là où son action ne saurait s'étendre : sans grandeur pour enclorre la cavité des branchies, sans solidité pour en régler le mécanisme, un pa-

(1) Analyse des travaux de l'Académie royale des Sciences, pendant l'année 1817, partie physique, *page* 29.

reil sternum appelait nécessairement, à son secours, tous les organes du voisinage : les hyoïdes, les opercules, et principalement les os de l'épaule. Puisqu'il intervient encore chez les poissons, il est évident qu'il n'y figurera plus que comme un objet du second ordre. Les matériaux qui le composent forment comme une certaine quantité de touches, qui ne constituent pas l'essentiel d'une machine, mais qui viennent aider au travail commun.

En dernière analyse, le principal but d'un sternum dans les mammifères et dans les oiseaux (comme d'employer ses lames intérieures à plastronner les organes les plus précieux, et sa surface extérieure à servir à l'attache des muscles pectoraux), ce premier but est nécessairement, dans les poissons, dévolu à un autre organe : et nous venons de reconnaître et de constater que tels étaient l'objet et la fonction essentielle des os de l'épaule.

Ainsi ces os nous ont apparu d'abord, comme des parties restreintes et dans un état plus ou moins rudimentaire; puis, nous les avons vus grandir successivement et devenir de plus en plus serviables : mais rien encore ne nous avait fait pressentir jusqu'où pourrait aller cette marche progressive. Aujourd'hui, que nous apercevons ces os parvenus au *maxi-*

mum de leur développement et de leurs fonctions, nous ne pouvons nous lasser d'admirer comment ils viennent, sous le caractère des premiers matériaux de l'organisation, s'intercaler et prendre place dans la cavité du thorax, et comment ils s'y arrangent pour y remplir des fonctions qu'un autre appareil, qui ailleurs en est chargé, semble leur délaisser!

Sous le rapport de ces nouvelles fonctions, les os de l'épaule doivent être considérés comme une autre sorte de sternum, tandis que les véritables os sternaux se bornent dans le voisinage au rôle d'assistans et de coopérateurs.

Ceci me ramène à un des résultats de mon dernier Mémoire, que j'ai présentés, *page* 386, en traitant des pleuréaux, c'est que la nature a conçu son plan de construction d'un animal vertébré sous un double point de vue: il lui a fallu en embrasser la composition, de façon que cet être idéal dût et pût s'accommoder également des deux milieux qui servent d'enveloppes à notre globe, et surtout il lui a fallu, pour rester aussi dans la simplicité de ses lois, que ces deux ordonnées du monde extérieur, lesquelles réclament impérieusement deux modes bien différens de respiration, pussent toutefois s'appliquer à un seul et même fond d'organisation : le moyen d'exécation choisi pour cela ; je l'ai déjà fait connaître, et l'histoire de nos sternums en fournit un autre exemple : *de doubles moyens ont été préparés pour une seule fonction.*

A l'animal qui vit exclusivement dans l'air, la nature a accordé une organisation assortie à ce mode de respiration, sans cependant y avoir supprimé les autres moyens correspondans, c'est-à-dire, sans l'avoir privé d'un second système, qui n'est applicable qu'au mode de respiration par l'intermède de l'eau, et *vice versâ* : mais ce n'est point, comme on le pense bien, à ne pas supprimer ces organes superflus que se borne l'action de la puissance créatrice ; il est en outre nécessaire qu'elle les retienne à l'état d'embryon, afin que, sous leur condition d'organes rudimentaires, ils ne puissent jamais apporter de trouble dans les fonctions de l'autre système ; ou bien, s'il y a moyen de s'en servir comme d'utiles auxiliaires, elle les laisse croître tout autant que les circonstances l'exigent, quelquefois jusqu'au point de les porter, par une suite de déviations du principal type, à un volume considérable.

C'est dans ce sens que nous pouvons dire qu'il y a deux sortes de sternum constituées ; l'un, sous ce nom, arrivant dans les plus parfaits des animaux, à son plus haut point de developpement et à toute la plénitude de ses fonctions, et l'autre, qui fait partie de la couche externe des os, restreint, rudimentaire et caché sous une autre apparence; lequel n'aurait été considéré dans ces mêmes animaux, qu'eu égard à son unique emploi, chez eux, comme support du membre antérieur. Au contraire, voyez sous quel autre aspect ce dernier sternum se présente dans les poissons, et de quelle manière il s'y relève de son état de subordination, et de sa condition comme organe rudimentaire (1), pour prendre le pas sur le pre-

---

(1) En voyant si souvent revenir le nom d'*organes rudimentaires* et l'explication qui s'y rapporte, on sera peut-être tenté de s'écrier, et de rejeter nos théories à leur sujet comme émanées de suppositions imaginaires. Cependant qu'on veuille bien réfléchir que la nature n'a pas d'autres ressources pour différencier toutes ses productions. L'atrophie d'un organe tourne au profit d'un autre: et, que cela ne puisse se passer autrement, la raison en est simple, c'est que chaque sorte de substance à distribuer pour un but spécial n'est pas infinie. Il en est de ces développemens relatifs dans les diverses classes, comme des cas pathologiques dans une même espèce : l'état misérable d'une partie de l'organisation tient au trop d'embonpoint d'un autre. Que d'explications, que d'idées physiologiques dans cette proposition! et combien je regrette que quelques observations sur des os ne me donnent point encore le droit de les présenter dans ce premier volume!

mier, et à son tour, imposer à celui-ci ses anciennes conditions d'existence.

Cette alternative de grandeur et de petitesse pour ces deux sternums, suivant qu'ils sont employés dans l'un ou dans l'autre mode de respiration, est une considération qui ne se manifeste que dans les animaux faisant partie des seules classes bien déterminées du groupe des vertébrés. Une exception à cette règle nous est naturellement fournie par la fausse classe des reptiles; par ces êtres si éminemment anomaux, qu'ils échappent à toutes les propositions générales dans lesquelles on voudrait sérieusement les embrasser. Les os de l'épaule acquièrent chez eux une importance extraordinaire : ils y deviennent tout-à-fait des os du sternum, pour en usurper presqu'entièrement les fonctions, comme dans les grenouilles; ou pour s'établir en concurrence, et presque sur le même pied que ces os eux-mêmes, comme dans les lézards. Nous ne reviendrons point sur les singularités de ce double appareil sternal : on doit se rappeler par quels motifs nous avons été dirigés, quand nous avons placé (§ IV. *page* 111), la détermination des *os de l'épaule chez les reptiles*, dans notre travail sur le sternum. Il nous suffit de remarquer ici que les deux appareils sternaux sont rangés en ligne dans ces animaux, et qu'opérant un mélange intime de leurs divers matériaux, il en résulte un sternum unique, homogène, et d'une ampleur proportionnée à la grandeur des sacs pulmonaires.

Une dernière observation qui me reste à faire sur ce sujet, c'est que la disposition en ligne et la fusion des appareils n'empêchent pas d'apercevoir les traces de leur superposition originelle: ils se joignent par suture écailleuse, et posent l'un sur l'autre, de façon que le sternum claviculaire anticipe sur le sternum thorachique et en recouvre l'extrême bord. Ceci, d'un grand intérêt théorique, se remarque plus particulièrement dans le lézard vert et le tupinambis, chez lesquels (*pl.* 2, *fig.* 20 *et* 23.) la clavicule furculaire *f* place sa longue queue par-dessus l'entosternal *o*, et s'étend fort avant.

§ V.

Des quatre degrés de développement dont tout organe est susceptible.

En continuant, comme précédemment, à ne nous occuper de faits de détail qu'autant qu'ils se rattachent à des propositions générales, nous n'aurions point à revenir sur la clavicule coracoïde. Pièce ornithologique dans ce sens, que c'est seulement chez les oiseaux qu'elle parvient à son *maximum* de développement, et à toute la capacité comme fonction dont elle est susceptible, elle ne saurait nous intéresser ailleurs qu'à raison de la diversité de ses formes : et l'on sait que les observations dont celles-ci peuvent devenir l'objet, sont plutôt de la compétence des études zoologiques que de celle d'un Traité d'anatomie générale.

Cette considération cependant ne m'arrêtera pas. Je n'ai présenté ma théorie des analogues que sous un seul rapport, quand j'ai fait voir que les mêmes organes, selon qu'on les considère dans les degrés les plus différens de l'échelle des êtres, sont susceptibles d'une double combinaison, étant alternativement développés à l'excès, ou bien retenus à l'état d'embryon; dans la plénitude de leurs fonctions, ou dans l'inactivité la plus complète. Il me reste à montrer à quelles révolutions est exposé le même organe dans une situation intermédiaire, qui, sans être réduit au degré d'atténuation que j'ai jusqu'à ce moment qualifié par le nom de *rudimentaire*, a cependant cessé de faire partie de la classe des organes *accomplis* ou *normaux*; car telle est aussi la dénomination sous laquelle je compte dorénavant rappeler le haut degré de composition de tout organe, qui, dans les principales subdivisions des vertébrés, conserve un caractère fixe et invariable, et qu'on peut regarder comme *totalement achevé*, sous ce rapport que, sans son utile intervention, on ne saurait concevoir une organisation classique et fondamentale.

En effet, si un organe ne fait plus partie des premiers matériaux de l'organisation, ce n'est pas toujours pour ne figurer que comme vestiges et pour demeurer dans une nullité absolue : car de ce qu'il ne concourt plus d'une manière essentielle à la formation d'un riche appareil, il ne suit pas que ses débris soient entièrement et nécessairement exclus de cette composition. Mais voici alors les conséquences inévitables d'un pareil arrangement. Ce n'est qu'à un organe sans grandeur, sans énergie et sans but déterminé, qu'on peut appliquer qu'il n'existe plus par lui-même, et qu'il n'est susceptible d'aucune influence. Cette influence que dans une semblable position il ne saurait conserver, il la lui faut au contraire souffrir des organes qui l'entourent : ceux-ci agissent et pèsent sur lui ; et il devient en effet leur subordonné, dans ce sens qu'il est plus ou moins produit ou plus ou moins restreint, suivant que ces organes eux-mêmes ont rencontré plus ou moins d'obstacles dans leur développement. Et dans le vrai, devenu la proie de quelques voisins, grandissant au moyen de ce qui aurait servi à l'alimenter dans le cas d'une plus juste répartition du fluide nourricier, comment alors un organe rudimentaire pourrait-il rendre quelques services? c'est tout au plus si, de loin et par le plus faible témoignage d'influence, il peut encore se montrer fidèle au devoir de la *fonction générale*.

Mais s'il arrive au contraire à un organe de rester en-deçà de son développement possible, sans cependant descendre jusqu'à cet état d'amoindrissement que nous exprimons par le nom de rudimentaire, nous passons à un autre ordre de considérations. Un organe, dans cette nouvelle situation, ne saurait intervenir parmi d'autres, que sa présence ne soit là d'un effet quelconque. N'oublions pas qu'il n'appartient plus à ce haut degré de composition que nous avons proposé de désigner par le nom d'organes normaux, et qu'il a perdu son caractère d'invariabilité, en cessant d'être une pièce de première utilité. Notre supposition d'un demi-développement le place dans une position à ressentir d'une part l'influence des organes qui l'avoisinent, et de l'autre à exercer à l'égard de ceux-ci une sorte de réaction. Dans quelle proportion alors, et quelles en sont les conséquences ? telles sont autant de questions à examiner.

N'y ayant plus rien qui assujettisse cet organe, le degré de son développement dépend de ce qui se passe auprès de lui : si tout son entourage est dans une tenue habituelle, il reste petit et végète dans un état peu éloigné de celui d'un organe rudimentaire ; mais si au contraire les organes de son voisinage, dominés par des influences étrangères, sont eux-mêmes frappés d'amaigrissement, ces circonstances sont pour lui une bonne fortune qu'il met à profit : le fluide nourricier, qui, dans cette région, n'a guères plus que les canaux de cet organe pour issue, s'y répand presqu'exclusivement, le développe, et le porte bientôt à un volume qui dépasse quelquefois de beaucoup les limites qui lui sont prescrites, quand il est dans une fonction fixe et invariable ; à l'égard d'une *classe ;* dans sa fonction *normale*.

C'est arrivé à ce point, qu'il devient trés-intéressant de considérer un tel organe dans la même classe d'animaux : on peut d'avance être assuré que c'est lui qui y donnera le caractère distinctif de chaque genre, parce que du moment où il a passé les limites de son développement normal, il a changé de rôle, et que de dominé qu'il était, alors qu'il restait en-deçà de ce développement, il devient dominateur à son tour, et place à son égard tous les organes de son entourage dans le cas de la subordination. Ainsi les phalanges de la main chez les chauve-souris, ayant dépassé, de la manière la plus extraordinaire, les limites de l'état normal de ces parties chez les autres Onguiculés, exercent l'influence la plus marquée, une influence proportionnée sur toute l'économie de ces mammifères ailés. C'est en s'appuyant sur les principes de cette théorie, que la zoologie donnera un jour à ses lois de la subordination des caractères, toute la précision et la rigueur qu'elles n'ont point encore obtenues jusqu'à ce jour.

Telles sont les nouvelles considérations qui se rattachent à l'histoire des organes rudimentaires; tel est le nouveau point de vue sur lequel j'ai cru nécessaire d'appeler l'attention des physiologistes. Cette nouvelle modification des organes, cette troisième manière d'être, je la connaîtrai dorénavant sous le nom d'*organes* [illegible], *dominés ou dominateurs*, selon que, [illegible] jeu d'anomalies, ces organes se tien[illegible] en-deçà, ou se porteront au-delà de leur type comme développement normal.

J'ai déjà effleuré cette question, quand, *p.* 34, j'y ai rappelé la diversité des formes de la queue chez les mammifères, et que j'y ai fait voir à combien de fonctions différentes pouvait être appliqué cet appendice du coccix, qu'à ce moment je ne pouvais encore qualifier que par l'expression d'organe rudimentaire. J'ai attendu, pour traiter cette question à fond, que j'eusse donné une idée plus étendue de ma théorie des analogues, et que j'y fusse engagé par une occasion favorable. Je n'en pouvais trouver une plus convenable, qu'en faisant connaître les révolutions sans nombre et les usages variés de la clavicule coracoïde chez les poissons.

§. VI.

Des divers usages de la clavicule coracoïde chez les poissons.

Je suis porté à croire que cette clavicule est dans tous les poissons osseux : cependant je n'en ai apperçu aucune trace dans la plupart des Jugulaires, dans quelques Thorachiques et dans les Apodes. Les espèces que j'ai trouvées dans ce cas sont tous les *Blennius*, l'*Uranoscopus scaber*, le *Cepola tænia*, l'*Echeneis remora*, les *Gasterosteus*, le *Gobius niger*, le *Mullus barbatus*, l'*Anarrichas lupus*, et les *Muræna*. Je rapporte ces observations, d'après les squelettes de la collection du Jardin du Roi, en ajoutant qu'il se pourrait que la clavicule coracoïde, réduite souvent à n'être qu'un filet grèle, eût été enlevé par mégarde lors de la préparation de ces pièces. Cette clavicule n'est le plus souvent qu'une épine à tête large et déprimée : elle s'éloigne bien peu de cette forme dans les Chétodons, les Pleuronectes, les Scorpènes, les Holocentres, quelques Labres, quelques Esoces, les Gades, les Cyprins, les Clupées, les Mormyres et les Saumons; mais tantôt elle montre plus de largeur et se voit sous l'apparence d'un tranchant, comme dans le *lutjanus labriformis* et le *labrus niloticus*: d'autrefois elle ressemble à un fer de lance, tel que dans le *lutjanus polymne* et le *centriscus scolopax*; ou bien elle est surmontée d'une tête extrêmement large et échancrée sur ses bords, ce qui est le cas de la plupart des Perches; ou enfin, comme dans le *labrus cyanopterus*, cette tête est inclinée de côté sous un angle qu'elle forme avec le corps de la pièce.

Dans la plupart de ces poissons, la clavicule coracoïde est placée en avant des côtes : elle leur est parallèle, et a pour principal usage de concourir à les mettre en mouvement; ce mécanisme s'exécute, ainsi que je me suis attaché à le constater dans les Cyprins, au moyen des muscles pectoraux qui s'étendent de la clavicule furculaire à la coracoïde (*Voyez pl.* 8, *fig.* 86, *lettres p p.*). Un autre muscle part de cette dernière, et va s'implanter sur tout le bord de la première côte. Si ces muscles se contractent, ils entraînent du côté du thorax, non-seulement la clavicule coracoïde et la première côte, mais en outre toutes les côtes à la fois, attendu qu'elles sont liées les unes aux autres par une aponévrose.

L'effet général qui en résulte est de ramener dans une direction perpendiculaire à la colonne épinière, toutes les côtes naturellement un peu inclinées en arrière, d'augmenter par-là la capacité de l'abdomen, de permettre à l'air contenu dans la vessie natatoire de se dilater, et de procurer, en dernière analyse, aux poissons une plus grande légéreté spécifique.

La restitution des muscles des os coracoïdes et la contraction des muscles dorsaux qui ramènent les côtes à leur inclinaison habituelle, sont les moyens dont se servent les poissons pour reprendre leur première pesanteur : à quoi, s'ils veulent descendre à pic au fond des eaux, ils ajoutent la contraction des muscles de l'abdomen; d'où résulte une compression de tous les viscères, une forte condensation de l'air contenu tant dans la vessie natatoire que dans l'estomac et les intestins, et en général une diminution de volume qui les rend plus lourds que le volume d'eau qu'ils déplacent.

Cette manière, qui m'est propre, d'expliquer l'influence de la vessie natatoire sur le balancement que le corps des poissons éprouve dans l'eau, indépendamment des organes du mouvement, ne pouvait être appréciée, tant que l'os coracoïde et ses muscles restaient à connaître.

Il ne remplit pas toujours une fonction aussi déterminée : ainsi il est à peu près sans usage dans le Brochet, où je l'ai trouvé sous la forme d'une épine très-déliée. Les muscles abdominaux de ce poisson ne s'arrêtent point à l'os coracoïde comme dans la carpe, mais se prolongent jusqu'à la clavicule furculaire. L'os coracoïde n'est plus alors engagé dans leur masse; il est posé sur leur couche extérieure, où du tissu cellulaire l'attache en travers des fibres musculaires, de façon qu'il oscille sur son axe, selon que ces fibres s'allongent ou se raccourcissent.

Je n'en ai point examiné les relations dans les autres espèces dont j'ai parlé ci-dessus, et dans lesquelles j'ai remarqué qu'il s'éloignait de la forme d'une épine.

Son utilité se prononce davantage dans les Muges; cet os y donne appui aux os des nageoires ventrales. On ne connaissait jusqu'ici que trois manières d'être relativement à la situation de ces nageoires : ou elles sont appuyées sur la clavicule furculaire et l'épisternal, comme dans les Jugulaires; ou elles sont articulées avec cette seule clavicule, ce qui est le propre des Thorachiques; ou bien enfin, comme dans les abdominaux, elles restent suspendues dans les chairs. Leur insertion chez les Muges forme une quatrième combinaison qui était inconnue.

La clavicule coracoïde rend un semblable service dans quelques espèces de Chétodons, avec cette différence qu'au lieu d'être attachée par son extrémité à la tête des os des nageoires ventrales, comme dans l'exemple précédent, elle s'unit à ces os très-près du point où s'y attachent les nageoires.

Ses usages et sa forme varient dans le grand genre des *lophies*; elle concourt dans la Baudroie à ouvrir les ouïes, et dans les autres *lophies*, à les fermer. Si l'on réfléchit à la position obligée des clavicules coracoïdes, on sera sans doute surpris de les voir figurer au nombre des pièces de l'ouverture branchiale; car la clavicule furculaire, qui les sépare partout ailleurs, semble opposer un obstacle insurmontable à leur rencontre. Mais une anomalie véritablement très-remarquable opère cette réunion dans la Baudroie et les met dans la dépendance les unes des autres. La membrane branchiostège n'est plus seulement un rideau qui s'étend sur le bandeau en ceinture pour former la cavité pectorale; elle se prolonge beaucoup au-delà, accompagne tout le bras, qui est lui-même d'une longueur considérable, se porte avec lui du côté de la queue et longe dans sa route la région où se trouve l'os coracoïde.

Je ne me fus pas plutôt rendu compte de cet arrangement, que je ne doutai plus que l'os coracoïde, qui n'a pas de fonction constante et dont j'avais déjà reconnu la tendance à s'accommoder de tous les changemens qui surviennent dans l'organisation, ne fût entré en connexion avec cette membrane et ne se fût lié d'usage avec elle. Sa forme (*Voy. pl.* 9, *fig.* 104.) est celle d'un filet long, très-grêle, un peu raboteux et du même diamètre à peu près dans toute sa longueur. Je l'examinai en situation dans une baudroie fraiche : quelle fut ma surprise! quand j'eus remarqué qu'il faisait partie de l'un des plus singuliers instrumens de pêche qu'il soit donné de trouver dans les poissons.

Les noms vulgaires de grenouille pêcheuse, de martin pêcheur et de raie pêcheresse qu'on a donnés à la baudroie, me persuadent qu'on n'a pas toujours été dans l'ignorance de ses moyens de pêche. Les naturalistes ont expliqué ces dénominations, en faisant remarquer que la baudroie, qui est attentive à se cacher dans des touffes de plantes marines, a l'instinct de faire surnager en dehors les trois filets qu'elle a sur la tête et de les agiter en différens sens, de manière à faire croire à un passage continuel de vers : de là on a dit qu'elle prenait les poissons au filet. Les prendrait-elle aussi à la passe ou à l'épervier?

La membrane branchiostège n'est pas seule parvenue à une dimension extraordinaire : les six rayons qui la soutiennent sont aussi dans le même cas; et c'est ce qui ne pouvait manquer d'arriver, puisqu'ils n'existent qu'à son sujet, et lui sont en tout subordonnés. L'accroissement considérable de ces rayons fait qu'ils ne peuvent plus remplir leurs fonctions habituelles; il y est alors suppléé par un mécanisme équivalent. L'opercule, pièce qu'on avait jusqu'ici méconnue dans les *lophius*, et qui ne manque dans aucun poisson osseux, recouvre avec une partie de sa face inférieure le large bord de la clavicule; de manière que l'eau pressée dans la cavité des branchies éprouve, pour en sortir, la même résistance qu'entre les rayons branchiostèges, lorsqu'ils sont employés dans les autres poissons à clorre l'ouverture des ouïes.

Pour comprendre ce que vont, au-delà, devenir les rayons branchiostèges, je ramène mon attention sur leur associé, l'os coracoïde, et je remarque qu'il est comme modelé sur leur forme, qu'il leur est parallèle, et qu'il se termine où ils finissent eux-mêmes; il n'a cependant que moitié de leur longueur, parce qu'il naît de la clavicule furculaire, et que les rayons branchiostèges viennent de plus haut.

Je suis entré dans ces détails, parce qu'ils [illegible]ont paru nécessaires à l'explication des usages [illegible] coracoïde : il porte la membrane bran[illegible]ège du côté du dos et la soutient avant qu'elle vienne se confondre avec les tégumens communs. Ses muscles sont disposés de manière à l'écarter de même côté, tandis que ceux de la membrane branchiostège déploient les rayons des ouïes et les éloigne en sens contraire.

Quand ces muscles agissent simultanément, ils tendent de toute part la membrane branchiostège; ils en ouvrent la bouche extérieure ou l'ouverture branchiale; ils la font enfin apparaître sous la forme d'une bourse ou d'un grand sac, dont la profondeur égale presque la longueur de l'abdomen. Que l'animal se serve de ces sacs ou de ces espèces de nasses cachées

30

sous ses bras pour prendre du poisson, je n'en saurais douter d'après une observation que j'ai faite sur une petite Baudroie : j'ai retiré de son grand sac branchial une sole qui y était entrée par la tête, et qui y avait été évidemment engloutie du vivant de la baudroie, et j'ai su depuis que cette circonstance n'était point ignorée des pêcheurs.

Les rayons branchiostèges remplissent aussi à l'égard de ce singulier instrument de pêche, l'office de cerceaux dont les nasses se composent. La baudroie ferme à volonté cette espèce d'épervier, au moyen de son bras qu'il lui suffit pour cela de rapprocher du corps. Ce mouvement entraîne les rayons, plie et resserre la membrane branchiostège et étend en quelque sorte autour du poisson qui a donné dans le piège, une enveloppe qui lui ôte tout moyen de se mouvoir : il est alors à la discrétion de la baudroie qui ne manque pas de le frapper rudement avec son bras, et qui sans doute ne le laisse échapper qu'après l'avoir étourdi, fatigué et mis hors d'état de fuir ; c'est vraisemblablement l'instant que la baudroie choisit pour l'engloutir dans son énorme gueule.

Je reviens à l'os coracoïde : il est plat et de la forme d'un fer de lance dans les *lophius ves-*

pertilio, *l. piscatorius*, *etc.*; c'est dans ces lophies qu'il sert à fermer l'ouverture branchiale. Voici comment. La membrane branchiostège s'y prolonge autant que dans la baudroie, mais sans y être accompagnée de ses rayons. L'ouverture branchiale est à peu près située à la même distance, et l'est par conséquent au point où se termine l'os coracoïde : elle est fort étroite, bordée par une peau flasque que la pression du liquide ambiant applique déjà sur l'entrée, à la manière d'une soupape, et se trouve de plus garnie dans son pourtour de fibres musculaires qui s'insèrent sur notre clavicule. Ces fibres, disposées comme pour un sphincter, diminuent au gré de l'animal le diamètre de cette ouverture.

Dans les autres poissons, dits *branchiostèges*, qui de même que les *lophius*, sont pour la plupart privés de côtes vertébrales, la clavicule coracoïde devient une pièce d'un très-grand intérêt. Nous avons vu plus haut qu'elle s'était comme glissée parmi les côtes, qu'elle en formait la première pièce et qu'elle était enfin et entièrement assujétie à leur service : cependant elle ne disparaît pas avec elles; au contraire, elle grandit au fur et à mesure qu'elles diminuent. D'insignifiante qu'elle était chez le brochet, et du caractère *d'organe dominé* dans les principaux groupes, elle passe à l'état d'*organe dominateur*, du moment qu'elle est chargée et de son rôle et de celui des côtes absentes : forte et robuste, son volume excède de beaucoup les dimensions de son état normal.

Je suis encore tout occupé de l'étonnement qu'elle me procura, quand, sur les bords du Nil, j'en examinai pour la première fois la taille gigantesque sur un Tétrodon (*Voy. pl.* 9, *fig.* 106), et que j'eus compris que c'était sur cette circonstance que reposaient, presqu'en totalité, tant d'anomalies accumulées dans le même être; et je ne puis aussi songer sans quelque plaisir, que ce fut le désir d'apprécier la forme de cette pièce et de connaître ses relations générales dans l'ensemble de l'organisation, qui m'entraîna dans les recherches dont je publie aujourd'hui les résultats.

J'ai donné dans l'ouvrage sur l'Egypte, *article* TÉTRODON, les renseignemens les plus étendus sur tout ce qui intéresse la clavicule coracoïde : j'y ai fait voir comment toutes deux s'étendent tout le long des deux branches de la vessie natatoire; comment elles sont dévouées aux muscles abdominaux qui s'y attachent, et comment, entraînées par l'action musculaire à se porter l'une vers l'autre et rapprochées à leur extrémité libre, elles poussent la vessie natatoire vers le col de l'œsophage. Tout dans les Tétrodons est en effet dans un ordre renversé : ainsi c'est l'estomac qui fait fonction de vessie natatoire, dans ce sens qu'il est un réservoir d'air. Il se porte à un tel développement et se gonfle à un tel point, que toutes les autres parties du poisson disparaissent sous le volume énorme qu'il prend alors. Le Tétrodon n'est plus qu'un sphéroïde qui cesse de participer aux mouvemens volontaires des animaux, qui obéit comme toute masse inorganisée aux seules lois de la gravitation, que le poids de la colonne vertébrale renverse sur le dos, et qui reste flottant sur l'eau, comme serait une vessie qu'on y aurait abandonnée.

Dans le Poisson-Lune, autrefois confondu avec les Tétrodons, et dont M. Cuvier a fait son genre Mole, la clavicule coracoïde passe à un autre service. Cette espèce est privée précisément de l'organe dont la nature s'est montrée tellement prodigue envers les poissons, qu'elle en a porté les dimensions au plus haut point et en fait le principal instrument du mouvement progressif, c'est-à-dire, de la queue et même de toute vertèbre coccygienne. Borné aux seules nageoires de la poitrine, du dos et de l'anus, il a fallu qu'il les trouvât plus fermement consolidées, afin d'être en mesure de les employer avec plus d'énergie que ne le font ordinairement les poissons. C'est ce qui ne pouvait arriver à l'égard du membre pectoral qui est, partout ailleurs, couché le long de la clavicule et attaché seulement par un des bords de la lame dont il est formé : une telle nageoire dans une position aussi vacillante, et n'ayant pour soutien que les os les plus minces et les plus flexibles, aurait cédé sous l'effort que la résistance de l'eau lui eût opposé, si elle n'eût été bridée et retenue à son bord cubital. Et qui intervient là pour lui offrir son secours? l'os coracoïde; il est conformé comme un hameçon, présentant à son extrémité libre un crochet, dans le milieu duquel un des angles de la nageoire s'insère et trouve une assiette solide.

Dans les balistes, autre genre de l'ordre des *branchiostèges*, les deux clavicules coracoïdes se réunissent à la seule pièce qui tient lieu des os des nageoires ventrales, pour former la charpente osseuse de la cavité abdominale. Selon que les muscles, répandus de la base de la nageoire anale aux os en ceinture, se contractent ou cessent de le faire, les os coracoïdes pressent les viscères abdominaux ou s'en écartent.

J'engage à suivre ces pièces dans tous les

autres *branchiostèges*; il n'y a pas un genre de cet ordre où elles ne présentent une configuration extraordinaire. Toutefois ce n'est pas uniquement dans ce groupe d'espèces anomales que se trouvent les plus grandes singularités : les poissons *thorachiques* et *abdominaux* en offrent aussi des exemples très-remarquables.

Ainsi dans le nouveau genre *Sidjan*, composé du *scarus siganus* de Forskaël et d'une nouvelle espèce que j'ai trouvée dans la Mer Rouge, les os coracoïdes sont dans un état de si grande anomalie, qu'on a en quelque sorte besoin d'en certifier la détermination en les montrant dans le squelette; je les ai figurés *pl.* 9, *n*°. 108. Aussi longs que l'abdomen et beaucoup plus épais, plus forts et plus robustes que dans aucun autre poisson thorachique, ils descendent du bras en se courbant en arc, et vont s'appuyer sur la pièce qui soutient la nageoire anale. Les *sidjans* sont des poissons orbiculaires très-comprimés latéralement, d'une mollesse de chair extraordinaire, et qui n'ont les viscères et les muscles abdominaux soutenus ni par les côtes beaucoup trop courtes, ni par la peau qui est mince, ni par les écailles si petites qu'on les distingue à peine. Mais ces imperfections sont compatibles, j'oserais dire, sont rachetées par une ceinture de pièces osseuses qui bordent tout le pourtour des *sidjans*, et sur lesquelles sont appuyées et comme bandées toutes les parties molles. On conçoit alors de quel avantage est dans ce système l'extrême longueur des clavicules coracoïdes : elles complètent cette sorte d'encadrement vers l'arête abdominale. Il y a en effet dans le pourtour des *sidjans* une telle tendance à l'ossification, que non seulement la plus grande partie des nombreux rayons de la nageoire du dos et de celle de l'anus sont osseux, mais que de plus les deux rayons extrêmes des nageoires ventrales sont dans le même cas ; combinaison aussi nouvelle que singulière.

Le *centriscus scolopax* (*pl.* 9, *fig.* 107), présente un système d'encadrement analogue, à l'exception que la portion du cadre qui borde l'arête abdominale est fournie par deux pièces osseuses, autres que les os coracoïdes : la première, qui forme un peu plus de moitié de la longueur de l'abdomen, est analogue à la pièce unique qui remplace dans les balistes les os des nageoires ventrales, et la seconde, en partie cartilagineuse, paraît provenir des os qui soutiennent les rayons de la nageoire anale. Au moyen de cet arrangement, l'usage des coracoïdes, qui se réunissent à l'extrémité de la première pièce de l'arête abdominale, se borne à tenir lieu des côtes qui manquent et à flanquer les viscères; à quoi contribuent pareillement les humérus, qui se portent et se joignent ensemble vers le milieu de cette même pièce.

Une autre combinaison produit une disposition pareille dans le *Zeus vomer*, *pl.* 9, *fig.* 105. Cette espèce a ses côtes vertébrales prolongées au point de se rencontrer et de s'unir à l'arête de l'abdomen; il faut s'attendre que de compagnie les coracoïdes se gouverneront de même : et en effet, ces clavicules reparaissent dans le *vomer* sous le même aspect, et pour y être appliquées au même genre de services que les côtes. Les humérus et les clavicules furculaires sont dans le même cas, et nous avons déjà remarqué (*page* 444) que toutes ces pièces, placées à des distances à peu près égales et dans un parallélisme parfait, reproduisaient une sorte de coffre thorachique.

C'est encore un tout autre arrangement dans le poisson Saint Pierre : ses côtes sont extrêmement petites, et nous avons vu plus haut que le développement des clavicules coracoïdes est en raison inverse. Ces os dans le poisson Saint Pierre ont en effet acquis une dimension extraordinaire : ils servent d'appui non-seulement aux muscles abdominaux, mais à la peau elle-même ; aussi sont-ils quadrangulaires. Les tégumens communs adhèrent en effet si fortement à leur face externe, qu'on aperçoit en dehors le relief de ces os, n'offrant pas cependant assez de saillie pour qu'on ait été autorisé à les figurer comme pièces de l'extérieur de ce poisson, ainsi que le montrent les planches 41 de l'Ichtyologie de Bloch et 39 de l'Encyclopédie méthodique. Les faces antérieure et postérieure de ces clavicules sont creusées en gouttière et raboteuses ; circonstances très-favorables aux attaches des muscles qui s'y insèrent.

Je pourrais multiplier ces exemples presqu'à l'infini ; mais il ne convient pas que je me laisse entraîner et que je me perde en détails zoologiques.

Cependant je ne puis me dispenser de rendre compte d'une dernière déviation des os coracoïdes, la plus concluante pour notre théorie : elle nous est fournie par les Silures épineux.

On peut dire qu'ici les anomalies renchérissent

les unes sur les autres. Les coracoïdes (1), partout ailleurs enveloppés sous les tégumens communs et qui, dans toutes leurs variations, étaient du moins restés fidèles à leurs liaisons avec les muscles du thorax et de l'abdomen, nous apparaissent subitement affranchis de toute entrave : ils échappent en quelque sorte hors les tégumens, pour se transformer dans ces Silures en une puissante armure, qui inspire à ces animaux la plus entière confiance dans leurs

---

(1) Il est difficile de s'arrêter sur une conformation qui excite davantage l'intérêt que ne le doit faire l'appareil claviculaire des Silures : aussi j'y ai consacré les figures, pl. 9, numérotées 99, 100, 101, et 102. Le n°. 99 est copié d'après une nouvelle espèce très-voisine du *doras caréné* de Lacépède (*silurus carinatus.* Lin. Gm.); 100 et 101, d'après un silure du Nil qui y est appelé *aboussari*, ou *père du mât*, et le n°. 102, d'après une autre espèce aussi nouvelle, du même fleuve et du même sous-genre, *pimelodus*, nommée *carafch* sur les lieux, et que j'ai fait connaître sous le nom spécifique de *biscutatus*.

Je me sers du n°. 102 pour montrer le côté externe du plastron claviculaire des silures; du n°. 100, pour en montrer le côté interne, où se voit une cavité tapissée de muscles et remplie aussi en partie par le cœur; du n°. 101, pour faire remarquer ce que devient l'omoplate au milieu de tous ces developpemens extraordinaires; et enfin du n°. 99, pour qu'on puisse concevoir comment les muscles des coracoïdes, sans toutefois lâcher prise, permettent

moyens et jusqu'à l'audace de provoquer l Crocodile. Dans le Nil, où ces animaux son souvent en présence, c'est le Crocodile qui fui devant les Silures; observation faite avant nou par les Anciens, et que nous avons trouvée consignée dans Strabon.

On a jusqu'ici parlé de cette armure sous l nom d'épine, de rayon épineux ou de premie rayon de la nageoire pectorale : on l'a pris pour un rayon, c'est-à-dire, pour un osselet d la main, parce qu'elle accompagne la nageoire, qu'elle lui fournit même un point d'appui e qu'elle en règle les mouvemens. M. le comte de Lacepède (*Poiss. tome* 5, *page* 65) a le premier fait connaître sa singulière articulation, et l'obligation où elle est de tourner d'abord sur son axe avant de se fléchir ou de s'abaisser.

Dans une détermination de cette pièce que j'avais présentée il y a plusieurs années (*Annales du Mus. tome* 9, *page* 427), mais à laquelle personne, je crois, n'a donné d'attention, faute d'avoir pressenti toute l'importance d'une pareille discussion pour la physiologie; dans cette détermination, dis-je, je prouvais que l'épine

---

cependant à ces os de quitter leur position ordinaire et de s'écarter afin d'aller en dehors servir de tuteurs aux nageoires pectorales.

des Silures est vraiment analogue à la clavicule coracoïde, en rendant compte de tous les os du bras, en montrant qu'elle a son extrémité articulaire enchâssée dans la clavicule furculaire, en insistant sur certains muscles distincts de ceux de la nageoire qui la meuvent, et en établissant qu'il n'y a dans le voisinage aucune saillie ou apophyse qu'on puisse lui attribuer. J'avais surtout compté, comme en devant donner une preuve sans réplique, sur cette circonstance, que les Silures sans épines nous montrent sous les tégumens les os coracoïdes : les ayant cherchés dans le *silurus electricus* qu'on sait dans ce cas là, je les y avais trouvés en effet ; ces pièces y sont petites, grêles et soudées vers les deux bouts.

Une armure aussi puissante, qui, pour être contrebalancée dans les Silures où elle manque, exige un appareil non moins extraordinaire, toute une batterie électrique ; une protection aussi efficace procurée d'une manière si inattendue à la nageoire pectorale, forment le fait d'ostéologie le plus curieux que je connaisse, s'il est bien prouvé que ce dard acéré à sa pointe, rendu plus meurtrier par des hachures nombreuses sur ses bords, et qui prend rang et se confond comme un congénère et comme un frère, pour ainsi dire, avec les rayons de la nageoire, provient véritablement d'une pièce de l'intérieur de l'animal, d'une partie de son squelette, et est bien réellement l'analogue de la clavicule coracoïde.

Pour donner la démonstration d'un fait d'une si haute conséquence, j'use de ressources que je m'étais jusqu'à présent interdites. J'ai réservé pour un autre ouvrage et je remets toujours à m'y occuper des muscles sous le point de vue de leur détermination : j'évite ainsi de mêler de nouveaux inconnus à ceux des problêmes résolus dans ce premier volume. Toutefois j'ai inséré dans mes planches d'ostéologie deux figures présentant l'aspect de la première couche musculaire de l'appareil respiratoire ; savoir, dans la Carpe, *pl.* 8, *n°.* 86 (1), et dans le Silure, *pl.* 9, *n°.* 99.

Tous ces muscles sont incontestablement analogues dans les deux espèces que nous comparons : plus longs dans la Carpe, plus courts et beaucoup plus larges dans le Silure, ils ne diffèrent pas autrement ; connexions, attaches, usa-

(1) J'invite à consulter aussi la figure, n°. 86, en lisant le dernier paragraphe de la page 95 : j'y ai indiqué, un peu fort peut-être, la ligne qui sépare le mylo-hyoïdien, lettre *g*, du sterno-hyoïdien, indiquée par l'autre lettre *b*.

ges, relations, tout est pareillement et invariablement maintenu.

Le muscle, *p*, est proprement le muscle de l'os coracoïde; il s'attache dans la carpe à l'extrémité de cette clavicule, et à sa naissance dans le silure, où cette circonstance n'est représentée que du côté droit. On a brisé, *fig.* 99, une portion de l'autre clavicule, *f*, pour que sans déplacement, on pût apercevoir toute la tête articulaire de l'os coracoïde. Le côté gauche, même figure, montre les mêmes parties sans fracture et sans qu'il ait été fait de sacrifices : ainsi on y a conservé et on y voit deux des muscles de l'humérus, *m*, *u*, qui meuvent la nageoire. L'origine bien distincte de ces muscles se juge mieux dans la carpe, où il n'y a pas fusion de l'os coracoïde et des rayons de la nageoire : le côté droit (*Voy. n*°. 86) montre le large muscle, *u*, qui recouvre celui marqué, *m*, et qui se voit un peu de côté. A la gauche, on a amputé le premier à l'exception d'une petite portion en avant, pour laisser voir le second en entier. Sous l'indication *v* et *r*. sont d'autres muscles de la nageoire; mais il n'est pas présentement de mon sujet de dire ce qu'ils sont et à quoi ils correspondent dans l'organisation.

Il me suffit d'avoir établi que le muscle, *p*,

n'abandonne pas, dans son déplacement irrégulier, la clavicule coracoïde, et d'appliquer cette circonstance à la démonstration que *l'épine latérale des silures est très-certainement cette même pièce.*

Ces épines se gouvernent sous un rapport à la manière des bois des cerfs : elles croissent en entraînant avec elles, pour leur servir d'enveloppe, une portion du derme qui s'amincit, puis se déchire et se détruit à la fin; mais sous un autre rapport, elles n'en éprouvent pas la caducité, et peuvent impunément rester à nu, sans encourir l'exfoliation qui amène la chute des bois de cerf.

Ce serait encore le cas d'insister ici sur l'accord qui règne entre l'armure du silure et les boucliers de sa tête, et de montrer jusqu'à quel degré s'exerce sur tous les organes de son voisinage la domination de la clavicule coracoïde.

Mais j'ai hâte d'arriver à la fin de cette entreprise, et je le fais par le résumé suivant.

Corollaires.

1. Les os de l'épaule, ainsi nommés de l'idée qu'on s'en est faite au point de départ des études anatomiques, ne répondent réellement à ce nom que dans le *minimum* de leur développement : car, parvenus chez les poissons à un très-haut degré d'accroissement et, de plus, y mettant à profit leur transformation et de nouvelles relations, ils constituent un riche appareil, et deviennent ainsi des matériaux absolument indispensables de l'être ichtyologique, et par conséquent des pièces de premier rang.

2. Mariés avec le crâne, et parce qu'ils s'en sont rapprochés, et parce que celui-ci a comme envoyé à leur rencontre quelques osselets supplémentaires, logés au fond du conduit auditif, ils deviennent une quille d'édifice très-solide. En effet, entrelacés avec les pièces postérieures de la tête, ils posent et se fixent sur les plus élevées, *les occipitaux*, quand ils portent et maintiennent les latérales, *les os operculaires*.

3. Dans cette amalgame inattendue, les os de l'épaule concourent aussi efficacement à l'accomplissement de l'œuvre ichtyologique, par ce qu'ils

font que par ce qu'ils souffrent; dans le premier cas, en étendant un plastron tutélaire tant au dessus du cœur qu'en arrière des branchies; et dans le second, en tenant lieu d'un chambranle sur lequel l'opercule exécute des battemens réguliers, d'où dépendent l'inspiration et l'expiration.

4. Arcs-boutans et diaphragme pour les deux grandes cavités du tronc (celle de la poitrine en avant et celle de l'abdomen en arrière), ils s'emparent des principales fonctions du sternum des animaux à respiration aérienne : de là le nom de sternum claviculaire sous lequel nous les avons désignés.

5. Élevés chez les poissons à des fonctions d'un haut intérêt physiologique, les os de l'épaule n'y restent pas moins fidèles au devoir de la fonction générale; laquelle ici consiste à servir de principal support au rameau, libre en dehors, dont se compose le membre antérieur.

6. Pièces de respiration, quand la tête est directement articulée avec le tronc, ces os dans le cas contraire, alors établis sur une bien plus petite échelle, subissent toutes les rigueurs des conditions rudimentaires : réduits à la seule

fonction des organes dans le *minimum* de leur développement, ils sont employés comme le serait un anneau intermédiaire qui aurait pour objet de suspendre le membre antérieur au tronc.

7. Dans quelques reptiles, les os de l'épaule se combinent avec ceux du sternum : disposés sur le même plan et bout à bout sur la même ligne, ils se confondent ensemble pour ne plus former qu'une seule table, un sternum unique, pouvant alors suffire, par une étendue proportionnelle, à la capacité des sacs pulmonaires.

8. Ils perdent au contraire dans les oiseaux tout caractère sternal, pour s'en tenir exclusivement à celui qu'ils tiennent de leur coopération comme os du bras, et de lenr influence sur le mouvement progressif. D'une forme décidée et dans un développement normal, cette souche du rameau antérieur ne pouvait préparer à l'origine, ni présenter des conditions plus favorables au vol.

9. Ces os, tendant à plus de simplicité dans les mammifères, n'y apparaissent plus que comme la racine des organes du mouvement auxquels ils s'appliquent : on dirait qu'ils n'exigent plus

qu'une surface assez grande pour multiplier leur point de contact avec le tronc; ils se réduisent le plus souvent à une omoplate unique, mais qui est toujours remarquable par une très-large base.

10. On voit que, les uns à l'égard des autres, ils changent de rôle, et sont classés différemment par leur importance dans les principaux groupes.

11. La pièce qui prend une prépondérance marquée sur les autres, dans les mammifères, est l'omoplate : souvent seule, principalement dans les animaux exclusivement marcheurs, elle y est à peine bordée par quelques vestiges d'*omolite*. Mais y a-t-il conflit de fonctions, ou plutôt réunion des allures ordinaires avec l'action de saisir, de gravir ou de fouiller, il y a nécessité pour lors de maintenir le bras aussi bien en avant qu'en arrière; de là l'intervention de la clavicule furculaire développée au tiers, à moitié, ou en totalité; et de là aussi celle de la clavicule coracoïde, s'il est besoin de plus violens efforts, comme ceux du vol à l'égard des chauve-souris.

12. Cette dernière circonstance étant l'état habituel des oiseaux, les os de l'épaule y acquiè-

rent plus de consistance, s'y prononcent avec des formes invariablement déterminées, et s'y montrent avec des qualités en apparence inconciliables, *la solidité et la mobilité*. Il n'y a de variation dans cette classe qu'à l'égard de l'os acromion, qui y intervient parfois sous l'apparence d'un vestige rudimentaire.

13. Les reptiles ne présentent que des cas particuliers, dont les plus remarquables se rapportent au développement excessif des cinq pièces de l'épaule, surtout de celles connues sous les noms d'acromion et d'omolite.

14. Enfin la clavicule furculaire joue le principal rôle dans les poissons, quand la clavicule coracoïde, qui par l'absence de l'entosternal est privée d'articulation à l'une de ses extrémités, doit à cette circonstance d'éprouver tous les genres de variations possibles.

FIN.

TABLE DES MATIÈRES,

DANS L'ORDRE ALPHABÉTIQUE.

A.

pièces du sternum, l'*hyosternal* et l'*hyposternal* : voyez ces *mots* : les annexes sternales dans les poissons, portent les rayons branchiostèges, p. 73 ; et la membrane des ouïes, p. 87 ; elles paraissent s'être déplacées dans ces animaux, p. 93 ; bien qu'elles ne se portent pas aussi en avant que l'épisternal, p. 97 ; elles restent toujours séparées de cet osselet, à cause des clavicules coracoïdes interposées entre elles et lui, p. 99.

Apodes. Nom d'une famille de poissons, qui manquent de nageoires pectorales, p. 412.

Apohyal. Une des pièces des cornes antérieures de l'hyoïde ou de la corne styloïdienne, p. 147 ; osselet gros et ramassé dans les poissons, p. 161 ; court et sans usage important dans l'homme, p. 179.

Arcs-branchiaux. Ils forment plancher à la bouche et deviennent plafond pour la cavité pectorale, p. 67 ; ont été pris pour les pièces élémentaires du sternum, p. 78 ; quelle opinion, on en avoit autrefois ? p. 214 ; ils se composent de quatre anneaux, p. 215 ; dont les parties ont reçu des noms à part : celles du centre, le nom de pleuréaux, p. 217 ; les supérieures, celui de pharyngéaux, p. 218 ; et les inférieures, le nom de pièces laryngiennes, p. 234 ; ces pièces supérieures ont leurs analogues dans les animaux à respiration aërienne, parmi les petits os de la base du crâne, p. 285.

Arythénéal. Nom de l'arythénoïde, quand cette pièce est devenue un os achevé, p. 384.

Arythénoïde. Celui des cartilages du larynx, qui dans l'homme a la forme d'une aiguière, p. 245 ; les arythénoïdes tendent les rubans vocaux, p. 333 ; ont leurs mouvemens combinés, tantôt avec l'épiglotte et la langue, et tantôt avec ceux du thyroïde, p. 336 ; règlent par le dégré de leur tension le son fondamental, p. 339 ; renversés par les muscles arythénoïdiens, ils placent l'instrument vocal sous les conditions d'activité des flûtes, p. 342 ; réunis au cricoïde, ils forment la couche supérieure du larynx, p. 374 ; ils portent les cu-

B.

C.

classe avec l'hyosternal, *p.* 163 ; y prend la forme d'un tétragone, *ibid.* ; y est tantôt devant et tantôt derrière l'apohyal, *p.* 165 ; son articulation styloïdienne dans les oiseaux, y reste sans fonctions bien déterminées, *p.* 169 ; comment il se retrouve dans l'hyoïde humain, *p.* 175 ; et y est confondu dans l'apophyse styloïde, *p.* 177 ; dans des cas rares, est écarté et séparé du stylhyal, *p.* 180 et 188 ; et dans des cas plus rares encore, se montre d'une grandeur excessive, et replacé dans l'état normal des mammifères, *p.* 184 et 189.

Cétacés. Ils ont une nageoire qui ne reproduit pas les élémens constitutifs de la nageoire des Poissons, *p.* 188.

Chambre laryngienne. Est une portion du tube vocal, *p.* 361 ; elle dit la nôte, *p.* 363 ; son influence sur la variation des sons, *p.* 364 ; ses dimensions, depuis les lèvres de la glotte jusqu'au voile du palais, *p.* 365 ; les caractères qui la distinguent de la chambre linguale sont fondés principalement sur la nature de ses fonctions, *p.* 370.

Chambre linguale. Est la partie antérieure du tube vocal, *p.* 361 ; elle prononce la syllabe, *p.* 363. Vues sur ses opérations, *p.* 364 ; un diaphragme mobile la sépare de l'autre chambre, *p.* 370.

Chauve-souris. Leurs ailes ne reproduisent pas la combinaison qui forme le caractère de l'aile de l'oiseau, *p.* 188. Démésurément agrandies, elles exercent l'influence la plus marquée sur l'économie de ces animaux, *p.* 457.

Clavicules. Il en est de trois sortes ; la clavicule furculaire, la clavicule coracoïde, et la clavicule acromion. *Voyez ces mots.*

Conduits d'Eustache. Leur ouverture, dans les animaux à respiration aérienne, correspond à l'ouverture des ouïes dans les poissons, *p.* 228.

Coracoïde. (Clavicule ou apophyse coracoïde.) Elle sert parfois comme contre-fort, *p.* 109 ; a d'abord été prise dans les oiseaux pour la clavicule, analogue à la clavicule humaine, *p.* 112 ; forme un osselet naissant dans les mammifères, *p.* 113 ;

qui y est gêné dans son développement, *p.* 418 : un os libre à sa naissance dans l'homme, *p.* 419; plus grand et d'une forme plus prononcée dans les mammifères à doigts profondement divisés, comme les Chauve-souris, *ibid.* : son développement, comme son influence, sont à leur *maximum* dans les ovipares, *p.* 115; particulièrement dans les oiseaux, *p.* 420. L'os coracoïde a la forme d'un stylet dans les poissons, *p.* 417; y est libre et sans articulation à l'une de ses extrémités, *p.* 421; proportionnellement plus long que dans les oiseaux, *p.* 422; faute d'un service régulier, tient, chez les poissons, de cette circonstance, son caractère ichtyologique, *ibid.*; souple à changer de formes, *ibid.*; prend le premier rang chez les oiseaux parmi les os de l'épaule, même sur la fourchette, *p.* 430; est dans tous les poissons osseux, *p.* 458. Détails sur sa forme dans le plus grand nombre des poissons, *p.* 459. Il se range en devant et parallèlement aux côtes, *ibid.* Détermination et fonction de ses muscles, *p.* 460. Cette fonction presque nulle dans le brochet, *p.* 461; importante au contraire dans les muges, *ibid.*; mais surtout d'une utilité remarquable dans les chétodons, *p.* 462; dans la baudroie, *ibid.*; dans le *lophius piscatorius*, *p.* 467; dans le tétrodon, *p.* 468; dans le poisson-lune, *p.* 469; dans les balistes, *p.* 470; dans le sidjan, *p.* 471; dans le *centriscus scolopax*, *p.* 472; dans le *zeus vomer*, *p.* 473; dans le poisson-saint-Pierre, *ibid.*; et dans les silures, *p.* 474.

La clavicule coracoïde se retrouve chez ces derniers dans l'osselet prolongé au dehors du corps, et qu'on avait jusqu'ici considéré comme un simple rayon de la nageoire pectorale, *p.* 476; dans quelques espèces, comme le *silurus electricus*, cette armure n'existe pas, *p.* 477. Sa détermination dans les premiers s'appuie sur la considération que dans ces derniers, où elle n'existe pas en dehors, elle se retrouve au-dedans parmi les chairs, *p.* 478; elle se gouverne, pour sa formation et son accroissement, comme le bois ou l'armure de tête des cerfs, *p.* 480; d'ailleurs elle n'en éprouve ni la caducité ni l'exfoliation qui en amène la chute, *ibid.*

Cordes vocales, ou rubans vocaux : noms donnés par Ferrein au lèvres ou aux ligamens de la glotte, *p.* 281; l'interventio des cordes vocales au centre du larynx, chez les mammifères et leur susceptibilité de vibrer, donnent lieu au phéno mène de la voix, *p.* 318; c'est quand elles polarisent l'ai expulsé des poumons, *p.* 319; la production du son attri bué par Ferrein à leurs seules vibrations, *p.* 321.

Corps de l'hyoïde, *p.* 144 : *voyez* Basihyal.

Corps sonore. C'est en général une table d'harmonie, qui res sent et répète les vibrations d'un autre corps voisin, mi en mouvement, *p* 299; est indispensable dans la composi tion d'un instrument de musique, *p.* 300; il donne le tim bre, *p.* 327; dans l'instrument vocal, s'il est composé d thyroïde et de la membrane thyro-hyoïdienne, il est d'un superficie double (*p.* 366) que si au contraire il est born au seul thyroïde, *p.* 367; un seul jeu de cordes et deux corp sonores, dans l'instrument vocal, sont identiques, pour le fonctions, aux deux jeux de cordes, et au seul corps sonor du violon, *p.* 368.

Cornes de l'hyoïde. Les antérieures ou les styloïdiennes son formées des trois os, l'apohyal, le cératohyal et le stylhyal et les postérieures, d'un seul osselet, le glossohyal. *Voye ces mots.*

— *Styloïdiennes.* Privées dans les oiseaux de s'articuler avec l crâne, *p.* 150; n'y sont formées que de deux pièces, *p.* 151 existent les mêmes chez les poissons, *p.* 160 : sont dans ceu ci, ramassées et robustes, *p.* 161; dans les oiseaux, filifor mes et grêles, et s'y retroussent derrière le crâne, *p.* 169 dans l'homme seul, y forme la paire la plus courte, *p.* 17

— *Thyroïdiennes.* Composées d'un os de chaque côté, *p.* 143 sans relations avec le thyroïde dans les oiseaux, *p.* 151; so entraînées du côté de la langue, *p.* 152; en deviennent l os propres, d'où le nom de Glossohyaux, *p.* 154; se rap prochent l'une de l'autre, jusqu'à se toucher, dans la cigogne

D.

E.

Echidné, l'un des genres d'une famille paradoxale, nommée *monotrêmes*, et qui paraît intermédiaire entre les oiseaux et les mammifères, *p.* 114.

Enclume, un des quatre osselets de l'oreille, *p.* 15; correspondant à une portion du sub-opercule, *p.* 41. Détails sur sa forme dans les ovipares, *p.* 49.

Entosternal, l'une des pièces du sternum, *p.* 133; elle est impaire, *ibid.*; forme la partie rudimentaire du sternum des tortues, *p.* 108, et au contraire la partie la plus considérable de celui des oiseaux, *p.* 136.

Entohyal, pièce de la chaîne médiane de l'hyoïde, *p.* 147; grande et robuste dans les poissons, *p.* 160.

Épaule, sous le rapport de son système osseux. Les os de l'épaule consistent dans les pièces ci-après : les acromions, les coracoïdes, les furculaires, les omoplates et les omolites; *voyez* chacun de ces mots. Ce qu'ils sont en général chez les ovipares, *p.* 111; chez les monotrêmes, *p.* 114; les monitors, *p.* 116; dans le lézard vert, *p.* 117. Ils usurpent la place et les fonctions de la plus grande partie du coffre pectoral, p. 407; ont été méconnus comme existant dans les poissons, *p.* 413; y ont été appelés en leur totalité *os en ceinture*, *p.* 414; y rencontrent plus tôt les os du crâne et plus tard ceux du sternum, *p.* 421. Leur ensemble a été considéré comme la partie la moins efficace des moyens dont se compose l'organe du mouvement progressif, *p.* 425. Sont autant de matériaux distincts, avec fonctions propres, *p.* 426; se compliquent en raison de ce que la main devient plus étendue et plus mobile, *ibid.*, mais non point l'omoplate, p. 427; s'appliquent, dans les oiseaux, aux mêmes services que dans les mammifères, bien qu'ils y acquièrent plus de consistance, *p.* 428; y forment trois principales parties qui se balancent par le volume, *ibid.*; y montrent un problème important résolu, la réunion de la *solidité* et de la *mobilité*, *p.* 432. Eprouvent les mêmes métamorphoses que les os operculaires, *p.* 442; ils restent également fidèles au devoir de la fonction générale, en continuant d'être le point d'appui du rameau dont se compose l'extrémité antérieure, *p.* 445; réunissent à cette fonction primitive d'autres fonctions d'un ordre plus relevé, quand ils s'emparent du service des os mêmes du thorax, *ibid.*; deviennent alors comme un deuxième sternum, *p.* 444 *et* 447, en ce qu'ils suppléent le véritable dans sa principale fonction, *p.* 446; effets de leur développement successif, *p.* 447. Dans les reptiles, il y a combinaison et fusion des deux appareils du vrai sternum ou sternum thorachique, et des os de l'épaule ou sternum claviculaire, *p.* 451; mais cette tension n'empêche pas qu'on ne reconnaisse chacun à leur superposition originelle, *p.* 452.

Epiglotte. Est en contact avec l'urohyal dans les oiseaux, *p.* 247; car elle ne manque pas d'exister dans cette classe, mais y passe à un autre service, *p.* 248; reste partout fidèle à ses deux usages, *p.* 251.

Epiglotti-arythénoïdien, muscle du larynx qui s'insère sur l'os cunéiforme, et en opère les mouvemens, *p.* 356.

Episternal. Est une des pièces du sternum (*p.* 84) qui, en général, sert de support à la clavicule furculaire, *p.* 133. *Voyez* l'*errata*, pour ce qui lui est attribué faussement, *p.* 163.

Esophage. Est appuyé sur le cricoïde, *p.* 254; est nécessairement en relation avec ce cartilage; *p.* 380; principalement dans les poissons, où il n'y a plus pour lui d'appui sur la trachée-artère.

Esox osseus. Voyez *Lépisostée spatule.*

Etrier, un des quatre osselets de l'oreille, *p.* 15; il correspond dans les poissons à la grande pièce de leur opercule, *p.* 37; ce qu'il devient dans les ovipares à respiration aérienne, *p.* 50.

Eustache. Voyez *Conduit d'Eustache.*

Expériences du mouvement d'horlogerie dans le vide, *p.* 288;

sur la flûte ordinaire, p. 350 et 351, et sur une flûte sans trous latéraux, p. 353.

F.

Ferrein, auteur d'une Théorie sur la voix (Académie des Sciences pour 1741), p. 281; a fait chanter un larynx détaché du cadavre, p. 280; a assimilé l'instrument vocal à un instrument à cordes, p. 314; aucune corde, comme fil détaché, n'y est cependant visible, p. 315. Sont cordes vocales, suivant lui, les ligamens de la glotte, *ibid.* A considéré la production du son comme dépendant uniquement des vibrations des lèvres de la glotte, 321. Considérations sur son Mémoire de 1741, p. 322. Plan de sa théorie, p. 323. Ramène l'instrument vocal aux considérations d'un violon, p. 324; mais a oublié d'y chercher ce qui en devait être le corps sonore, p. 325.

Flûte. Sous le rapport de son intérêt en physique, est un instrument servant à diriger des portions d'air sur d'autres, p. 291. Sa composition à cet effet, *ibid.* Formée de bois, d'étain, de verre ou de papier, donne le même son, p. 292. La flûte traversière se gouverne comme la flûte à bec, p. 291. N'ayant pas encore reçu son biseau, n'est qu'une matière informe, un simple tuyau à vent, p. 311. Expériences variées sous le rapport des sons qu'elle peut rendre, p. 350 et 351. Flûte sans trous latéraux; expériences à son sujet, p. 353.

Forté-piano. A son corps sonore résidant dans sa table d'harmonie, p. 299.

Fourchette. Le nom d'une pièce osseuse du squelette des oiseaux. *Voyez* ci-après le mot *Furculaire.*

Furculaire (la clavicule furculaire). L'os furculaire, réuni à son congénère, compose la fourchette des oiseaux, p. 112; a été dernièrement reconnu pour l'analogue de la clavicule humaine, *ibid.* Sa disposition en croix dans le lézard vert, p. 117. Trouvé dans les poissons par M. Gouan, p. 415; y sert de chambranle à l'opercule, p. 416; est situé en dehors du tronc, *p.* 420 ; prend, réuni à son congénère, la forme d'une fourchette dans les oiseaux, parce que ces deux os croissent dans un espace resserré, qu'ils s'y appuient et s'y soudent l'un à l'autre, *p.* 429, et cependant ils restent encore dans ces animaux au-dessous des clavicules coracoïdes, eu égard à leur influence sur le vol, *p.* 430. Le furculaire contribue aussi, dans les poissons, à abriter le cœur, *p.* 435 ; y devient un chambranle sur lequel bat l'opercule, *p.* 436 ; y circonscrit la cavité thorachique, *p.* 437 ; et y arrive à la plénitude de ses fonctions, *p.* 438.

G.

Glossohyal, un des osselets de l'hyoïde, celui de la langue, *p.* 147. Forme la corne postérieure ou la branche thyroïdienne de l'appareil, *p.* 317. Les deux glossohyaux s'écartent comme les deux branches d'un fer à cheval dans les mammifères, *p.* 145 ; se rapprochent, deviennent contigus, ou se soudent même dans les oiseaux, *p.* 155 ; sont toujours, dans ce dernier cas, chez les poissons, *p.* 200.

Glotte, détroit du larynx ; fixée dans les mammifères au milieu de l'appareil, *p.* 317 ; couronne le larynx dans les ovipares, *p.* 318. Son influence dans le chant d'un larynx détaché du cadavre, *p.* 349.

Glottéal, nom servant à désigner les cartilages cunéiformes ou les tubercules de Santorini. Usages des glottéaux dans les fonctions de la voix, p. 358. Leur importance dans les ovipares, *p.* 384. *Voyez* Cunéiformes.

H.

Harpe. A pour corps sonore les lames intérieures de la grosse partie du cadre, *p.* 299.

Hyoïde, employé différemment en ichtyologie, *p.* 139. Sa définition, *p.* 141. Composé d'un corps et de quatre cornes, *p.* 142 ; et en outre, dans le cheval, d'une queue formée de trois pièces, *p.* 145. Ses osselets ont reçu les noms de basihyal,

I

M.

Marteau, un des quatre osselets de l'oreille, *p.* 15; lequel correspond à l'inter-opercule, *p.* 40. Sa forme dans les ovipares, *p.* 49.

Monitor. Considérations sur son sternum, *p.* 119.

Monotrêmes, nom d'un ordre d'animaux qui tiennent autant des mammifères que des ovipares; cet ordre ou classe est composé des genres ornithorhinque et échidné, *p.* 114.

Muscles. Les muscles pectoraux existent dans les poissons, *p.* 89.

N.

Nageoires. Les nageoires ventrales correspondent aux os de la jambe seulement, *p.* 97. Sont errantes, et puis parviennent à passer au-devant des pectorales, *p.* 98. Celles-ci ont leurs analogues dans les mains des mammifères, *p.* 412; sont un instrument de natation d'autant plus parfait qu'elles sont plus rapprochées du tronc, *p.* 434; ont les os du bras rapetissés et adhérens les uns aux autres, *p.* 435.

O.

Octave. Comment l'instrument vocal passe d'une octave à l'autre, *p.* 358. Deux octaves et un quart composent l'étendue la plus considérable de la voix humaine, *p.* 365; un seul jeu de cordes suffit pour une octave, *p.* 367.

Oreille. Ne reçoit que des sons transmis par l'air, *p.* 286. Reste étrangère à ceux produits dans le vide, *p.* 287. Ne paroit impressionnée, qu'atteinte par un fluide momentanément modifié, *p.* 293. L'audition des instrumens à cordes lui procure deux perceptions, *p.* 300; celle des instrumens à vent, une seule, *p.* 301. Peut aussi percevoir distinctement les deux produits du chant articulé, et saisit à part la note et la syllabe, *p.* 363. *Voyez*, pour ses quatre petits os, le mot *Osselet*.

Os de l'épaule. Voyez *Epaule.*

Os des ouïes, ou les grands os de la membrane branchiostège. Ils ont été soupçonnés d'être une dépendance de l'hyoïde, *p.* 87; et puis, désignés sous le nom d'annexes sternales, *ibid.* Voyez *Annexes sternales.*

Os du pharynx, *p.* 217. Voyez *Pharyngéaux.*

Os en ceinture. Tel est le nom donné, dans les poissons, à l'ensemble des os de leur épaule et de leur bras, *p.* 414.

Osselets de l'oreille. Sont au nombre de quatre, le marteau, l'étrier, l'enclume et le lenticulaire, *p.* 15; ils correspondent aux quatre pièces de l'opercule des poissons, *p.* 45. Ces quatre osselets dans les oiseaux, *p.* 48; sont des objets surabondans dans les animaux à respiration aérienne, *p.* 52; cependant entrent dans quelques services, *p.* 53; et n'arrivent que dans les poissons au plus haut degré de développement et de fonctions, *p.* 55. Sont alors comme métamorphosés en os operculaires, *p.* 442; en cet état, satisfont au devoir de la fonction générale en se rendant utiles à l'audition, *ibid.*

P.

Parole. Ce qui la produit, *p.* 362. N'a jamais été imitée par un instrument de l'art, *p.* 364.

Pharyngéaux. Os dépendant des arcs branchiaux, *p.* 218. Sont aplatis dans les poissons à tête déprimée, *p.* 219; et longs dans ceux qui ont la tête comprimée, *p.* 220. Sont suspendus et attachés au crâne, *p.* 221; couvrent et protègent dans leur sortie les nerfs trijumeaux, *p.* 222; portent les pleuréaux, *ibid.*; existent, sous la forme d'une table, dans les oiseaux, *p.* 224, et chez les mammifères dans les parties osseuses du conduit d'Eustache, *p.* 226. Sont comme accrochés au crâne par l'apophyse ptérigoïde du sphénoïde, ou par l'os *ptéréal*, *p.* 232.

Pleuréal. Nom d'un des osselets des arcs branchiaux, *p.* 217.

Q.

Queue. Susceptible de plusieurs utilités dans les mammifères, *p.* 54 ; est l'organe essentiel du mouvement progressif dans les poissons, *p.* 54 et 407. La diversité de ses formes dans les mammifères prouve que cet organe s'y trouve dans l'état rudimentaire, *p.* 457.

R.

Rayons branchiostèges. Ont leurs analogues dans les côtes sternales, *p.* 73 ; existent dans les mormyres, les tétrodons, même dans les squales et les raies, *p.* 76.

Reptiles. Quelques-uns si rapprochés des poissons, qu'ils en ont pris le nom d'ichtyoïdes, *p.* 79 ; ils diffèrent par la quantité de leur respiration, *p.* 103 ; étrangers pour la plupart, ils ne forment pas une famille aussi naturelle qu'on l'a établi, *p.* 43 *et* 451. Ils ont le sternum composé de deux appareils, qui sont le sternum thorachique et le sternum claviculaire, *p.* 451 ; l'origine en reste distincte, en ce qu'ils posent l'un sur l'autre, *p.* 452.

Respiration. Les deux milieux où vivent les animaux ont donné lieu à leurs deux modes de respiration, *p.* 12 ; celle-ci considérée, selon que les animaux existent dans l'air ou dans l'eau, *p.* 208 ; elle s'exécute au centre de l'animal, *p.* 211 ; à cause des deux milieux, sont deux systèmes d'organes respiratoires, *p.* 386 ; ces organes renfermés dans deux réseaux tégumentaires, *p.* 397. Changemens qui surviennent dans une organisation qui passe d'un mode de respiration à l'autre, *p.* 459. Les deux systèmes respiratoires forment de doubles moyens pour le même être, l'un de ces systèmes étant restreint à l'état rudimentaire, et l'autre dans son développement normal, *p.* 449.

S.

Silures. Les poissons de ce genre sont pourvus d'une armure au moyen de laquelle ils se rendent redoutables dans le Nil aux crocodiles, *p.* 476; cette armure fut d'abord considérée comme un rayon de la nageoire pectorale devenu osseux, *p.* 476; mais on démontre au contraire qu'elle est fournie par la clavicule coracoïde, *ibid.*, en ce qu'elle ne se trouve pas en dedans à l'égard des silures armés, et qu'elle s'y voit dans les silures privés de cette armure à l'extérieur, *p.* 477; dans le *silurus electricus*, qui est dans ce dernier cas, il ne faut rien moins qu'une batterie électrique pour suppléer au défaut de cette arme défensive, *ibid.*; que l'épine osseuse de la nageoire pectorale soit réellement la clavicule coracoïde, on en a une autre preuve par la connexion de ses muscles et la comparaison qu'on en peut faire avec les mêmes muscles dans la carpe, *p.* 478. Cette clavicule se gouverne, pour sa formation et son accroissement, comme le bois ou l'armure de tête des cerfs, *p.* 480; mais d'ailleurs elle n'en éprouve ni la caducité ni l'exfoliation, phénomène qui détermine la chute de tout prolongement frontal, mis à nu par la perte de ses enveloppes, *ibid.*

Soc, ou socle. Saillie à l'une des pièces du larynx des oiseaux, *p.* 309.

Son. Forme-t-il une matière à part? *p.* 285. Il est attribué à des vibrations qui seraient transmises à l'oreille, *p.* 286; expériences sur sa manifestation dans le vide, *p.* 288; sons produits par des instrumens, *p.* 291; de l'air extérieur et de l'air polarisé, se combinant ensemble, donnent lieu à la production du son, *p.* 295; le son est très-certainement formé à la glotte, *p.* 360; venant à acquérir une qualité de plus dans la chambre linguale, y devient parole, *p.* 362. Des sept sons primitifs, *p.* 370.

Sternal, (appareil) formé de 9 os au *maximum* de sa composition, *p.* 132; on trouve ce nombre dans l'homme, *p.* 129, les phoques, *p.* 127, les tortues, *p.* 104; — huit seulement dans les lions, *p.* 127.

Sterno-hyoïdiens et *Sterno-thyroïdiens*. Muscles, présentant partout un caractère ichtyologique, grêles dans le cheval, réclamant un appui dans les oiseaux, *p.* 94.

Sternum. Terminé dans les oiseaux par une des pièces analogues au cartilage xiphoïde, *p.* 82; n'a point passé entièrement au-devant du bras, *p.* 83, mais une de ses parties seulement, ou l'épisternal, *p.* 83 et 84; celui des tortues est formé sur une grande échelle, *p.* 103; composé de neuf pièces, *p.* 104; disposé sur le modèle de celui des oiseaux, *p.* 105; avec la circonstance que la pièce impaire est dans un état rudimentaire, *p.* 106.

Considérations sur le sternum de l'ornithorhinque, *p.* 126, — des phoques, *p.* 127; — des lions, *ibid.*; — des animaux à sabots, *p.* 128; — des chiens, *ibid.*; — de l'homme, *p.* 129; — des monitors, *p.* 119; — du lézard-vert, *p.* 121; — du crocodile, *p.* 123.

On démontre que le sternum de tous les animaux vertébrés est en général formé sur le même patron, *p.* 134; qu'il donne lieu ensuite à plusieurs sous-types, *p.* 135; ainsi celui des mammifères se reconnaît à une chaîne unique de pièces, *ibid.*, celui des oiseaux à cinq principales, disposées sur trois rangs, *p.* 136; quand le sternum des poissons, contenu dans des limites encore plus resserrées, est privé des pièces inférieures, *p.* 137.

Il se porte dans les poissons au-devant de l'hyoïde, en prolongeant sur celui-ci son osselet antérieur, l'épisternal, *p.* 440. Faute d'un entosternal qui en retienne les autres pièces dans cette classe, y est composé de pièces séparées et comme abandonnées à l'aventure, *p.* 444; y a cheminé sous le crâne, et fort avant, *p.* 445; en ce lieu, gêné dans son développement, *p.* 446; et pour ce motif est suppléé, quant à sa principale fonction, *ibid.* Deux sternums, concourant ensemble à une même manœuvre, établissent qu'il y a souvent un double système d'organisation pour une seule fonction, *p.* 448. Si l'un est porté à une grande dimension, l'autre est retenu à l'état rudimentaire, *ibid.* C'est le moyen que l'un ne puisse apporter de trouble dans les fonctions de l'autre, *p.* 449. Le vrai sternum est dit le *sternum thorachique*; et celui qui provient de l'accroissement des os de l'épaule, *sternum claviculaire*, *p.* 452. Ils forment, en se combinant par égales portions chez les reptiles, un sternum unique, *p.* 451; mais les traces de leur origine se retrouvent dans leur superposition, *p.* 452. Le sternum claviculaire l'emporte dans les poissons en importance et en développement sur le sternum thorachique, *p.* 450.

Stylhyal. Osselet servant à accrocher l'hyoïde au crâne, *p.* 147; existe réuni dans les oiseaux avec le tympanal, *p.* 150 et 172; acquiert dans les poissons une grande importance, *p.* 166; se trouve quelquefois distinct dans l'homme, *p.* 177; soudé ou non soudé avec le cératohyal, *p.* 178.

Styloïde. (Apophyse) dans l'homme, *p.* 142 et 177; n'existe pas dans les oiseaux, *p.* 150; une de ses pièces chez les poissons, *p.* 166; celle-ci combinée avec le tympanal dans l'os carré, *p.* 172.

Sub-opercule. L'une des pièces de l'opercule, *p.* 25.

T.

Tables d'harmonie. Voyez *Corps sonore.*

Tétrodon. Ses os du crâne déjà déterminés dans l'ouvrage sur l'Egypte, *p.* 22. Sa clavicule coracoïde est d'un si grand volume, que ce sont les recherches que j'ai d'ab rd faites à ce sujet qui m'ont entraîné dans toutes celles dont cet ouvrage est le résultat, *p.* 468. Son organisation se complique, l'estomac y remplissant la fonction de la vessie natatoire, *p.* 469. Le gonflement à volonté des tétrodons en fait des sphéroïdes, qui ne participent plus aux mouvemens vitaux des animaux, *ibid.*

Temporal. Détermination de cet os du crâne dans les poissons. *p.* 38.

Théories de la voix. Quatre principales; 1°. en 1700, par Dodart, *p.* 314; 2°. en 1741, par Ferrein, *p.* 133; 3°. en 1800, par M. Cuvier, *p.* 160; 4°. en 1816, par M. Dutrochet, *p.* 344.

divise tout-à-coup à l'infini, *p.* 391. Son premier cornet nommé larynx, *p.* 257; sa portion terminale, dite aussi larynx inférieur, *p.* 259; cette portion devenant un goître dans certains oiseaux, *p.* 269; sans faire partie du tube vocal, *p.* 359; remplit l'office de porte-vent, *p.* 360.

Tronc suspendu au milieu, en avant et en arrière de la colonne épinière, *p.* 7, 8, 9 et 11.

Tube vocal. Ses dimensions, *p.* 359; si la trachée-artère en fait partie, *p.* 360; elle y exerce une influence, *ibid*; se compose de chambres laryngienne et linguale, *p.* 365.

Tubercules de Santorini. Voyez *Cunéiformes.*

Tupinambis. Voyez *Monitor.*

Tympanal, ou le cadre du tympan, nommé dans les poissons, pré-opercule, *p.* 37; dans les oiseaux, os *carré*, *p.* 27.

Tympaniforme. (Membrane) ainsi nommée par M. Cuvier, *p.* 265; est tapissée de fibres musculaires, *p.* 266; produit le son par sa tension, *p.* 267.

U.

Unité, de composition organique pour tous les animaux vertébrés, proclamée comme une *loi de la nature*, *p.* 389; résultante de la co-existence des deux systèmes pour la respiration, *p.* 404.

Urohyal. La queue de l'hyoïde, *p.* 147. L'urohyal n'existe dans les mammifères que chez les solipèdes, *p.* 146; est dans presque tous les oiseaux, *p.* 154, où il se trouve en contact avec l'épiglotte, *p.* 247; devient, dans les poissons, la quille qui réunit les deux couches du larynx, *p.* 381; d'important qu'est cet os dans les poissons, il n'est plus que rudimentaire dans les oiseaux, *p.* 383.

V.

Vertébrés. (animaux), leur définition, *p.* 6.

X.

FIN DE LA TABLE

DES

MATIÈRES.

TABLE

DES MÉMOIRES.

Pages

33

Pages

Pages

BIBLIOTHÈQUE ROYALE
I

FIN DE LA TABLE

DES

MÉMOIRES.

ERRATA.

Page	90	ligne 26	classe oiseaux, *Lisez* classe des oiseaux
——	98	—— 5	humérns, *L.* humérus.
——	124	—— 16	osssification, *L.* ossification.
——	148	—— 28	et *et*, *L.* et *st.*
——	150	—— 18	disparution, *L.* disparition.
——	156	—— 14	forts, *L.* fort.
——	163	—— 14	remplacé, *L.* remplacée.
——	163	—— 17	l'épisternal, *L.* l'hyosternal.
——	183	—— 14	espèce; ne perd, *L.* espèce, ne perd
——	234	—— 7	de sa, *L.* de leur.
——	252	—— 12	amène, *L.* amène.
——	266	—— 17	ou la, *L.* où la.
——	280	—— 26	formant, *L.* fermant.
——	281	—— 1	et eur, *L.* et leur.
——	295	—— 6	subtance, *L.* substance.
——	331	—— 27	et l'exposer, *L.* et s'exposer.
——	334	—— 17	de la, *L.* de sa.
——	336	—— 26	avec es, *L.* avec les
——	336	—— 27	extrinsèque, *L.* extrinsèques.
——	339	—— 1	s'emplayant, *L.* s'employant.

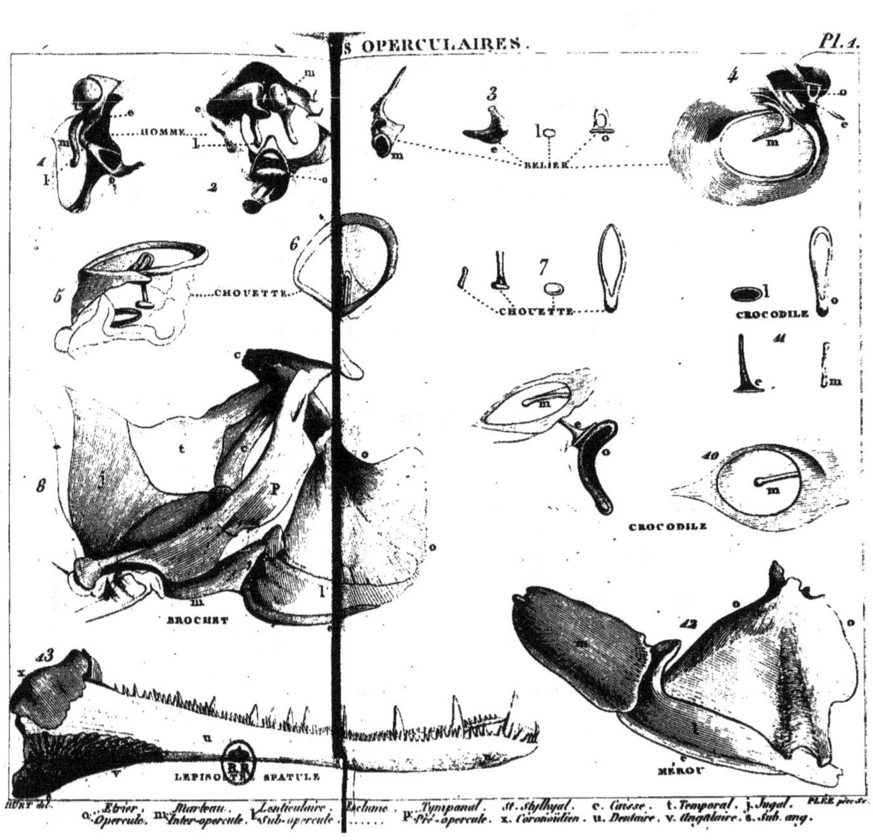

o. Etrier. Opercule. m. Marteau. Inter-opercule. l. Lenticulaire. Sub-opercule. Enclume. ...... p. Tympanal. Pré-opercule. st. Stylhyal. x. Coronoïdien. c. Caisse. u. Dentaire. t. Temporal. v. Angulaire. j. Jugal. s. Sub. ang.

STERNUMS. Pl. 2.

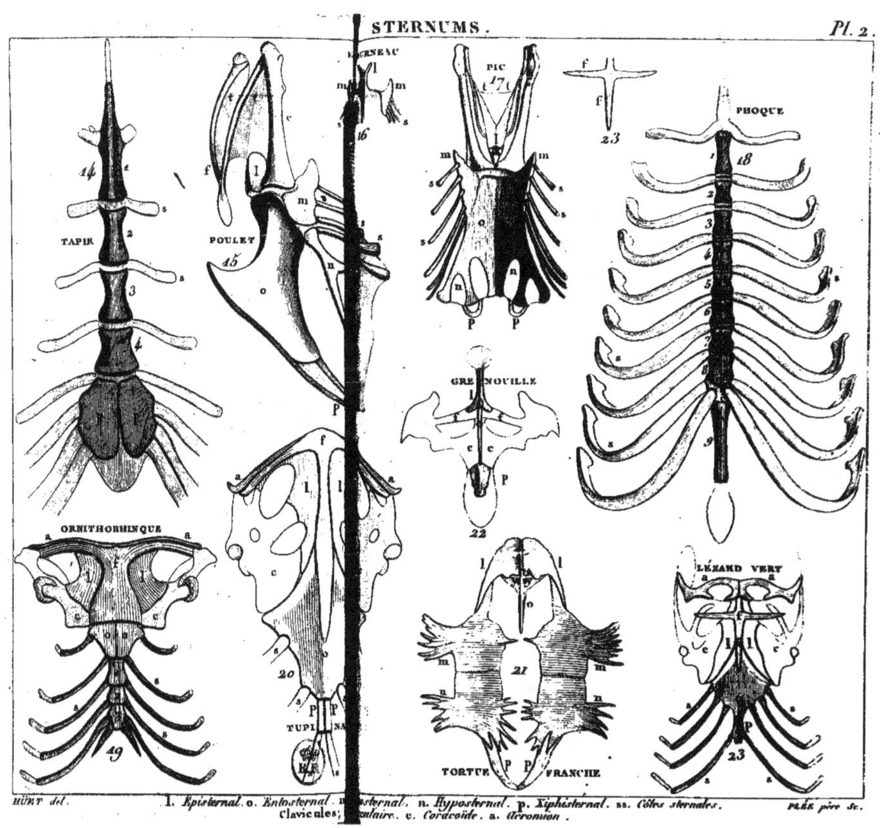

HÜET del. PLÉE père Sc.

l. *Episternal*. o. *Entosternal*. ...*sternal*. n. *Hyposternal*. p. *Xiphisternal*. ss. *Côtes sternales*.
Clavicules; ...*laire*. c. *Coracoïde*. a. *Acromion*.

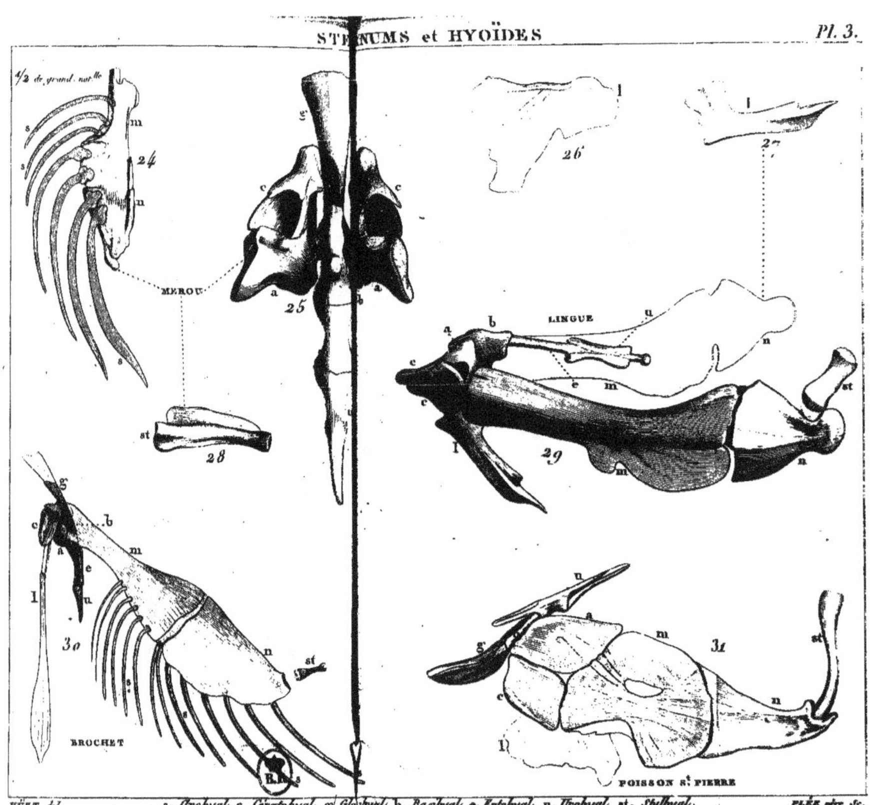

HUET del. PLÉE père Sc.

a. Apohyal. c. Cératohyal. g. Glossohyal. b. Basihyal. e. Entohyal. u. Urohyal. st. Stylhyal.
l. Episternal. m. Hyposternal. n. Hyposternal. ss. Côtes sternales.

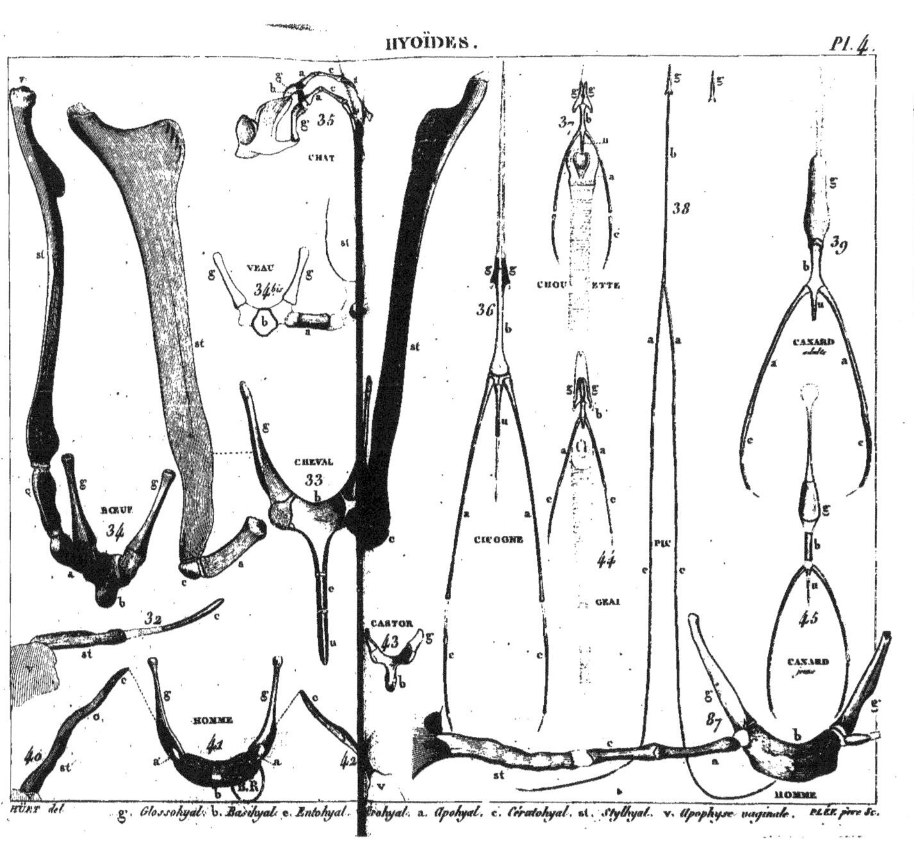

HYOÏDES.
Pl. 4.
CHAT
35
VEAU
34bis
BŒUF
34
CHEVAL
33
32
HOMME
41
40
42
CASTOR
43
CIGOGNE
36
37
38
PIC
44
GEAI
39
CANARD adulte
45
CANARD jeune
HOMME
Huet del.
g. Glossohyal. b. Basihyal. e. Entohyal. u. Urohyal. a. Apohyal. c. Cératohyal. st. Stylhyal. v. Apophyse vaginale.
Plée père Sc.

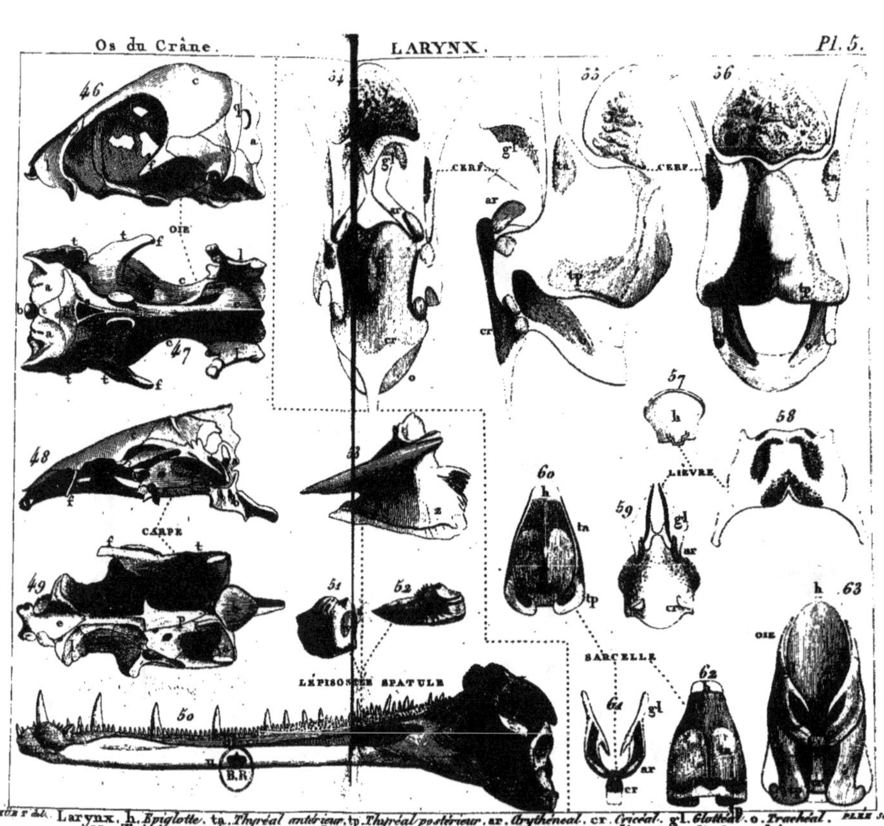

Larynx. h. *Epiglotte*. ta. *Thyréal antérieur*. tp. *Thyréal postérieur*. ar. *Arythénéal*. cr. *Cricéal*. gl. *Glottéal*. o. *Trachéal*.
Maxillaire. u. *Dentaire*. v. *Angulaire*. x. *Coronoïdien*. y. *Articulaire*. z. *Supplémentaire*. &. *Operculaire*.

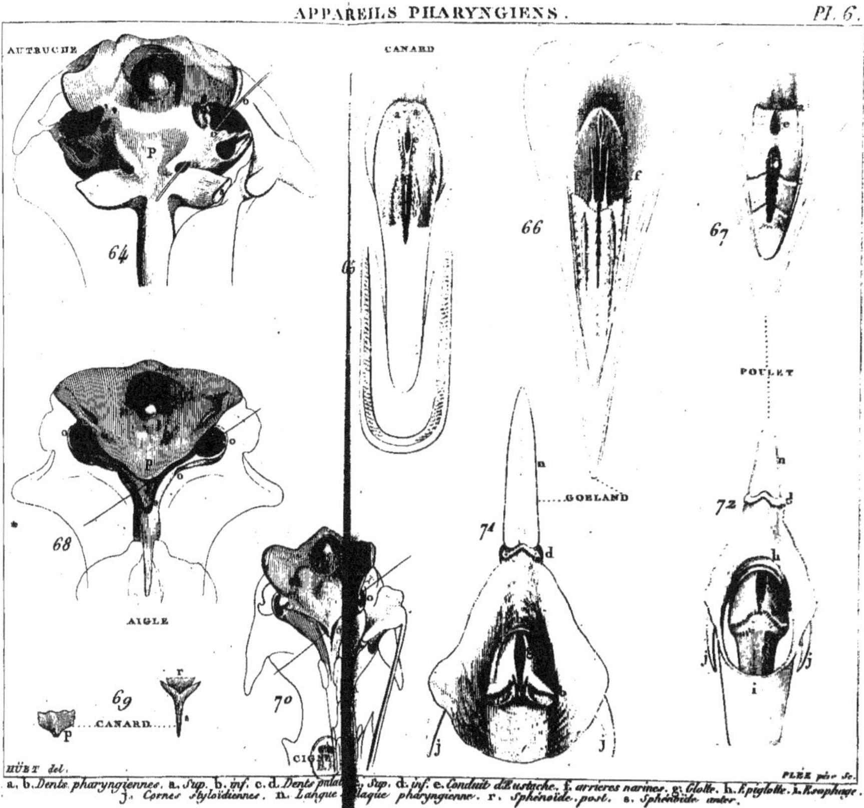

a, b. *Dents pharyngiennes.* a. *Sup.* b. *inf.* c. d. *Dents palat[illegible]* c. *Sup.* d. *inf.* e. *Conduit d'Eustache.* f. *arrieres narines.* g. *Glotte.* h. *Epiglotte.* i. *Œsophage.*
j. *Cornes styloïdiennes.* n. *Langue [illegible]laque pharyngienne.* r. *Sphénoïde post.* s. *Sphénoïde anter.*

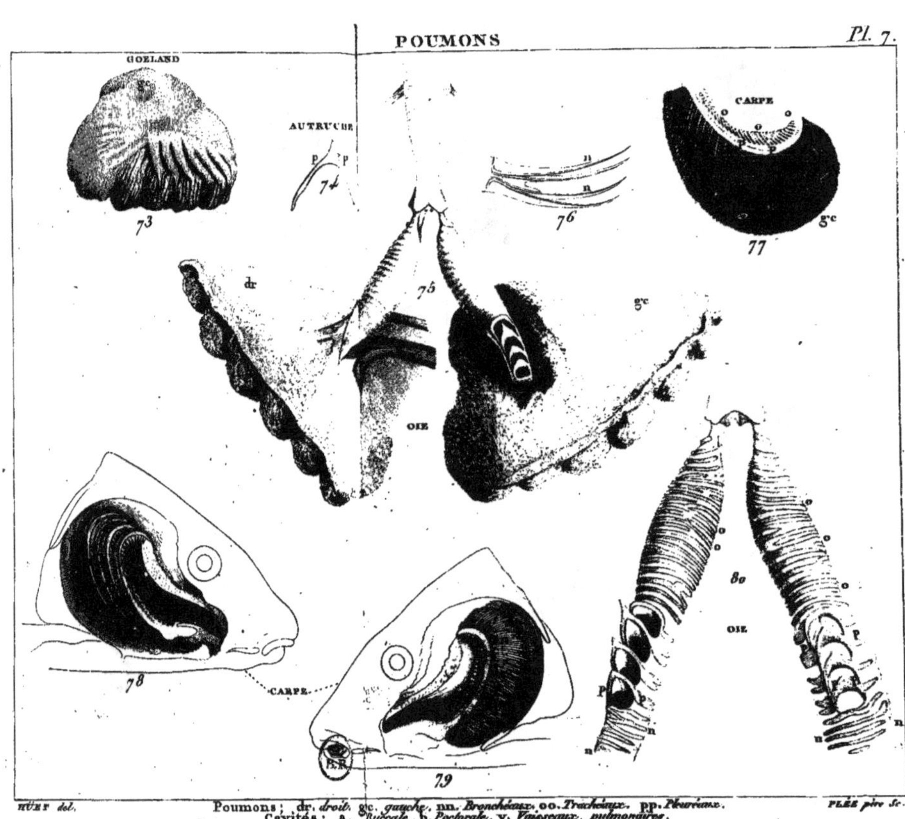

HUET del. PLÉE père Sc.

Poumons; dr. *droit*. gc. *gauche*. nn. *Bronchéaux*. oo. *Trachéaux*. pp. *Pleuréaux*.
Cavités; a. *Buccale*. b. *Pectorale*. v. *Vaisseaux pulmonaires*.

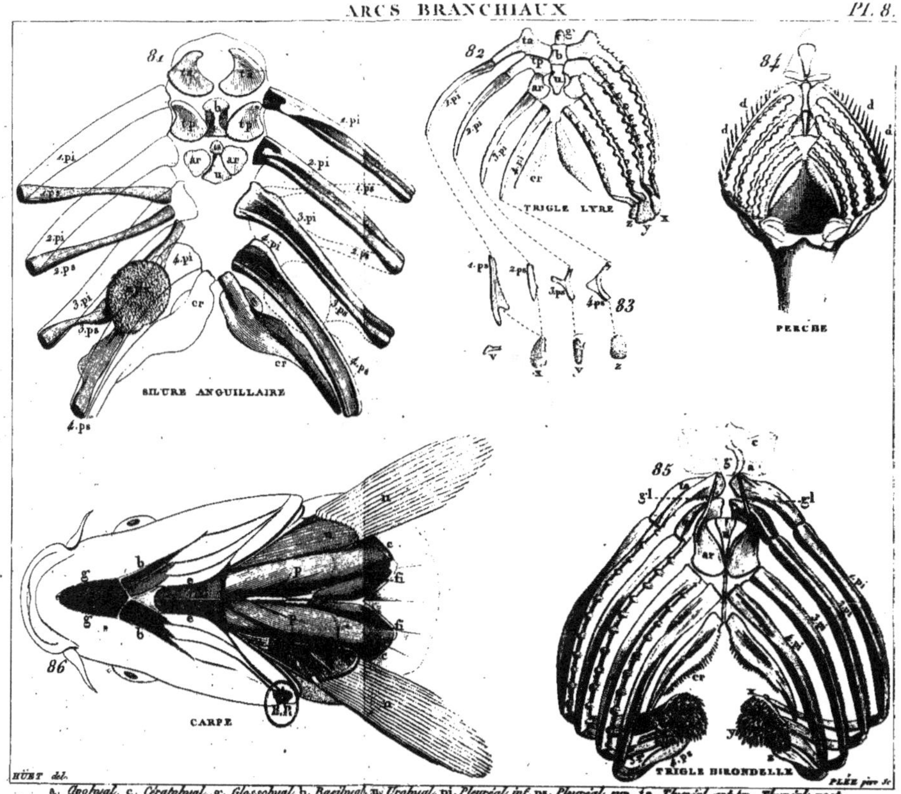

a. *Apohyal*. c. *Cératohyal*. g. *Glossohyal*. b. *Basihyal*. u. *Urohyal*. pi. *Pleuréal inf*. ps. *Pleuréal sup*. ta. *Thyréal ant*. tp. *Thyréal post*.
ar. *Arythénéal* cr. *Cricéal*. x y z. *Pharyngéaux*. v. *Ptéréal*. d. *Trachéal*.

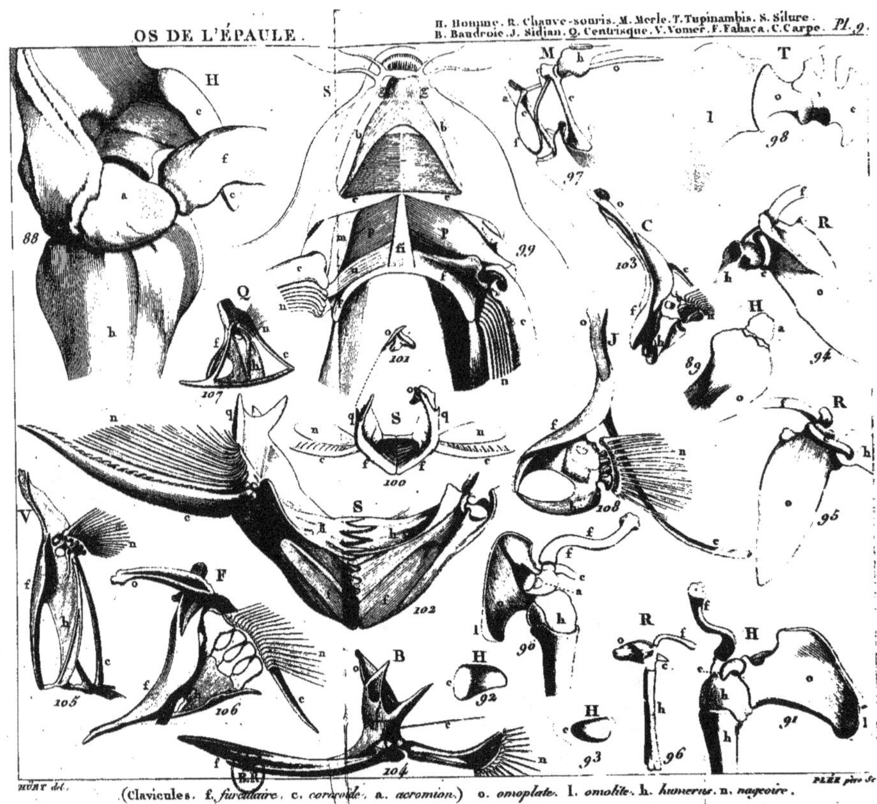
OS DE L'ÉPAULE.
H. Homme. R. Chauve-souris. M. Merle. T. Tupinambis. S. Silure.
B. Baudroie. J. Sidjan. Q. Centrisque. V. Vomer. F. Fahaca. C. Carpe.
Pl. 9.
HUET del.
PLÉE père Sc.
(Clavicules. f. furculaire. c. coracoïde. a. acromion.) o. omoplate. l. omolite. h. humerus. n. nageoire.

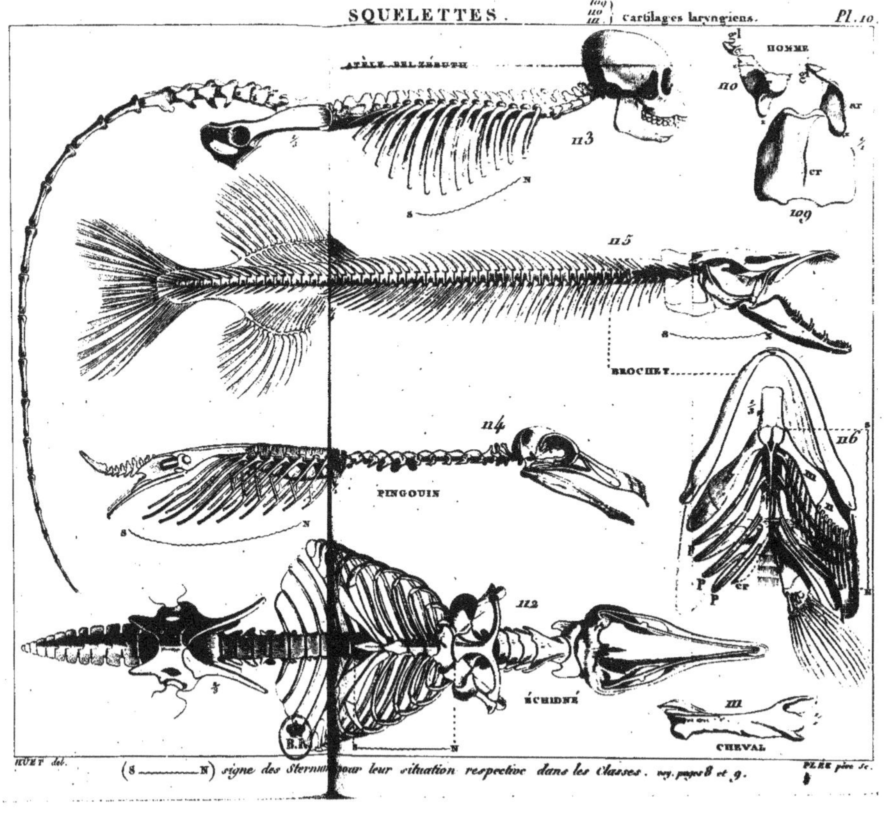
SQUELETTES.
109
110
111
Cartilages laryngiens.
Pl. 10.
ATÈLE BELZÉBUTH
HOMME
110
109
113
115
BROCHET
114
PINGOUIN
116
112
ÉCHIDNÉ
111
CHEVAL
HUET del.
(S ——— N) signe des Sternum pour leur situation respective dans les Classes. voy. pages 8 et 9.
PLÉE père Sc.